과학자들

피타고라스부터 이태규까지

한국과학기술한림원

- 과학기술에 전문적 경륜과 식견을 가진 석학들을 회원으로 엄선, 각 부문별 전문성을 효율적으로 활용함으로써 국가 과학기술의 진흥과 창달에 기여하기 위해 1994년에 설립되었습니다.
- 2005년 기초과학연구진흥법 제11조(한국과학기술한림원의 설립 등)에 의거 법정기구화되었습니다.
- 독립성, 자율성 및 전문성을 바탕으로 하는 순수 민간 과학아카데미로, 편견 없는 대정부 정책자문을 통해 올바른 과학기술정책의 수립을 유도하고 있으며, 범부처적 국가 과학기술정책에 대한 자문과 건의를 통한 과학기술발전의 장기적 비전을 제시하고 있습니다.
- 우리나라의 과학기술 선진국 진입을 위한 기초 과학기술 진흥사업을 수행하고 있으며, 외국 한림원 및 과학기술 국제기구 등과의 학술교류를 통해 과학기술 민간외교의 중심체 역할을 담당하고 있습니다.

과학자들
피타고라스부터 이태규까지

1판 1쇄 찍음 | 2018년 11월 10일
1판 1쇄 펴냄 | 2018년 11월 15일

지은이 | 송상용
발행인 | 주정희
발행처 | 자유아카데미
등록 | 제 406-2003-017호, 1980. 7. 12

주소 | 경기도 파주시 회동길 37-42 파주출판도시
전화 | 031-955-1321
팩스 | 031-955-1322
홈페이지 | www.freeaca.com
전자우편 | main@freeaca.com(대표)
editor@freeaca.com(편집)
crm@freeaca.com(영업)

ISBN 979-11-5808-203-1 93400

한국과학기술한림원
『석학, 과학기술을 말하다』 시리즈 ㉛

과학자들

피타고라스부터 이태규까지

• 송상용 •

자유아카데미

머리말

과학자는 어떤 사람인가? 과학자는 여러 각도에서 볼 수 있다. 나는 대학에서 과학을 공부했지만 과학자는 아니다. 나는 일생 공부한 과학사·과학철학(HPS)의 시각에서 과학자들을 보아 왔고 과학기술학(STS)의 영향도 많이 받았다. 동업자들이 보는 과학자와 인문학, 사회과학에서 보는 과학자는 다를 수밖에 없다. 과학의 정의와 범위도 복잡하다. 순수과학뿐 아니라 공학, 기술은 물론이고 인문학. 사회과학까지 과학으로 보는 유네스코의 정의를 따르면 과학은 넓은 학문을 다 포괄한다. 이 책이 대부분 순수과학자들을 다룬 것은 내 원래의 뜻은 아니었다.

내가 처음부터 과학자에 관한 책을 쓰려고 한 것은 아니다. 이런 저런 기회에 과학자에 관한 글을 많이 쓰다 보니 모아서 책을 만들 수도 있겠다는 생각이 들었다. 1962년부터 최근까지 쓴 다양한 글들을 다듬고 업데이트하는 일이 쉽지 않았다. 석 달 작업을 한 셈인데 불만이 많다. 재판을 하게 된다면 두서너 권으로 나누어 내용을 보충하고 새로 많은 과학자들을 써 넣고 싶다.

무난한 역사적 접근으로 서양과 한국의 대표적인 과학자들의 삶과 일을 다각적으로 드러내려고 했다. 그러나 과학자들의 평범한 전기는 아니다. 근대 이전의 과학자들은 생애와 업적을 비교적 상세히 소개했지만 과학혁명 이후는 주요한 성취가 중점적으로 부각되었다. 삶의 하일라이트를 비추는가 하면 연구 또는 저서가 집중 분석되기도 했다. 서평, 추모의 글, 인터뷰(이번에는 빠졌지만) 등 다양한 방법으로 과학자들의 참 모습을 재현해 보려 했다. 고대과학은 비교적 자세히 다루었으나 중세 과학기술은 빠졌다. 근대의 천문학혁명은 개관했어도 화학혁명은 엉성했고 다윈은 좀 전문적이었다. 20세기 과학은 너무 허술했다. 내가 전공하지 않은 한국 전통과학은 소략할 수밖에 없었다. 현대 한국과학은 많이 다루고 싶었으나 지면이 없었다.

이 책의 글들은 학생과학, 과학과 기술, 화학세계, 성심월보 등 잡지에 실렸던 것이다. 동아, 중앙, 한겨레 등 일간지에도 났지만 대학신문, 외대학보, 성대신문, 고대신문, 이대학보, 연세춘추, 한림학보 등의 청탁으로 쓴 것이어서 고등학생들에게는 좀 어렵다. 논문에 가까운 글도 있다.

이 책이 나오기까지 여러분의 도움이 있었다. 시리즈에 뽑아 주신 한국과학기술한림원의 채종일 부원장, 실무를 도와주신 신근대 팀장을 잊을 수 없다. 복잡한 원고정리를 단시간에 지성껏 해 준 한림대 사학과 제자들 전지완, 김은규, 류종필, 이경희가 너무 고맙다. 까다로운 표기를 비롯한 내 고집을 잘 받아 주시고 원고의 문제점들도 날카롭게 지적해 주신 자유아카데미 편집의 이근영 선생에게도 고마움을 보낸다.

송상용

차례

3장 역사 속의 명의들

4장 전환기의 과학자들

5장 20세기 과학의 별들

6장 과학기술학의 개척자들

7장 한국의 전통과학자들

* 이 책에서 쓰이는 고유명사 및 외래어의 한글 표기는 외래어 표기법이 아닌 저자의 기준을 따르고 있습니다.

1장

과학의 선구자들

1

피타고라스

피타고라스(Pythagoras)는 신비에 쌓인 인물이다. 기원전 580년쯤 그리스 사모스(Samos) 섬에서 태어나 살다가 폭군 폴리크라테스(Polykrates)에게 쫓겨나 이탈리아 남부 칼라브리아(Calabria)의 크로토네(Crotone)로 옮겨 활동하다가 500년쯤 죽은 것 같다. 피타고라스 개인에 관해서는 거의 알려진 것이 없다. 그는 그를 따르는 사람들과 함께 수학, 철학을 하는 종교단체를 만들어 활동했고, 따라서 개인보다 피타고라스주의자들 또는 피타고라스학파(Pythagoreans)로 불린다.

서양과학의 발상지로 알려진 밀레토스(Miletos)에서 기원전 7-6세기에 활동한 밀레토스 학파의 과학자(자연철학자)들의 의문은 우주를 이루는 근본실재는 무엇인가라는 것이었다. 탈레스(Thales)는 우주의 원질(arche)을 물로 보았다. 아낙시만드로스(Anaximandros)는 무한자(to apeiron)가 자체 분할을 일으켜 뜨거운 것과 찬 것이 되고 여기서 각각 불과 공기, 흙이 나온다고 했다.

헤라클레이토스(Herakleitos)는 자연에 영원한 것은 하나도 없고 만물은 끊임없이 변한다고 했다. 그는 불을 원질로 보았는데 그것은 만물을 꿰뚫고 있는 이유이며 변화 속에서 질서를 가져오는 로고스(logos)이다. 헤라클레이토스와 좋은 대조를 보이는 철학자가 엘레아(Elea) 학파의 파르메니데스(Parmenides)이다. 그는 존재만을 인정하고 비존재를 과격하게 부정했다. 존재는 하나밖에 없으며 변하지 않고 움직이지 않는 것이었다. 변화와 운동을 인정하지 않는 입장이었다. 존재는 모든 방향으로 거리가 같은 것이라 했으니 공이라 할 수 있을 것이다. 뒷날 존재를 물질로 본 유물론적 해석과 비물질로 본 관념론적 해석이 갈렸지만, 둘 다 과학에 지대한 영향을 주었다.

피타고라스는 수를 우주의 근본실재로 보았다. 우주가 수 자체로 되어 있다는 것인지 원질이 수와 대응한다는 것인지 분명하지 않지만 그의 수는 기하학적인 점이므로 전자일 가능성이 높다. 그 시대에 mathematike는 수학 이외에 천문학, 의학, 음악도 포함했고 피타고라스는 이 모두에 능했다. 의학에서는 인체 안의 여러 가지 대립된 성질들 사이의 비를 문제 삼았으며 악기의 현과 관의 길이의 비를 따졌다. 그는 수를 3각형수(3, 6, 10, 15 …), 정4각형수(4, 9, 16 …), 직4각형수(6, 12. 20 …)로 나누었다. 10진법을 쓰는 그들에게는 10이 가장 완전한 수였다. 10의 형상(eidos)은 정3각형이었다. 모든 것에 수가 적용되었다. 정의는 4, 결혼은 5(남자 3, 여자 2), 기회는 7이었다. 직각3각형의 두 변의 제곱의 합이 빗변의 제곱과 같다는 것은 바빌로니아에서 오래전부터 알려졌지만 정리로 증명된 것은 피타고라스에 의해서였다.

피타고라스의 중심사상에는 수 존중과 함께 순결성 추구가 있다. 피타고라스는 오르페우스(Orpheus) 밀교의 사제였다. 그는 영혼윤회설을 받아들였으며 육체의 정화에 의한 영혼의 신비적 구원을 추구했다. 피타고라스학파는 반대파의 습격을 받아 교당이 불타고 뿔뿔이 흩어졌다. 필로라오스(Philolaos), 뤼시스(Lysis) 등 제자들은 테베(Thebe)로 망명해 피타고라스 사상을 전파했다. 피타고라스 학파의 수 존중사상은 플라톤, 에우클레이데스, 갈릴레오, 뉴튼, 아인슈타인으로 현대까지 연면히 이어져 서양과학사에 깊은 자국을 남겼다.

2

히포크라테스

"나는 나의 능력과 판단을 따라 이 선서를 이행할 것을 맹세합니다." 이것은 의과대학을 나와 국가자격고시에 합격해 의사로 첫걸음을 내딛는 사람이 읽는 유명한 히포크라테스 선서의 서두이다. 의사들의 윤리강령이라 할 수 있는 이 선서는 2000여 년의 역사를 가지고 오늘날 전 세계적으로 쓰이고 있다.

이렇게 선서에 따라 다니며 의학의 시조로 받들어지고 있는 히포크라테스(Hippokrates)는 다분히 전설적인 인물이다. 그리스의 위대한 의사 히포크라테스는 B.C. 5세기 중엽 애게 해(Aegean Sea)의 코스(Kos) 섬에서 태어났다. 그러나 그의 생애에 대해서는 거의 기록된 바가 없어 확실한 것을 알 길이 없다. 히포크라테스라는 사람이 존재했던 일도 없었다는 극단적인 주장마저 나올 정도이다. 그에 대한 설명은 몇 세기가 지난 뒤 쓰인 전기들에 토대를 두고 있기 때문에 여러 가지 설이 대립되고 있다. 히포크라테스는 철학자 데모크리토스의 제자였고 플라톤을 만난 일도 있다고 전해진다. 어쨌든 플라톤은 히포크라테스를 뛰어난 의학교사라고 말했으며 아리스토텔레스도 책에서 그에 대해 한 번 언급한 일이 있다.

히포크라테스 이전의 그리스 의학은 결코 의학이라고 부를 수 없는 것이었다. 그리스 신화에 따르면 의술의 신 아스클레피오스(Asklepios)는 아폴론(Apollon) 신의 아들이다. B.C. 11세기에 아스클레피오스의 절이라고 불리는 '병을 치료하는 절'(healing temple)이 있었다. 병자와 불구자들은 이 절에 와서 돼지와 양을 바치고 빌었다. 병은 신들이 인간을 달갑지 않게 여긴 결과 생긴 것이므로 건강을 회복하려면 물건을 바치고 정성을 드려야 한다고 믿었던 것이다. 그들은 절에 묵으면서 꿈을 꾸었고 중들은 해몽을 해서 병이 낫도록 도왔다. 지금의 정신분석과 비슷한 것이라 할 수 있다. 때로는 약을 주기도 했다.

이 절의 중들은 강력한 의사승려의 길드(guild, 조합)를 이루었다. 의학지식은 비밀의 베일에 가려져 아버지에게서 아들로만 전해지는 성스러운 비술이 되었다. 코스 섬에는 아스클레피오스의 절이 있었고 히포크라테스의 아버지는 이곳의 중이었던 듯하다. 아버지에게 치료술을 배운 히포크라테스는 그리스 각처와 멀리 중동지방에까지 널리 여행하며 의술을 가르치고 행했다. 마침내 그의 명성은 온 문명세계에 떨쳤다. 당시 그리스와 전쟁 상태에 있던 페르샤의 왕 아르탁세륵세스(Artaxerxes)가 페르샤군을 괴롭히는 전염병을 치료해 주면 무한한 양의 보석을 주겠다고 히포크라테스에게 제의했다는 얘기도 전해 온다.

합리적이고 비종교적인 그리스의학은 아마도 아스클레피오스의 절에서 유래했을 것이다. 어떤 절에서는 꽤 과학적인 치료를 베풀었고 지적인 중들은 많은 사례사(case history)를 모아서 기록해 두었다. B.C. 5세기는 그리스 계몽의 황금시대였으며, 히포크라테스와 같이 위대한 의술을 신화적·미신적 굴레에서 해방해 과학적인 것으로 만들 때가 무르익었던 것이다. 이때 그리스 안팎에는 몇 개의 의학파가 있었는데 그 가운데 코스 학파와 크니도스(Knidos) 학파가 유명했다.

코스 학파 출신 히포크라테스는 병의 원인을 신 아닌 자연에서 구함으로써 과감하게 과거의 의학과 인연을 끊었다. 그는 미신, 쓸데없는 철학과 수사학을 거부하고 어디까지나 관찰과 경험에 토대를 둔 과학적 의학을 확립했다. 그 이전의 오랜 역사에도 불구하고 히포크라테스가 '의학의 아버지'로 추앙을 받는 것은 바로 이 때문이다. 그는 최종적 진단은 조심스런 관찰에서 나와야 한다고 주장하면서 놀랄 만큼 근대적인 접근으로 의학에서 주먹구구식 치료를 추방했다.

히포크라테스의 의학은 B.C. 3세기쯤 알렉산드리아(Alexandria)에서 편찬된 《히포크라테스전집》(*Corpus Hippocraticum*)에서 엿볼 수 있다. 이 전집은 의학의 거의 모든 분야를 망라하는 70여 권의 책으로 되어 있다. 이것은 약 150년 동안에 걸쳐 여러 사람에 의해 쓰인 것으로 날카로운 관찰, 합리적 치료, 비슷한 문체로 특징지어지는 그 일부만이 히포크라테스 자신의 저술인 것으로 믿어진다. 《히포크라테스전집》은 건강과 질병의 문제에 접근하는 올바른 원리의 필요성을 주장하는 것이 특색이며 의학의 고귀함과 장래의 의사가 받아야 할 훈련을 강조하고 있다.

《인간의 본질에 관하여》(*On the Nature of Man*)에서 히포크라테스는 당시에 의미 있던 체액설(humoural theory)을 받아들였다. 경험을 중요시하며 철학자들의 사변적 이론을 경멸한 그로서는 좀 뜻밖의 일이다. 체액설에 따르면 인체는 혈액(blood), 점액(phlegm), 황담즙(yellow bile), 흑담즙(black bile)의 네 가지 체액(humours)을 갖고 있으며 이들이 신체의 성질을 결정한다. 이들이 적당한 비율을 이룰 때 사람은 건강하며, 이 가운데 어느 하나가 많거나 모자라면 이상행동, 병, 죽음이 온다. 의사의 임무는 네 체액의 적절한 균형을 회복, 유지하는 것이다. 자연은 체액들의 정상적인 비율을 회복하게 하는 경향이 있으나 의사는 하제, 찜질, 목욕, 보리차, 포도주, 방혈, 사혈 등을 써서 이를 돕는다.

체액설은 2세기에 갈레노스(Galenos)에 의해 발전되어 그의 의학의 기본을 이루고 18세기까지 의학계를 지배했다. 인체 안에 여러 가지 다른 요소들이 균형을 이루고 있다는 생각은 일찍부터 그리스에 있었던 것이다. 엠페도클레스(Empedokles)는 4원소(four elements)를 생각했고, 16세기에 와서 체액설을 공격한 파라켈수스(Paracelsus, 1493-1541)도 인체를 3원리(tria prima)로 구성된 화학적 체계로 보았다. 19세기의 위대한 프랑스 생리학자 클로드 베르나르(Claude Bernard, 1813-78)가 피, 림프, 조직액 등 체액 속의 화학물질들의 동적 평형이 정상적 신체기능과 건강에 중요하다고 본 것도 체액설과 비슷한 착상으로 볼 수 있을 것 같다.

히포크라테스는 질병뿐만 아니라 환자도 연구해야 한다고 주장했다.

정확한 진단을 하려면 환자에 관한 가능한 모든 것, 곧 매일 하는 일, 직업, 가족배경, 생활환경(물, 공기, 장소) 등을 알아야 한다는 것이다. 그는 이른바 의학기후학(medical climatology)의 창시자로서 질병에 대한 기후, 계절변화 등의 영향을 연구했다. 사람의 여러 기관은 계절에 따라 변하므로 천문학은 의사에게도 매우 가치 있는 학문이 된다.

히포크라테스의 최대의 업적은 병의 경과를 예측하게 할 수 있는 훌륭한 임상기술인 것으로 평가되고 있다. 이 기술은 17세기까지 견줄 만한 것이 없었을 뿐더러 간명한 임상기록이 따라야 할 모범이 되었다. 그는 병의 증상, 곧 환자의 눈과 피부의 모양, 체온, 식욕, 배설물 등을 기록한 일지와 차트(chart)를 만들고 있는데, 그 정확하고 간결한 점에서 그의 천재와 성실성을 볼 수 있다.

고대 그리스에서는 시체의 해부를 엄격히 금지했기 때문에 해부학, 생리학, 병리학 지식은 원시적이었다. 그러나 《히포크라테스전집》 가운데 골절과 탈구에 관한 책에는 뼈, 근육, 심줄의 구조와 기능에 대해 놀랍게 발전된 지식이 담겨 있다. 힘 드는 운동 때문에 생기는 신체의 상해, 전장에서의 부상병에 대한 외과치료는 부목 대기, 붕대 감기 등 퍽 근대적인 것이 많다.

《성스러운 병에 관하여》(*On the Sacred Disease*)에는 경련과 의식 상실을 일으키는 전간(지랄병)에 관한 의견이 나와 있다. 무식한 의사들은 이 격렬한 병을 성난 신 또는 마귀의 방문으로 보고 주문, 마력 등을 통해 귀신을 쫓으려 했었다. 히포크라테스는 이들이 이 병의 참된 원인을 몰라서 신성한 것으로 잘못 알고 있다고 하면서 모든 병은 아무리 무서운 것이라도 자연적 원인을 갖는다고 주장했다. 이것은 과학적 의학으로의 뜻깊은 전진이며 의학에서 신화, 미신의 흔적을 없앤 것이다.

《경구》(*Aphorisms*)는 전집 가운데 가장 유명한 책이다. 이 책은 단편적인 일련의 문구들로 되어 있는데 의학적인 것이 많고 나머지는 격언이다. 이것은 늙은 히포크라테스가 일생의 경험을 요약, 정리한 것으로 보인다. "인생은 짧고 의술은 길다."(Vita brevis ars longa.). "기회는 빨리 지나가고 경험은 그릇되기 쉬우며 판단은 어렵다." 이 말의 앞부분은 뒤에 미국의 롱펠로우(Henry Wadsworth Longfellow, 1807-82)가 되풀이해서 "인생은 짧고 예술은 길다."로 전해 오는 너무나 유명한 경구이다. 영어의 art는 예술로 옮겨지지만 기술 또는 기예라는 뜻도 있다. 히포크라테스는 물론 의술(art of healing)이라는 뜻으로 썼을 것이다. 그에게는 의학이 과학인 동시에 기예(예술)이기도 했다. 다시 말하면 의사가 관찰, 경험에 의해 배운 것을 응용하는 기술이라는 뜻이다. 의학은 모든 기예 가운데 가장 고상한 것인데 그것을 시술하는 사람들의 무지 때문에 다른 기예에 비해 크게 뒤떨어져 있다고 히포크라테스는 생각했다.

경구 가운데는 임상경험으로 입증된 재미있는 것이 많다. "노인들은 배고픔을 제일 잘 참는다. 장년, 청년, 어린이는 점점 못 참고 활동하는 사람들이 가장 못 참는다.", "살찐 사람이 마른 사람보다 먼저 죽는다.", "까닭 없는 피로는 병임을 말해 준다.", "건조할 때보다 비 올 때 병이 많고 사망률도 높다.", "어떤 사람에게 고기는 다른 사람에게 독이다."

끝으로 히포크라테스 선서에 대해 몇 마디 없을 수 없다. 이 선서는 히포크라테스가 쓴 것이 아니라 훨씬 뒤에 만들어졌다는 것이 학계의 지배적인 견해이다. 우선 첫머리에 의술을 가르쳐 준 스승을 부모와 같이 여기고 일생 받들며 돕겠다고 한다. 또한 스승의 자제를 형제처럼 생각하고 원하면 정성껏 무료로 의술을 가르친다고 한다. 이것은 도제관계를 중심으로 하는 의사 길드의 강한 유대를 보여 주는 것이다.

그 다음 설사 요청을 받는다 하더라도 극약을 주지 않을 것이며, 낙태도 시키지 않겠다고 한다. 그리고 칼을 쓰지 않겠다는 말도 보인다. 이것은 피타고라스(Pythagoras) 학파가 낙태에 반대했고 피 흘리는 것을 금했다는 점과 관련해서 매우 흥미 있는 대목이다. 결국 히포크라테스 선서는 피타고라스 학파의 영향을 받았을 가능성이 크다. 그런데 칼을 쓰지 않겠다는 선서를 한 의사들은 다른 사람들로 하여금 집도하게 했으므로 그리스 사람들이 해부를 하지 않았다는 것은 아니며, 또 반드시 내과의와 외과의를 구분했다고 해석할 필요도 없다. 히포크라테스 선서는 뒤에 그리스도교가 들어오자 교리에 부합되어 크게 환영을 받았다.

히포크라테스는 라리사(Larissa)에서 죽었는데 100살 쯤 장수한 듯하다. 그는 의사의 아들이며 손자이지만 그의 두 아들과 사위도 의업을 이어받았다. 히포크라테스의 획기적인 노력으로 B.C. 4세기에 그리스에는 과학적 의학이 자리 잡게 된다.

3

데모크리토스

그리스과학은 원자론(atomism)에 이르러 일대 전환점을 맞는다. 원자론은 다원론(pluralism) 또는 입자설(corpuscular theories)로 불리는 후기 자연철학의 마지막을 장식했다. 원자론자들은 자연현상에 대한 하찮은 지식을 가지고 매우 포괄적인 우주상을 만들었다. 그것은 비록 거칠기는 해도 과학에서는 일찍이 없던 성공적인 시도였다.

원자론은 레우키포스(Leukippos)와 데모크리토스(Demokritos, B.C. 5세기)로 대표된다. 레우키포스는 그 존재 자체가 의심될 정도로 모호한 인물이다. 데모크리토스에 대해서는 주로 아리스토텔레스를 통해 더 많은 것이 알려져 있다. 데모크리토스는 B.C. 5세기 중엽 북부 그리스에서 태어나 활동했으며, 아테네에서는 별로 유명하지 않았으나 같은 북부 출신인 아리스토텔레스에게 높은 평가를 받았다.

원자론은 엘레아(Elea) 학파의 근본사상에 가깝다. 왜냐하면 존재의 양적 통일만 희생시킬 뿐 그 질적 통일을 유지하기 때문이다. 원자론자들은 파르메니데스(Parmenides)의 '존재'를 물질로 보아 무수히 작은 부분 원자들(atoma)로 나누고, 이들을 엘레아 학파에서 비존재(nonbeing)라고 거부하는 허공(kenon)에 흩어 놓는다. 또한 원자들에는 파르메니데스에 의해 부인된

운동이 부여된다.

원자론은 우주가 더 이상 나누어지지 않는 궁극적 단위인 원자라는 알갱이들로 구성되어 있다고 한다. 그러나 초기의 입자설과는 중요한 차이점을 드러낸다. 엠페도클레스(Empedokles)의 네 뿌리들(rhizomata, 4원소)이나 아낙사고라스(Anaxagoras)의 씨들(spermata)이 질적으로 다른 존재들인 데 비해 데모크리토스의 원자들은 동질적인 존재로서 질적 차이는 측정할 수 있는 양으로 환원된다.

엠페도클레스의 경우 네 뿌리들의 결합과 분리를 일으키는 작용(agent)인 사랑(philia)과 미움(neikos)이 있고, 씨들의 운동은 누스(nous)에 의해 이루어진다. 원자론에서는 운동은 원자에 고유한 것이다. 모든 변화는 원자 자체의 본성에서 일어나며 외적 작용인은 필요하지 않다.

원자들은 크기, 모양, 위치, 배열, 운동 상태가 모두 다르며, 물질의 질적 차이는 이 탓으로 돌려진다. 따라서 원소는 기본성질을 잃게 된다. 그것은 원자배열의 결과이기 때문이다. 원자들은 비물질적인 공간, 허공 안을 운동해 다닌다. 허공은 원자들의 운동을 위해 있어야 한다. 허공에는 원자가 없고, 원자가 있는 곳은 허공이 아니다. 원자의 수는 무한하므로 허공도 무한일 수밖에 없다.

원자들의 운동에는 1차적인 것과 서로 부딪쳐서 일어나는 파생적인 것의 두 가지가 있다. 그리고 이 운동은 마치 브라운 운동(Brownian movement)을 하는 분자들처럼 제멋대로 하는 것이다. 따라서 이렇게 원자들의 맹목적 운동에 의해 진행되는 우주는 완전히 역학적 계이며 자기충족적이다. 원자론자들은 이 계가 창조되지 않은 영원한 것으로 본다. 여기서 우리는 철저한 기계론을 보게 된다. 이런 세계에는 신이 발붙일 곳이 없다.

원자론은 물질세계의 변화를 원자들의 이합집산이라고 하는 데 그치지 않고 감각도 원자의 운동으로 설명한다. 비슷한 배열이 달라지면 감각도 변한다. 음식물의 미각 원자가 혀의 영혼원자와 접촉함으로써 맛이 생긴다. 자극성 있는 음식은 뾰족하고 울퉁불퉁한 원자들로 되어 있고, 단 음식은 그 원자들이 부드럽고 매끈하다. 시각도 눈에서 튀어 나가는 원자와 물체의 원자가 충돌해서 변형된 원자가 망막을 자극해 일어나는 것이다.

데모크리토스는 인간의 영혼이 가장 섬세하고 완전한 공 모양의 원자로 되어 있다고 하며, 신 또는 악마들은 원자의 복합체라고 주장한다. 이렇듯 극단적인 유물론은 필연적으로 무신론적 세계관을 수반한다. 원자론의 반종교적 성격은 그 자체의 운명에 큰 영향을 주었다. 그리스 세계에서도 무신론은 백안시되었던 것이다. 원자론이 뒤에 그리스도교도들의 강력한 반대에 부딪친 것도 그 때문이었다. 원자론은 헬레니즘시대의 철학자 에피쿠로스(Epikuros)에 의해 채택되었고, 로마 시인 루크레티우스(Lucretius)의 《자연의 본질에 관하여》(*De rerum natura*)의 주제로 되어 명맥이 이어졌다. 그 뒤로는 서구과학의 주류에서 벗어나 근대에 극적으로 부활할 때까지 거의 잊혀졌다.

원자론은 17세기 가상디(Pierre Gassendi) 등에 의해 재건되어 이미 득세하기 시작한 플라톤과 함께 아리스토텔레스과학을 뒤엎는 데 큰 몫을 맡았다. 과학혁명의 특징인 기계적(역학적) 자연개념은 원자론에서 온 것이며, 17세기를 휩쓸고 뉴튼(Isaac Newton)에서 절정을 이룬 기계적 철학

(Mechanical Philosophy)의 주요 부분을 이루고 있다. 그때 이래 원자론 철학은 화학, 생물학으로 확대 적용되면서 현대까지 계속 승리를 구가해 왔다. 19세기에 나온 돌튼(John Dalton)의 화학적 원자론은 오히려 엠페도클레스적이라 할 만큼 원자의 성격이 달라졌지만 기본적으로 그리스 원자론의 연장이다. 생물학에서도 18세기의 뷔퐁(Georges Buffon)을 거쳐 현대의 분자생물학에 이르기까지 원자론의 뿌리 깊은 영향을 볼 수 있다.

현대 우주론에서의 대폭발설(explosion theory)과 정상상태설(steady state theory)의 대립, 그리고 교착상태를 타개하지 못하고 고민하는 입자물리학을 둘러싼 시비는 플라톤과 데모크리토스의 싸움의 재판이라 할 수 있지 않을까? 이런 뜻에서 원자론은 다시금 깊이 음미되어야 할 것이다.

4

플라톤

2000년 서양철학은 플라톤(Platon, B.C.428-348) 각주에 지나지 않는다지만 과학사에서도 플라톤은 극히 중요한 위치를 차지하고 있다. 플라톤이 없었다면 과연 오늘의 과학이 가능했을까 의심될 만큼 그의 영향은 깊고도 지속적인 것이었다.

플라톤의 자연철학은 이전 철학자들의 사상을 응용, 연장해 변형시킨 것이다. 버트런드 라슬(Bertrand Russel)에 따르면 플라톤이 받은 유산은 다음과 같다. 파르메니데스(Parmenedes)에게서 "실재는 영원하다."는 생각, 헤라클레이토스(Herakleitos)로부터는 "감각세계에서 영원한 것은 없다."는 생각을 받았다. 피타고라스(Pythagoras)의 종교적 요소와 수학 존중, 소크라테스(Sokrates)의 윤리와 목적론은 더욱 중요한 유산이다.

앞의 둘은 플라톤의 이데아(idea) 설을 구성했다. 이데아 설에 따르면 우리가 지각하는 사물들은 이데아 또는 형상(eidos)의 불완전한 복사에 지나지 않다. 현상계는 변화무쌍하고 덧없는 극복되어야 할 세계이지만 이데아의 세계는 완전하고 영원불변하다. 예컨대 우리는 조금 찌그러진 불완전한 원이라도 원으로 알아볼 수 있으나 시공을 초월한 어딘가에 완전한 원이 있으며 모든 원들은 이 완전한 원과 관련을 맺는다.

이데아와 현상계의 대조는 2원론이라는 특징을 준다. 과학의 두 요소인 수학과 경험주의의 대립에서 플라톤은 당연히 수학을 높이 평가한다. 그렇다고 해서 경험을 전적으로 무시한 것은 아니다. 경험은 수학보다 열등하지만 역시 필요하다. 이 점에서 플라톤은 변화를 전혀 부정한 파르메니데스보다 덜 과격하다.

소크라테스는 자연에 무관심했는데 제자 플라톤은 윤리 말고 과학에도 관심이 깊었다. 그러나 그의 과학에 대한 관심은 과학 자체를 위한 것은 아니었던 듯하다. 플라톤은 그의 윤리를 정당화하기 위해 과학을 했고, 따라서 그의 과학은 짙은 윤리성을 띠고 있다. 플라톤의 《대화》들 가운데 만년에 나온 《티마이오스》(*Timaios*)는 자연철학에 관한 책이다. 이것은 우주가 도덕적인 것임을 보여 주는 데 목적을 두고 있다.

《티마이오스》는 창조신화를 다룬 본격적인 우주창생론이다. 만일 플라톤이 참으로 우주가 창조되었다고 믿었다면 그는 특이한 존재이다. 대다수의 그리스철학자들은 우주가 영원하다고 보았기 때문이다. 그리고 이 뚜렷한 창조설 덕분에 플라톤은 뒷날 그리스도교도들에게 비교적 인기가 있었다. 플라톤에 따르면 태초에 창조주 데미우르고스(demiurgos)가 있어 우주를 만들었다. 다만, 그리스도교와는 달리 무에서 창조한 것은 아니고 재료가 있었다. 뒤죽박죽인 원질(primordial substance)을 재배열해서 만든 것이다.

데미우르고스는 원질을 가지고 4원소를 만들었는데 그 구성방법이 기막히게 기하학적이다. 직각2등변3각형 4개가 모이면 정4각형이 된다. 정4각형 6개로 둘러싸인 것이 정6면체이다. 이 정6면체로 된 것이 원소 흙이다. 따라서 흙은 직각2등변3각형 24개로 이루어지는 것이다. 두 각이 각각 60°, 30°인 직각3각형 6개는 정3각형을 만든다. 정3각형 4개로 둘러싸인 정4면체로 된 것이 불이다. 공기는 정8면체(정3각형 8개), 물은 정20면체(정3각형 20개)로 되어 있다. 직각3각형의 수로 따지면 불, 공기, 물은 각각 24, 48, 120개로 구성된 셈이다.

여기서 중대한 결과가 나온다. 흙은 유독 직각2등변3각형으로 되어 있어 어쩔 수 없으나 불, 공기, 물은 그 구성 성분이 같은 직각3각형이다. 더구나 그 수를 보면 서로 바뀔 수 있는 가능성이 있다. 곧 24×2=48, 48×2+24=120, 공기는 불 2개, 물은 공기 2개와 불 1개로 되어 있는 것이다. 그러므로 흙 하나만은 고정불변이지만 나머지 세 원소는 상호가변적인(interchangeable) 것이 되었다. 원소들이 다 고정불변이었던 엠페도클레스의 4원소설은 크게 변질된 것이다.

이렇게 플라톤은 피타고라스 학파가 발견한 5개의 정다면체에서 적합하지 않은 정12면체를 버리고 나머지 4개로 우주를 구성했다. 결국 플라톤에게 원질은 기하학적 공간과 같은 것이며 원소들의 가장 작은 입자들은 그 공간의 부분들이 다면체로 둘러싸여 있는 것이다. 현대인들은 플라톤의 기발한 기하학적 우주론에 당혹할지 모른다. 물론 그것은 완전히 사변적인 것이다. 그리고 공상의 산물 치고는 걸작임에도 틀림없다. 그러나 내용은 어쨌든, 중요한 것은 플라톤이 우주를 기하학적으로 생각했다는 사실 자체이다. 16세기에 시작된 천문학혁명을 성공으로 이끈 원동력은 바로 이 사고방식이었다. 코페르니쿠스(Nicolaus Copernicus), 갈릴레오(Galileo Galilei), 케플러(Johannes Kepler)는 우주가 기하학적으로 되었다는 플라톤의 확신을 나누어 가졌고, 이 믿음을 밀고 간 결과 마침내 우주를 수학적으로 간단히 표현하는 데 성공했던 것이다.

플라톤의 우주창생설은 목적론적(teleological)이다. 지극히 착하고 자비로운 데미우르고스는 무질서한 혼돈(chaos)을 차마 볼 수 없어 뚜렷한 목적을 가지고 질서 있는 우주(cosmos)를 만들었다. 맹목적 우연은 합리적인 우주를 만들 수 없는 것이다. 여기서 플라톤은 원자론자들과 날카롭게 대립되는 세계상을 보여 준다. 사물을 본질, 기능, 목적의 측면에서 보는 목적론은 소크라테스에게서 이어받은 것이며 플라톤은 이것을 아리스토텔레스에 전한다.

여러 가지 점에서 데모크리토스와 플라톤은 두 극단을 대표한다. 물론 그들에게는 공통점이 없는 것도 아니다. 둘은 다 같이 정신과 물질을 동일시했고, 여러 과학들을 하나의 과학으로 환원했으며, 수학에서 과학적 논증의 모형을 찾았다. 그러나 다른 면들은 좀 더 근본적인 것이다. 우선 방법에서 정반대이다. 데모크리토스는 현상에 충실하나 그 본질이나 원인을 설명하지 않는다. 한편 플라톤은 이론의 구성에는 뛰어나지만 현상의 설명에는 무력하기만 하다. 그래서 이들의 방법은 각각 물리적 방법, 논리적 방법이라 불리기도 한다.

두 사람의 대조적인 세계상을 비교해 보자. 플라톤은 데미우르고스가 질서 있는 우주를 만들었다고 하나, 데모크리토스는 우주의 출현과 그 안에서 일어나는 일들은 맹목적 우연에 의한 것이라고 한다. 플라톤이 영혼을 불어넣어 우주를 생물로 만드는 데 반해, 데모크리토스는 신들과 인간들의 생활을 원자들의 다양한 운동에 지나지 않는 것으로 본다. 플라톤은 데미우르고스가 대 혼돈을 용납할 수 없었다고 해서 우주의 존재와 목적을 설명한다. 그러나 데모크리토스는 이런 문제를 아예 무시해 버린다. 이렇게 해서 목적론과 유물론의 분열이 비롯했으며 그 대립은 오늘날까지 계속되고 있는 것이다.

이와 같이 플라톤은 2원론적 · 수학적 · 목적론적 · 이성적 · 추상적인 과학을 확립함으로써 함께 그리스의 3대 과학을 이루는 원자론, 아리스토텔레스와 좋은 대조를 이룬다. 플라톤의 영향은 그 종교적 측면이 강조되어 신비주의로 흐른 신플라톤주의(Neoplatonism)를 거쳐 중세 중기까지 내려오다가 아리스토텔레스에 의해 압도된다.

르네상스 때 이탈리아에서 일어난 신플라톤주의의 부활은 근대과학의 출현에 중요한 몫을 했다. 16, 17세기의 과학혁명은 그 주역들이 아리스토텔레스를 버리고 플라톤의 형이상학을 채택함으로써 가능했다. 우리는 이성과 수학을 강조한 근대과학에서 피타고라스-플라톤의 전통을 역력히 볼 수 있다.

플라톤은 현대물리학에서도 새로운 평가를 받고 있다. 예를 들면 하이젠베르크(Werner Heisenberg)는 원자물리학의 입자들이 데모크리토스의 원자보다는 플라톤의 원소에 가깝다고 본다. 곧 물질을 쪼갤 때 직면하는 수학적인 기본구조의 표현이라는 것이다. 따라서 딜레마에 빠진 입자물리학이 살 길은 소립자(기본입자)의 개념을 버리고 플라톤의 기본대칭의 개념을 받아들이는 것이라고 주장해서 주목을 끌고 있다.

5

아리스토텔레스

"인류 속에 소크라테스가 철학을, 아리스토텔레스가 과학을 세운 것처럼…." 이것은 르낭(Ernest Renan)이 《예수의 생애》(*La Vie de Jésus*, 1863)에서 한 말이다. 그리스 고전기의 마지막을 장식한 아리스토텔레스(Aristoteles, B.C. 384-322)는 철학자로 유명하지만 과학자로서도 그에 못지않게 중요하다. 그의 과학은 17세기에 근대과학이 나오기까지 2000년 동안 서구를 지배했기 때문이다. 과학사상 다른 누구도 그토록 깊고 오래 계속된 영향을 남긴 일이 없다.

우선 아리스토텔레스가 이전의 과학자들과 근본적으로 다른 점을 지적해야겠다. 첫째, 그는 참된 존재는 초월적인 현상의 세계에서 찾아야 한다는 플라톤의 견해에 반대하고 자연현상에 대해 기본적으로 경험적 태도를 취한다. 둘째, 원자론자들은 양적 결정을 가능하게 하는 설명원리를 쓰는 것이 목표였으나 그는 질적인 과학을 발전시키려고 한다. 셋째, 그는 존재가 발생, 변화를 하지 않는다는 엘레아 학파의 주장을 전적으로 거부한다.

그리스철학사가 얘거(Werner Jäger)의 3단계설에 따르면 아리스토텔레스의 사상은 플라톤적 시기, 과도기, 독자적 성숙기로 발전해 갔다. 이 변화는 철학에서 과학으로의 이행을 뜻한다. 다시 말해 초기의 형이상학적 경향이 점차 경험주의로 바뀌었다는 것이다. 그가 세운 뤼케이온(Lykeion)의 분위기도 플라톤의 아카데미아(Akademia)와는 대조적으로 철학적이라기보다 과학적이었다고 한다.

아리스토텔레스에게 철학은 자연을 설명하려는 시도였다. 만일 자연을 설명할 수 없거나 신비적, 초월적인 것을 끌어들여야만 한다면 철학은 실패한 것이라고 그는 믿었다. 그래서 그는 이데아설은 빈 말이며 시적 비유라고 혹독히 비판했다. 그러나 그는 전체로 보아 별 수 없는 플라톤의 제자였다. 실재는 형상(eidos)에 있다는 확신과 목적론적 견해는 아리스토텔레스가 스승으로부터 받은 중요한 유산이며 그의 과학에 구석구석 깊이 침투되어 있다.

물리과학에서 아리스토텔레스는 변화와 운동의 문제를 주로 다루었다. 먼저 4원소는 제1질료를 바탕으로 네 가지 성질들이 섞인 것인데, 성질들의 비율에 따라 원소의 종류가 결정된다. 따라서 어떤 방법으로 이 비율을 바꾼다면 원소도 변할 수 있다는 결론이 나온다. 뒤에 연금술사들이 값싼 쇠붙이를 가지고 금을 만들려고 했을 때 원소가 상호가변적(interchangeable)이라는 아리스토텔레스의 물질이론이 그 이론적 근거가 되었다. 4원소설은 18세기 말 라봐지에(Antoine Lavoisier)의 새 화학이 나옴으로써 완전히 없어진다.

4원소에 의해 만물이 변화하는 것은 달 아래 세계의 경우이고 달 너머 세계는 다섯 번째 원소 아이테르(aither)로 차 있어 영원하고 완전한 전혀 다른 곳이다. 플라톤의 2세계설을 연상케 하는 이 두 세계는 17세기 뉴튼에 와서야 다시 하나로 합쳐진다.

아리스토텔레스는 운동을 물체가 자연적인 위치로 향하는 자연운동과 다른 방향으로 억지로 가게 하는 강제운동으로 나누었다. 본질적으로 다른 이 두 운동의 구별은 갈릴레오 때까지 계속되었다. 강제운동은 외부로부터 주어지는 힘이 필요한데, 힘과 물체는 접촉해 있어야 한다고 해서 '접촉물리학'(contact physics) 또는 '마차물리학'(horse-cart physics)이라는 별명이 붙었다. 이 같은 사고방식은 뉴튼의 중력개념이 나왔을 때 신비적인 힘이라는 데카르트(René Descartes)의 비난을 낳게 했으며 마당(field)의 개념 형성을 19세기까지 지연시킨 원인이 되기도 했다. 또한 플라톤, 에우독소스(Eudoxos)의 지구중심 우주 체계를 받아들여 발전시킨 아리스토텔레스의 천문학은 프톨레마이오스의 수정된 궤도이론과 결합되어 공식 우주설로 내려오다가 코페르니쿠스의 태양중심 우주 체계로 대치된다.

요컨대 아리스토텔레스의 물리학은 불충분하고 상식적인 관찰을 가지고 형이상학에 두드려 맞추어 일반화한 매우 독단적인 것이었다. 그러나 생물학에서는 관찰과 실험에 입각한 볼 만한 업적을 많이 남기고 있다. 날카로운 관찰, 정확한 기술, 주의 깊은 분류는 아리스토텔레스의 타고난 생물학자로서의 자질을 말해 준다. 그는 고래와 물고기를 구별했고, 오징어의 양성생식을 기술했으며, 벌의 습관, 병아리의 배의 발전을 정확히 관찰했다. 특히 그의 돔발상어에 대한 서술은 계속 틀린 것으로 내려오다가 19세기에야 옳았다는 것이 밝혀지기도 했다.

아리스토텔레스의 동물 분류는 뛰어난 것으로 평가된다. 그의 이른바 자연분류는 형태를 기준으로 삼기도 했으나 생식정도에 의한 분류가 더 중요하다. 모든 동물은 생명열(vital heat)을 갖고 있는데, 이것은 많을수록 생식방법이 고급이며 고등동물이라고 그는 보았다. 그는 520종을 분류했는데, 해양동물이 잘 되어 있으며 그의 분류는 18세기에 린네(Carl Linné)가 분류학을 체계화할 때까지 그대로 내려왔다.

아리스토텔레스는 발생학에서도 비교발생학적 방법의 도입, 1차 및 2차 성징의 구별, 전성설(preformation)과 후성설(epigenesis)의 대립의 정식화, 진화재현설(recapitulation theory)의 예측 등 주요한 공헌을 했다고 니덤(Joseph Needham)은 그의 《발생학사》(*A History of Embryology*)에서 꼽고 있다. 그러나 아리스토텔레스의 생물학은 경험적인 산물이지만 여기서도 역시 철학이 깊이 끼어들어 곤란한 것이 많다. 목적론은 물리과학에서는 17세기에 추방되나 생물학에서는 1859년 다윈(Charles Darwin)에 의해 치명타가 가해졌는

데도 아직 완전히 없어지지 않고 있다.

아리스토텔레스의 과학은 중세에 역학에서부터 비판을 받기 시작해 17세기에는 본격적인 공격을 당하게 된다. 아리스토텔레스의 방대한 체계는 얼핏 보아 잡다한 이론들을 주워 모은 것 같지만 실은 그의 형이상학으로 꿰어져 서로 뗄 수 없는 관계를 맺고 있는 하나의 이론이다. 그래서 이것을 넘어뜨리기란 결코 쉬운 일이 아니었다. 그러나 천문학에서 시작된 도전이 총공격으로 확대된 결과 아리스토텔레스의 과학은 드디어 새로운 과학에 자리를 내주지 않을 수 없었다. 이로써 몇몇 분야에 아리스토텔레스의 잔재를 남겨둔 채 과학혁명이 일단락되었던 것이다. 그리고 여기에는 과학적 3단논법을 주축으로 한 아리스토텔레스의 과학적 방법을 각기 다른 입장에서 신랄히 비판한 베이컨(Francis Bacon), 데카르트, 갈릴레오(Galileo Galilei)의 몫도 컸다.

아리스토텔레스는 기존 과학을 비판해서 새로운 체계를 건설한 위대한 과학자임에 틀림없다. 그러나 그가 오랫동안 신성불가침으로 받아들여졌다는 사실이 과학의 발전을 크게 저해했음도 부인할 수 없는 일이다. 후세 사람들이 그의 날카로운 비판정신을 이어받지 못했다는 것은 얼마나 모순된 일인가.

6

에우클레이데스

"젊었을 때 이 책을 읽고 황홀해지지 않은 사람은 이론을 탐구할 자격이 없다." 아인슈타인(Albert Einstein)이 이토록 높이 평가한 책은 2200년 전에 나와 오늘날까지 널리 교과서로 쓰이고 있다. 이 책은 전 세계의 거의 모든 말로 번역되었으며 성서 다음으로 많이 팔린 책이다. 그 이름은 《원론》(Στοιχεῖα, Stoicheia), 흔히 《기하학원론》으로 불린다. 이 책을 지은 이는 더욱 유명한 에우클레이데스(Eukleides, Euclid)이다.

그러나 에우클레이데스가 어떤 사람이었는가에 대해서는 거의 알 길이 없다. 애석한 일이다. 우리는 지난날의 많은 정치가, 장군에 대해 자세한 것을 알고 있지만 인류문화의 꽃이라 할 수 있는 학자, 예술가들의 생애에는 무지하다. 이것은 지금도 마찬가지다. 위대한 과학자들은 역사의 화려한 무대 뒤쪽에서 빛을 보지 못하고 제대로 대접도 못 받으며 일하고 있는 것이다. 이들의 업적은 시간이 갈수록 빛나기 마련이다. 에우클레이데스도 당대에는 평범한 교사에 지나지 않았으나 그가 남긴 불후의 명저 《기하학원론》을 통해 헤아릴 수 없는 공헌을 해왔으며 앞으로도 길이 기억될 것이다.

에우클레이데스가 언제, 어디서 태어났는지는 아무런 기록도 없다.

다만 여러 가지 증거로 미루어 그가 B.C. 300년쯤에 활동했다는 것이 확실할 뿐이다. 그는 아테네에서 교육을 받았는데, 플라톤이 세운 아카데미아에서 수학을 배웠을 가능성이 있다. 때는 그리스 문화가 찬란했던 고전시대를 끝내고 북아프리카의 알렉산드리아(Alexandrea)로 옮겨져 헬레니즘시대로 접어들고 있었다. 에우클레이데스는 알렉산드리아로 옮아가 프톨레마이오스 1세(Ptolemaios Ⅰ)와 아마도 프톨레마이오스 2세에 걸쳐 활동했던 것 같다. 그래서 그는 알렉산드리아의 에우클레이데스로 불린다. 그때 알렉산드리아에는 학교, 연구소, 박물관, 도서관을 겸한 종합연구센터 무제이온(Museion, museum)이 있었다. 한창 때 이곳의 장서가 40만 권이었다니 믿을 수 없는 얘기지만 그 규모를 짐작할 만하다. 에우클레이데스가 무제이온에서 강의를 했다는 설이 있으나 공식관계를 맺었던 것 같지는 않다. 그랬다면 기록에 남지 않았을 리가 없을 것이다. 그 자신 학교를 창설했다는 얘기도 있다. 어쨌든 그는 어디선가 수학교사로 있었다. 아르키메데스(Archimedes)의 스승 코논(Konon)도 그의 제자였다고 한다.

중세의 학자들은 에우클레이데스를 소크라테스의 제자인 철학자 메가라(Megara) 출신 에우클레이데스와 혼돈했는가 하면 뒤에 《기하학원론》을 편집해 낸 알렉산드리아의 테온(Theon)을 진짜 에우클레이데스로 보기도 했다. 따라서 우리는 에우클레이데스의 생애에 관한 갖가지 전설을 함부로 믿지 않는 것이 좋다. 그러나 《기하학원론》의 주석서를 쓴 프로클루스(Proclus Diadochus, 410?-485)가 전하는 일화 하나는 소개할 가치가 있다. 《기하학원론》을 가지고 기하학을 공부하느라고 애를 먹은 프톨레마이오스 1세가 이 학문을 배우는 데 지름길이 없느냐고 묻자 에우클레이데스는 단호하게 대답했다. "전하, 기하학에 이르는 왕도는 없습니다." 이 얼마나 멋있는 말인가! 학문의 세계는 엄격한 것이고 무소불능한 왕도 어쩔 도리가 없는 것이다.

에우클레이데스에게는 '기하학의 아버지'라는 칭호가 붙어 있다. 하지만 이 말은 그가 기하학을 처음 만들었다는 뜻으로 이해되어서는 안 된다. 기하학은 에우클레이데스 이전에도 오랜 역사를 갖고 있다. 이집트부터 따지면 1000년 이상, 가까이 그리스 기하학만 쳐도 300년 전통의 절정을 이룬 것이 에우클레이데스이다. 먼저 에우클레이데스가 나오기까지의 기하학을 훑어보자.

나일 강의 범람은 상류의 기름진 흙을 실어와 풍작을 가능케 했지만 또한 골치 아픈 문제도 함께 가져왔다. 홍수가 땅의 경계표를 싹 씻어 버리기 때문에 땅 주인을 가려내 세금을 물릴 수 없게 되었던 것이다. 그러므로 해마다 땅을 새로 잴 필요가 생겼고, 여기서 기하학이 발달할 수밖에 없었다. 실상 기하학이란 그리스말 geometria는 땅을 잰다는 뜻이다. 이집트 기하학은 부정확한 면도 없지 않았다. 불규칙한 땅 덩어리를 많은 3각형으로 나누어 넓이를 계산했는데, 넓이 내는 공식이 틀려 지주들은 억울하게 많은 세금을 내야 했다고 한다. 이집트인들은 피타고라스의 정리도 활용했지만 기하학은 어디까지나 실생활의 필요에서 나온 것이었고 그 이론적 기초에는 관심을 두지 않았다. 이런 기하학을 우리는 '기술적 수학'이라고 부를 수 있을 것이다.

그리스에서 신화시대가 끝나자 사정은 달라진다. 과학과 철학의 시조라고 일컬어지는 탈레스는 이집트 기하학을 배우고 왜 그렇게 되는가를 생각했다. 이 물음이야말로 과학으로서의 기하학의 첫 걸음이었다. 그러면서도 그는 기하학이 측량, 피라미드 건조뿐 아니라 항해, 천문학에도 쓰일 수 있는 실용과학임을 잊지 않았다.

피타고라스에 이르러 기하학은 실제적 응용에서 분리되어 독립된 학문으로 출발할 기초가 마련된다. 피타고라스와 그의 추종자들은 철저히 기하학적 사고방식으로 일관했다. 그들은 점, 직선, 평면 같은 기본적인 기하학의 요소들을 정의했고 기하학적 사실에 관한 논리적 증명을 발견하는 데만 관심을 기울였다. 특히 '피타고라스의 정리'의 증명은 획기적인 것이었다. 이 정리는 이미 바빌로니아 때부터 알려졌던 것이지만 일반적 증명에 성공한 것은 피타고라스 학파에 의해서였으며 그들은 황소 100마리를 잡아 신들에게 바침으로써 감사했다고 한다.

플라톤은 피타고라스를 이어받아 우주가 기하학적으로 되어 있음을 확신했다. 그는 아카데미아의 문에 "기하학을 모르는 사람은 들어오지 말라"고 써 붙일 정도로 기하학을 중요시했다는데, 어느 날 기하학 도형을 만드는 제자를 보고 학문을 모독하지 말라고 꾸짖었다는 얘기가 있다. 기하학의 순수성에 대해서는 에우클레이데스에게도 이와 비슷한 일이 있었다. 스토바이오스(Stobaios, 5세기)에 의하면 제자 한 사람이 《기하학원론》의 첫째 정리를 배운 다음 기하학에서 실리를 찾을 수 없다고 불평하자 에우클레이데스는 하인에게 이렇게 명했다고 한다. "이 사람에게 몇 푼 갖다 주어라. 배우는 것에서 이득을 찾겠다니."

에우클레이데스는 이미 있던 모든 기하학 사상과 실질적 필요에서 발전된 토막 정보들을 모아 서로 관련되고 이해할 수 있는 아름다운 체계로

였었다.

에우클레이데스의 공적은 무엇보다도 연역추리의 방법을 완벽하게 발전시킨 것이다. 많은 개별적인 사실들에서 일반적인 결론을 끌어내는 것을 귀납추리라 한다면 연역추리는 반대로 일반적인 원리에서 출발해 특수한 것들로 진행하는 방법이다. 모든 탐정 이야기는 연역추리의 좋은 보기이며, 과학은 가장 큰 탐정 이야기라 할 수 있다. 그러기에 도일(Arthur Conan Doyle)의 추리소설에 나오는 형사 셜록 홈즈(Sherlock Homes)는 "논리학자는 보거나 듣지 않고도 물 한 방울로부터 대서양, 나이애거러 폭포의 가능성을 추론할 수 있다."고 말하는 것이다. 기하학은 연역추리의 모범을 보여 준다. 링컨(Abrahm Lincoln) 대통령이 나이 마흔에 에우클레이데스의 기하학을 공부한 것도 수학을 배우려는 것보다는 연역추리의 훈련을 하기 위해서였다고 한다.

에우클레이데스는 점, 직선, 3각형 등 주요한 용어들의 정의(definition)에서 시작한다. 여기서 이 개념들에 대한 자명한 진리, 즉 이성을 가진 사람이면 누구나 증명 없이 받아들일 공리(axiom), 공준(postulate)이 나온다.

"전체는 부분보다 더 크다.", "두 점을 연결하는 직선은 하나밖에 없다."

이런 공리들로부터 연역추리에 의해 많은 정리(theorem, proposition)들을 증명하는데, 이것들은 자와 컴파스로 구성될 수 있는 기하학적 도형의 성질을 기술하는 것이다.

《기하학원론》은 13권으로 되어 있는데, 일부는 제자들이 만들었으나 대부분이 에우클레이데스 자신이 쓴 것으로 믿어진다. 1-4권은 간단한 기하학적 도형 3각형, 원, 다각형, 평행선과 피타고라스의 정리의 응용을 다루었고, 5권은 비례의 이론, 6권은 이 이론의 평면기하학에의 응용, 7-9권은 완전수의 성질, 10권은 복잡한 무리수, 11-13권은 입체기하학, 곧 모뿔, 원뿔, 원통, 공 등을 다루었다. 그러나 에우클레이데스가 이 책을 쓴 목적은 주로 과거의 세 가지 위대한 발견을 종합하려는 것이었던 듯하다. 그것은 ①의 무리수이론, ③ 피타고라스와 플라톤에서 중요했던 다섯 가지 정다면체의 이론이다.

《기하학원론》에는 대수도 들어 있으나 그것은 어디까지나 기하학적 대수이다. 다시 말하면 대수문제를 기하학적 용어로 쓰고 기하학적 방법으로 풀고 있다. 예컨대 a, b의 곱은 두 변이 각각 a, b인 직4각형으로 표시되고 제곱근 구하는 것은 주어진 직4각형과 넓이가 같은 정4각형을 찾아내는 일이다. 분배 및 교환의 법칙도 기하학적으로 증명하며 여러 가지 항등식은 기하학적인 꼴로 나타낸다.

$$(a^2+b^2) = (a+b)^2 + (a-b)^2$$

2000년 이상 의심 없이 받아들여졌던 에우클레이데스 기하학은 19세기에 와서 도전을 받게 된다. 여기서 문제된 것은 평행공리였다. 그것은 한 점과 직선이 주어지면 주어진 점을 지나 주어진 직선에 평행한 오직 하나의 직선을 그을 수 있다는 것이다. 직선을 공간으로 무한히 연장해 본 경험이 없으니까 이 공리는 참이 아닐지도 모른다고 생각한 사람들이 있었다. 많은 수학자들이 다른 공리를 써서 평행공리를 증명하려 했으나 실패했다. 19세기 초 독일의 가우스(Karl Friedrich Gauss, 1777-1855)가 평행공리를 인정하지 않는 비에우클레이데스기하학(non-Euclidean geometry)을 발전시켰으나 그 결과는 그가 죽은 뒤 발표되었다. 비슷한 때 러시아의 로바체프스키(Nikolai Ivanovich Robachevsky, 1793-1856)와 헝가리의 보요이(Janos Bolyai, 1802-60)는 한 점을 통해 한 직선에 평행한 직선은 무수히 많다고 주장했으며, 이것을 공표할 용기를 가졌다. 그 뒤 리만(Georg Friedrich Bernhard Riemann, 1826-66)에 의해 더욱 발전된 비에우클레이데스기하학은, 그러나 에우클레이데스가 썼던 많은 공리와 증명방법을 활용하고 있다. 결국 에우클레이데스기하학 말고도 여러 가지 기하학이 있다는 것이 밝혀진 셈이다. 에우클레이데스기하학은 약간의 결함과 오류가 발견되어 수정되었지만 그 바탕은 건재하다.

《기하학원론》 이외에도 에우클레이데스의 저서 몇 가지가 남아 있다. 《자료》(*Data*)는 94개의 정리를 담고 있고, 《현상》(*Phenomena*)은 구면기하학을 다루었으며, 《도형의 분할에 관하여》(*On Divisions of Figures*)는 아랍어판으로 발견되어 복원된 책이다. 그 밖에 《광학》(*Optics*)과 《음악의 원리》(*Elements of Music*)는 에우클레이데스의 잘 알려지지 않은 면을 말해 주는 책들이다. 이상하게 생각될지 모르나 광학과 음악이 둘 다 기하학과 밀접한 관련이 있는 분야임을 알면 이해가 갈 것이다.

에우클레이데스의 영향은 기하학을 훨씬 넘어서는 것이다. 그가 기하학에서 보여 준 연역추리의 방법은 과학 전반에 널리 응용되어 오늘날의 놀라운 과학을 가능하게 했기 때문이다. 서구인들의 무서운 논리적 사고방식도 기하학에서 나온 것이 아닐까. 인도, 중국, 한국에도 일찍이 높은 수준의 수학이 있었지만 기하학은 없었다. 동양이 서양보다 앞선 과학기술을 가졌으면서도 근대에 이르러 과학을 근대화하는 데 실패한 이유를 기하학이 없었다는 사실에서 찾으려는 학자들이 있다. 우리가 서구적인 근대과학을 발전시키지 못한 것을 불행으로 본다면 그것은 우리의 조상에 피타고라스나 에우클레이데스 같은 뛰어난 기하학자가 없었기 때문이라 할 수 있을지 모른다.

7

아르키메데스

서양과학은 B.C. 7세기 탈레스에서 시작되었다고 한다. 그러나 현대과학의 기준에서 볼 때 과학자다운 과학자는 생물학에 아리스토텔레스, 물리과학에 아르키메데스(Archimedes) 정도를 꼽을 수 있을 뿐이다. 그 가운데서도 아르키메데스는 그대로 근대과학에 연결된다는 점에서 가장 주목해야 할 과학자이다.

아르키메데스(B.C. 287?-212)는 그리스식민지 시칠리아(Sicilia)의 가장 번성한 도시 시라쿠사(Syracusa)에서 천문학자 페이디아스(Pheidias)의 아들로 태어났다. 확실한 기록은 없지만 아르키메데스는 헬레니즘 문명의 중심지 알렉산드리아에 머물면서 에우클레이데스의 제자인 코논(Konon), 그리고 에라토스테네스(Eratosthenes)와 접촉한 것 같다.

아르키메데스는 과학에 뛰어난 재능을 보여 시라쿠사의 왕 히에론 2세(Hieron Ⅱ)의 총애를 받는 고문이었다. 히에론 2세는 용감한 군인이었을 뿐만 아니라 신앙심도 남달리 깊었다. 그래서 전쟁에 이길 때마다 신들에게 무엇인가 바치곤 했다. 언젠가 왕은 승전을 축하하기 위해 금으로 왕관을 만들어 신전에 놓기로 했다. 왕은 기술 좋은 금세공장이를 불러 금관을 만들도록 명령하고 필요한 분량의 금을 주게 했다. 약속한 날짜 안에 금세공장이는 왕관을 만들어 바쳤다. 왕은 아주 만족했다.

그러나 얼마 뒤 금세공장이 받은 금의 일부를 가로채고 대신 은을 섞어 왕관을 만들었다는 소문이 나돌았다. 이 소문은 왕의 귀에까지 들어갔다. 왕도 의심을 품게 되었지만 사실인지 아닌지 가릴 도리가 없었다. 왕관의 무게는 순금의 무게와 똑같았고, 또 은이 좀 섞였다고 해도 빛깔이 구별될 수 없었기 때문이다. 간단한 방법은 금관을 녹여 정6면체로 만들어 달아 보고 같은 무게의 금과 비교하는 것이었지만, 왕은 아름다운 왕관을 부수고 싶지는 않았다.

그래서 마침내 아르키메데스를 불러 이 혐의를 가려내게 했다. 아르키메데스는 이 문제를 놓고 이리저리 궁리해 보았으나 아무런 묘안도 떠오르지 않았다. 어느 날 그는 공중목욕탕에 갔다. 물론 그의 머리는 이 문제로 꽉 차 있었다. 몸이 물속으로 들어가자 욕조에 가득찬 물이 밖으로 넘쳐흘렀다. 어디서나 볼 수 있는 흔한 일이었다. 물론 아르키메데스도 이런 것을 수없이 보아 왔다. 그러나 거의 제정신이 아닐 만큼 왕관 문제에 몰두해 있던 그는 넘쳐흐르는 물을 무심코 바라보다가 불현듯 깨달았다.

바로 그것이었다. 그는 알몸으로 목욕탕을 뛰쳐나와 거리를 달려갔다. 그의 눈에는 아무것도 보이지 않는 것 같았다. “에우레카! 에우레카!” 외치면서 미친 듯이 뛰었다. ‘에우레카’(Eureka)란 “발견했다”는 뜻이다. 그는 위대한 발견을 했던 것이다. 그야말로 환희의 순간이었다.

금은 금속 가운데 가장 밀도가 커서 같은 부피의 은보다 훨씬 무겁다는 것은 이미 알려져 있었다. 또 정6면체 같은 규칙적인 모양을 가진 금덩이나 은덩이는 정확하게 부피를 잴 수 있었다. 다만 불규칙한 모양의 물체의 부피를 재는 것이 문제였는데, 아르키메데스가 이것을 해결한 것이다.

그것은 아주 간단했다. 우선 왕관의 무게를 정밀히 재고 그와 같은 무게의 금덩이와 은덩이를 준비했다. 그릇에 물을 가득 채우고 금덩이를 살며시 물속에 담근 뒤 넘쳐흐른 물을 받아서 그 부피를 쟀다. 다음에 은덩이를 넣어 보니 넘친 물의 부피는 금덩이일 때보다 컸다. 그리고 물을 채운 그릇 속에 왕관을 넣어 부피를 잰 결과 금덩이보다 컸으나 은덩이보다는 작았다. 이것으로 보아 아르키메데스는 왕관이 순금으로 된 것이 아님을 확인할 수 있었다. 더욱이 이 결과로부터 금이 얼마나 은으로 바꿔치기되었는지를 계산할 수도 있었다. 이렇게 해서 금세공장의 부정은 드러났다. 금세공장은 아르키메데스가 그의 부정을 밝힌 방법을 이야기했을 때 꼼짝없이 죄를 자백했다고 한다.

아르키메데스가 외친 ‘에우레카’는 아직도 실험실에서 쓰는 기구에 이름이 남아 있다. '유레카 관'(Eureka tube)이란 주둥이가 달린 그릇이다. 이 그릇에 물을 가득 붓고 그 속에 부피를 알려고 하는 물체를 담근다. 이때 주둥이로 물이 넘쳐 나오는데, 이것을 밑에 놓인 메스 실린더로 받아 부피를 잰다. 돌멩이 같은 아무렇게나 생긴 물체의 부피를 재는 데 없어서는 안 될 편리한 기구이다.

이때부터 과학자들은 물과 '같은 부피'를 가진 무게를 비교해서 비중이라 부르게 되었다. 왕관과 밀접한 관계가 있는 것은 부력의 문제이다. 아르키메데스는 욕조의 물이 그릇을 위로 올려 뜨게 하는 경향이 있음을 알았을 것이다. 이 문제를 연구한 결과 그는 다음과 같은 결론을 얻었다. "액체 속에 잠긴 물체는 그것이 밀어낸 액체의 무게와 같은 힘으로 떠오른다." 이것이 그 유명한 '아르키메데스의 원리'이다.

그리스에는 플라톤 이래 육체노동을 멸시하는 못된 전통이 있었고 아르키메데스도 여기서 벗어날 수 없었다. 플루타르코스(Plutarchos)의 유명한 《그리스 · 로마 사람들의 생애》에 따르면 그는 많은 기계를 발명했으나 이에 대한 기록을 남기지 않았으며 실생활과 전혀 관계없는 사변에 야심을 불태웠다. 하지만 다른 그리스학자들처럼 실험을 우습게 보지는 않은 듯하다. 아르키메데스가 수학적으로 정밀한 결론에 도달하기 위해 실험을 했으리라는 것은 짐작하기 어렵지 않다. 그러면서도 그는 자기가 한 실험에 대해서는 설명하지 않고 어떤 결과를 순전히 이론식으로 얻은 것처럼 꾸몄을지도 모른다.

아르키메데스의 가장 큰 관심은 수학, 그 가운데서도 기하학에 있었다. 그는 기하학 전부를 포괄한 에우클레이데스처럼 백과전서적은 아니었다. 그 대신 제한된 분야를 완벽하고도 명쾌히 다루었다. 어렵고 까다로운 문제들을 그토록 간단명료한 명제로 만들었다는 것은 놀랄 만하다.

아르키메데스는 주어진 원과 똑같은 넓이를 가진 정4각형을 구하는 문제를 해결하려고 애썼다. 이것은 원의 넓이를 정확히 내기 위해서였다. 그는 "원의 넓이는 그 반지름과 원둘레의 길이를 두 변으로 하는 직각 3각형의 넓이와 같다."고 맞는 답을 발표했지만 이런 3각형을 그리지는 못했다. 그는 원에 내접 또는 외접하는 정다각형을 써서 원주율(π)의 값을 계산했는데, 그 결과는 $3\frac{1}{7}$ 보다 작고 $3\frac{10}{17}$ 보다 큰 것으로 나왔다. 포물선의 활꼴의 넓이를 구한 연구는 오늘날의 적분에 해당하는 것이다. 그는 공과 원뿔의 단면을 잘라 연구했으며 공의 겉넓이와 부피는 각각 $4\pi r^3$, $\frac{3}{4}\pi r^3$이라고 했다.

물리학자로서 아르키메데스는 정역학과 유체정역학을 만들었다. 그런데 그의 위대한 점은 무엇보다도 그가 따로 따로 떨어져 내려온 물리학과 수학을 합쳤다는 것이다. 아리스토텔레스나 스트라톤(Straton)의 물리학은 수학을 고려하지 않은 것이었다. 수학적 기초 위에 연구된 최초의 물리학은 에우클레이데스의 기하광학에서 싹이 보이지만 좀 더 본격적인 것은 아르키메데스의 정역학이었다. 이렇게 해서 그는 17세기에 스테펀(Simon Stevin)과 갈릴레오에서 다시 시작되는 수리물리학의 선구자가 되었다.

유명한 예로 아르키메데스는 지레의 배경을 이루는 수학을 발전시키고 증명했다. 일찍부터 인간은 지레라는 간단한 기구를 써서 힘을 몇 곱절로 늘려 큰 짐을 옮겨 왔다. 그런데 아르키메데스에 따르면 다른 끝의 짐을 움직이기 위해 지레 한쪽 끝에 필요한 힘은 받침점까지의 거리에 비례한다. "설 자리가 있고 충분히 긴 지렛대만 있다면 지구도 들겠습니다." 그는 히에론 왕에게 이렇게 큰소리쳤다고 전해진다.

아르키메데스도 시류를 거스를 수 없었든지 기술을 천하게 여겼고 수학자로 불리기를 바랐다지만 그는 빼어난 기술자였다. 실제로 그가 일반에게 크게 알려진 것은 과학적 업적보다 여러 가지 발명 때문이었다. 그는 히에론 왕을 위해 40여 가지의 발명을 했다고 한다.

그가 왕으로 하여금 겹도르래에 걸린 밧줄을 잡아당겨 거대한 배를 들어 올리게 함으로써 작은 힘으로 무거운 물체를 움직일 수 있음을 증명하고 사람들을 놀라게 했다는 것은 널리 알려진 이야기다. 그는 '아르키메데스의 나사'(Archimedean screw)라는 이름이 붙은 양수기를 발명했는데, 이집트에서는 지금도 물을 퍼 올리는 데 이것을 쓴다. 이것은 원통 모양의 케이스에 고정된 큰 나사가 돌면서 물이 밀려 올라가게 되어 있는 것이다. 밀을 가는 데, 난로에 석탄을 넣고 재를 치는 데, 고기를 가는 데 같은 원리가 쓰인다.

아르키메데스가 크게 실력을 발휘한 것은 군사기술자로서였다. 그때 시라쿠사는 로마의 적 카르타고(Carthago)와 동맹을 맺고 있었는데, 로마는 카르타고가 시라쿠사를 군사기지로 만드는 것을 막으려고 공격을 준비 중이었다. 히에론 2세는 이를 예상하고 아르키메데스에게 시 전체를 요새로 만들어 적에 대비하도록 명했다.

로마의 장군 마르켈루스(Marcellus)는 육지와 바다에서 동시에 공격을 개시했다. 시라쿠사의 병사들은 아르키메데스가 지레의 원리를 이용해 만든 투석기로 비 오듯이 돌을 퍼부어 적군을 모조리 격멸했다. 이 기계는 돌을 발사할 때 굉장히 큰 소리가 나서 뒷날 아르키메데스가 화약을 발명해 썼다는 이야기도 나왔다. 그 소리는 아마도 돌이 발사될 때 탄성체 부분이 울려서 난 것 같다.

아르키메데스는 또 해안에 수직으로 추를 세우고 그 위에 긴 막대를 수평으로 올려놓은 시소 비슷한 기계를 만들었다. 육지 쪽 막대 끝에 줄을 매달아 두고 바다 쪽 막대 끝에는 큰 갈고리를 달았다. 병사들은 막대 끝을 위로 올리고 잘 조정해서 갈고리를 적의 배에 걸었다. 그리고 줄을 재빨리 잡아당겨 배를 바다 위로 높이 쳐들어 올렸다가 갑자기 갈고리를 놓았다. 배에 탄 병사들은 곤두박질해서 떨어졌고 배는 산산조각이 났다. 로마 군인들은 자기들이 신을 상대로 싸우고 있다고 믿을 정도였으며 줄이나 막대가 나오는 것만 보아도 아르키메데스가 새 기계를 갖고 나왔다고 기겁을 해서 도망쳤다.

전하는 이야기에 따르면 아르키메데스는 '태우는 거울'을 만들어 적의 배를 태워버렸다. 이것은 나무틀 한가운데에 큰 오목거울을 놓고 그 둘레에 작은 거울들을 많이 붙인 것인데, 경첩을 써서 이것들을 마음대로 돌릴 수 있게 되어 있었다. 나무로 만든 적의 배에 큰 거울을 써서 햇빛을 반사하게 한 다음 작은 거울 하나하나를 조절해서 반사된 햇빛이 배에 집중하도록 했다. 이렇게 집중된 열은 300 m 안의 거리에 있는 목선을 태우기에 넉넉했다.

'태우는 거울'을 가지고 불을 일으키는 원리는 아르키메데스 이전부터 알려졌던 것이지만 그가 정말 이 무기를 썼는가에 대해서는 많은 논란이 있었다. 18세기 프랑스의 생물학자 뷔퐁(Georges Buffon)은 아르키메데스가 만들었다는 장치를 다시 꾸며 햇빛을 모아 부싯깃을 태우고 납덩어리를 녹이는 데 성공했다. 전에도 어떤 젊은이가 이 실험을 되풀이해 배를 태움으로써 전해 내려오는 이야기가 믿음직함을 증명했다.

로마군의 공격은 일단 실패로 돌아갔으나 시라쿠사는 끝내 함락되고 말았다. 마르켈루스는 승리에 도취한 병사들이 약탈하는 것을 내버려 두었으나 중요한 사람들의 목숨은 살려 주라고 지시했다. 어떤 설에 따르면 아르키메데스가 해안 모래 위에 기하학 도형을 그려 놓고 깊은 명상에 잠겨 있을 때 로마 병사가 나타나 같이 갈 것을 요구했다. 그가 가까이 오지 말라고 소리치자 병사는 화가 나서 칼을 뽑아 아르키메데스를 죽였다고 한다. 어처구니없는 일이었다. 마르켈루스는 성대한 장례를 치러 주고 친척들을 후하게 대우했다고 한다. 아르키메데스의 묘비명에는 생전의 희망에 따라 원통에 내접한 공이 새겨졌다.

8

레오나르도 다 빈치

레오나르도 다 빈치(Leonardo da Vinci, 1452-1519)는 '최후의 만찬'(*Cenacola*)과 '모나 리자'(*Mona Lisa*)를 그린 뛰어난 화가로 알려져 있지만, 또한 르내

상스 때의 가장 위대한 실험과학자이기도 하다. 왼손잡이인 그는 오른쪽에서 왼쪽으로 쓴 5000쪽에 이르는 노트를 남겼다. 이 노트는 작은 글씨로 빽빽이 차 있고 여러 가지 관찰과 발명을 기술한 그림들이 들어 있다.

레오나르도는 발명가, 토목기술자, 군사기술자, 천문학자, 해부학자, 비행가였다. 그는 르내상스의 모든 찬란한 요소를 자신 속에 담고 있었다. 그는 여러 방면에 능했을 뿐 아니라 모든 분야에서 뛰어나게 우수했다. 그가 과학에 관심을 갖게 된 것은 예술을 통해서였고 그의 과학연구는 위대한 예술가가 되는 것을 도왔다.

레오나르도는 피렌체(Firenze)와 피자(Pisa) 사이의 언덕에 있는 빈치(Vinci)에서 태어났다. 그래서 그의 이름은 빈치 출신 레오나르도이다. 그는 1452년 공증인 세르 피에로 다 빈치Ser Piero da Vinci)와 하녀 카테리나(Caterina) 사이의 사생아로 태어났다. 카테리나는 전에는 여관 하녀로 알려졌으나 최근 연구에 따르면 다 빈치 집안의 하녀였던 모양이다. 할아버지가 아들의 공증증서 끝에 레오나르도가 태어난 날짜와 시간을 기록해 놓았다고 한다. 이듬해 카테리나는 아카타브리가(Accattabriga)와 결혼해 이웃 마을 산 판탈레오(San Pantaleo)로 옮겼고 레오나르도는 아버지 가족과 함께 살았다.

레오나르도는 17살에 피렌체로 가 베로키오(Andrea Verrocchio)의 도제가 되었으나 고향에 가끔 돌아와 그림을 그리고 지질, 지도 등 여러 가지 연구를 한 것이 남아 있다. 이 거장의 지도 아래 그는 나무, 대리석, 금속을 가지고 일하는 법을 배웠다. 그의 뛰어난 재능에 깊은 인상을 받은 베로키오는 그에게 그리스 및 라틴 고전과 철학, 수학, 해부학, 생리학을 공부하라고 권했다. 레오나르도가 참으로 유능한 예술가가 되려면 이런 것들을 연구해야 된다는 것이 스승의 생각이었다.

그는 10년 만에 도제생활을 마치고 미술조합에 가입했다. 이제 그는 자유로이 자신의 후원자(patron)를 얻을 수 있었다. 그는 말 대가리 모양을 하고 그 속에서 이빨들이 음조를 고르게 되어 있는 신기한 악기(일종의 루트)를 만들어 그때 밀라노(Milano)를 통치하던 스포르차(Ludovico Sforza) 공작의 주의를 끌기도 했다.

이탈리아의 여러 왕국들은 끊임없이 서로 싸우고 있었다. 레오나르도는 군사 장비를 고안하는 데도 관심을 돌렸다. 그는 스포르차 공작에게 취직을 부탁한 편지에서 자기의 능력 가운데 특히 공작의 마음을 끌 수 있으리라고 생각되는 장점만을 골라 설명했는데, 그 대부분이 군사기술자로서의 능력에 관한 것이었다.

그는 또한 토목기술자로서 공작에게 고용되어 있는 동안 질병이 휩쓸고 간 도시들에 대치할 새 도시의 계획을 세웠다. 그는 도시의 하수도를 어떻게 배치하는가가 중요함을 알고 있었으며 운하, 갱도, 성을 설계했다. 밀라노는 레오나르도에게 제2의 고향이었다. 그곳에서 그는 가장 행복했고 활기 띤 시절을 보냈다.

뒤에 스포르차 공작은 프랑스 왕의 포로가 되어 10년이나 지하 감방에 갇히는 비참한 신세가 되었다. 후원자를 잃은 그는 베네치아(Venezia)로 가서 그곳 정부당국에 몇 가지 군사적 발명품을 바쳤다. 그는 잠수복과 잠수함을 설계했으나 이것을 만드는 방법은 그의 노트에 자세히 설명되어 있지 않다. 그는 악한 사람들이 그것을 바다 밑에서 사람 죽이는 수단으로 쓸 것을 두려워해서 연구를 중단하고 말았다.

레오나르도는 얼마 동안 보르지아(Cesare Borgia)의 지도 제작자로 고용되기도 했다. 폭군 보르지아는 이탈리아 전체를 정복할 계획이었으므로 그에게 토스카나(Toscana)와 움브리아(Umbria)의 지도를 만들도록 시켰다. 이 지도들은 레오나르도 자신이 측량한 자료를 기초로 한 것이었다.

50이 가까워진 레오나르도는 1500년 피렌체로 돌아와 6년 동안 머물렀다. 이 기간에 그는 저 유명한 모나 리자를 그렸다. 이 그림은 신비스런 미소를 머금고 지금도 파리 루브르박물관에 걸려 있다. 그는 교황청을 찾아갔으나 푸대접을 받았다. 라파엘로(Raffaello Santi, 1483-1520)나 미켈란젤로(Michelangelo Buonarroti, 1475-1564) 같은 당시의 위대한 미술가들은 바티칸 교황청 안의 교회에서 그림 그리는 데 바빴지만 그는 일을 맡을 수 없었다. 그가 해부학을 연구한 것이 교회의 비위를 건드렸던 모양이다. 불운했던 그는 할 수 없이 이탈리아를 떠나 프랑스로 가서 프랑솨 1세(François I, 1494-1547)를 위해 몇 해 일하다가 앙봐즈(Amboise) 근처 클루(Cloux)의 작은 장원에서 일생을 마쳤다.

레오나르도의 발명은 참으로 다양한 것이었다. 그가 만든 총은 미국-스페인 전쟁에서 쓰인 개틀링(Gatling) 기관총의 전신이라 할 수 있다. 그것은 여러 개의 총신을 3각대 위에 올려놓은 것인데, 한 무리의 총들이 발사되는 동안 다른 총들은 장전되고 셋째 무리의 총들은 식혀지게 되어 있었다. 그가 만든 전차는 대포를 싣고 어느 방향으로든지 돌 수 있었다. 또한 그는 선체가 2중으로 된 배도 발명했다. 적의 포화가 바깥 선체를 꿰뚫어도 배는 여전히 떠 있을 수 있는 것이었다.

레오나르도는 오늘날 과학기구라고 할 수 있는 것의 고안에도 빠지지 않았다. 그가 만든 풍속계에는 바람개비가 있어 그것이 돌아간 각도로 바람의 속력을 알 수 있었다. 그의 시계는 처음으로 시간과 분을 가리키도록 되어 있었고 추에 의해 가며 태엽으로 조정되는 것이었다.

오늘날의 자동차에는 노정계가 있는데, 이것은 바퀴의 회전수를 세어 차가 얼마나 달렸는가를 나타내는 것이다. 그에게는 자동차가 없었지만 지도를 만들기 위해 거리를 잴 필요가 있었다. 그의 노정계는 바퀴 하나 달린 손수레로서, 길을 따라 밀고 가면 바퀴가 돌면서 기어를 움직이고 그 끝에 달린 다이얼이 수레가 움직인 거리를 보여 주는 것이었다.

레오나르도가 발명한 기구들은 현재 쓰이고 있는 것들과 비슷하거나 적어도 원리는 같은 것들이 많다. 그는 무거운 돌을 들어 올리는 기중기도 만들었다. 그의 롤러 베어링(roller bearing)도 시대에 앞선 것이었다. 수리학, 유체동역학은 그가 특별히 관심을 두었던 분야이다.

그는 흐르는 물의 힘을 이용한 펌프를 고안해서 물을 끌어 올렸다. 이것은 흐르는 물에 놓인 노처럼 생긴 바퀴가 큰 수레바퀴를 돌려 피스톤 펌프를 움직이게 되어 있었고 그 크기는 20 m를 넘었다. 그 밖에 레오나르도는 물고기의 모양을 연구해 유선형 배를 고안했다.

나는 문제에 관한 그의 철저한 연구는 역학에서의 최대의 업적으로 꼽히고 있다. 우선 그는 새와 박쥐의 날개의 구조와 기능을 연구했다. 곧 바람을 어떻게 이용하며 날개, 꼬리, 머리를 어떻게 쓰는가를 알아보았다. 그 결과를 토대로 그는 여러 가지 인공날개를 만들었다. 이 날틀은 끝내 날지는 못했으나 조종사가 발을 움직여 거대한 날개를 펄럭이게 되어 있었다. 그는 또한 헬리콥터, 낙하산 비슷한 것도 만들었다.

그러나 레오나르도는 무엇보다도 해부학자로 유명하다. 그가 해부학에 흥미를 느끼기 시작한 것은 꽤 일찍부터였는데 스포르차 공작 밑에 있을 때는 아주 본격적이었다. 그는 유명한 해부학자들을 찾아 일하는 것을 관찰하고 또 직접 해부를 하기도 했다. 그의 해부도가 우수한 것은 바로 이 때문이다. 그의 그림은 그가 해부학을 얼마나 깊이 이해했는가를 보여주고 있다.

레오나르도는 인체를 정확하게 그림에 옮기려면 해부학 지식이 필요하다는 것을 느꼈다. 그는 외부근육만 다루는 예술적 해부학에 만족하지 못했고 실제로 기관들을 해부해서 해부도를 그렸다. 인체해부와 동물해부를 비교했으며 병리학적 해부도 했다. 인체 전체를 그린 일은 없으나 그가 그린 부분들은 아주 탁월하다. 두개골 그림은 처음으로 이마와 턱에 구멍이 뚫린 것을 나타냈고 척추가 곁으로 굽은 것이 정확하게 그려져 있다. 모체 속에 있는 태아의 위치도 놀랄 만큼 정확하다. 혈관 그림은 별로 쓸모없지만 심장은 기막히게 그려 놓았다. 특히 사지의 운동을 조절하는 근육의 그림이 훌륭하다. 이것은 지금도 확대경을 쓰지 않고는 그리기 어려울 정도로 세밀하다.

그는 자연과 인간의 해부가 근본적으로 같은 것이라고 생각했던 듯하다. 다시 말해서 그는 "자연은 큰 인간, 인간은 작은 세계"라는 르내상스의 자연관을 가졌던 것이다. 그가 그린 식물 그림을 보면 그 자신이 상당한 식물학자임을 알 수 있다. 그는 식물의 향일성과 향지성, 곧 태양 또는 땅으로 향하거나 피하는 성질을 알았던 것이 분명하다. 그는 나무의 나이테에 주목했으며 식물에도 암수의 성의 구별이 있음을 알았다.

레오나르도의 방대한 노트는 그가 살아 있는 동안 세상에 공개되지 않았다. 그것은 그가 죽은 뒤 여러 사람 손으로 넘어갔고 파란곡절 끝에 밀라노의 도서관에 보관되었다. 일부가 없어지기도 한 이 원고가 출판된 것은 19세기 말에 이르러서였다. 따라서 17세기에 근대과학이 일어나는 데 레오나르도가 거의 영향을 줄 수 없었다는 것은 확실하다. 다만 부분적으로는 영향이 있었던 것 같은데, 베살리우스(Andreas Vesalius, 1514-64)의 해부도가 레오나르도의 것을 퍽 닮았음은 그 보기다. 그의 노트에 기록된 것은 이미 알려져 있던 것이고 새로운 것은 별로 없다는 부정적 평가가 없는 것은 아니나 여러 가지 면에서 그는 그가 살았던 15세기를 훨씬 앞질러 18세기 사람처럼 보인다.

매우 단편적이기는 해도 그의 생각은 근대과학의 많은 요소를 예견한 통찰력을 보여 주고 있다. 역학에서 그는 투사체운동에 대해 중세와 근대의 중간쯤 되는 견해를 가졌으며, 자유낙하하는 물체의 속도가 커진다는 것을 알고 있었다. 낙체의 속도가 시간과 거리에 다 비례한다고 잘못 본 것은 나무랄 게 못된다. 그는 뉴튼의 제1법칙(관성의 법칙)과 제3법칙(작용 · 반작용의 법칙)도 이해했다는 흔적을 남기고 있다. 그는 영구운동이 불가능하다는 것을 알았다고 하니 열역학의 법칙도 예상했다고 볼 수 있을 것이다.

다른 분야에서도 그는 앞선 생각을 가지고 있었다. 반사현상이나 그림자 같은 특성에 비추어 빛과 소리는 파동으로 전파된다고 생각했다. 또 그는 소리의 속도는 반향에 든 시간에서 추산될 수 있다는 것을 알았다. 뿐만 아니라 그는 가열된 물체가 팽창하며 그 표면 가까이 있는 공기는 위로 올라간다는 것도 관찰했다.

레오나르도는 과학과 기술의 소질을 아울러 갖추고 있었다. 그는 날카로운 지성에 비범한 장인기질과 기술적 경험을 결합시켰다. 이것은 과학적 방법에 관한 그의 견해에도 잘 나타나 있다. 그는 자연현상을 연구할 때는 실험이 중요하며, 경험에 의해 일반적 규칙, 곧 이론이 나오는 것임을 역설했다. 그러나 이론을 무시한 경험이 위험하다는 것을 지적하기를 잊지 않았다. "과학을 모르고 실제로만 무장되어 있는 사람은 키(방향타)와 나침반도 없이 배에 오른 선원과도 같아서 어디로 갈 것인지 알지 못한다." 이 말은 이론과 실제 사이에 뗄 수 없는 관계가 있음을 강조한 것이다. 그에 따르면 실제와 이론은 함께 발전해야 하는 두 자매이며 실천 없는 이론은 무의미하고 이론 없는 실천은 희망이 없다. 그는 프랜시스 베이컨(Francis Bacon, 1561-1626)의 귀납철학을 1세기 반 앞서 제시했다고 하지만 그보다 경험과 이론의 균형을 중요시한 근대의 과학적 방향을 예견한 사람으로 보아야 할 것이다.

또한 레오나르도는 역학은 수학이 열매를 맺은 낙원이라고 함으로써 수학과 물리학의 협력을 강조하고 있다. 그러나 전체로 보아 그는 늘 특정의 구체적인 문제에 매혹되었고 어떤 지식의 체계를 세우는 데는 크게 관심이 없었다. 따라서 그는 과학보다 기술에 기울어진 사람이며, 현대인으로는 에디슨(Thomas Edison)과 닮은 점이 많다고 보겠다. 그래서 그가 지금 살아 있다면 아마도 IBM 회사에서 일할 것이라고 말하는 사람도 있다.

그의 학문적 배경은 빈약하다. 그가 자란 곳은 화실과 실험실이며 중세 도서관의 인공적인 분위기가 아니었다. 나중에 책을 읽었지만 그렇게 철저한 것은 아니었다. 그는 피렌체에 있을 때도 그곳의 문학·철학적인 분위기가 잘 맞지 않았다. 그래서 전통에 얽매이지 않고 독창적이고 자유분방한 사고를 할 수 있었는지 모른다. 그러나 실질적 문제들을 다루면서 차츰 그 자체를 위한 연구로 끌려 들어간 것 같다.

르내상스는 고대로의 복귀에 그치지 않고 자연에의 돌아감을 뜻한다는 점에서 중요하다. 이때까지 미의 영역에만 머물렀던 공장전통이 갑자기 과학의 영역으로 연장되었다. 이런 방향으로 일한 많지 않은 르내상스 휴머니스트들 가운데 레오나르도는 우뚝하게 솟아 있다.

2장

과학혁명의 기수들

1

보수주의자 코페르니쿠스

스스로는 대수롭지 않게 생각하고 한 일이 뜻밖에 엄청난 결과를 낸 경우를 역사에서 가끔 볼 수 있다. 과학혁명의 테이프를 끊은 코페르니쿠스(Nicolaus Copernicus, 1473-1543)가 그 좋은 보기다. 그의 새로운 우주 체계는 과학혁명의 불씨가 되었지만, 본의는 천문학의 조그만 개혁을 넘어서는 것이 아니었다. 만일 그가 150년 뒤의 무서운 변화를 보았다면 공포에 질려 몸을 떨었으리라.

1400년 동안 잘 내려온 프톨레마이오스(Ptolemaios, 100-170)의 지구중심 우주 체계가 새삼스럽게 문제된 데는 두 가지 이유가 있었다. 첫째, 프톨레마이오스 체계를 토대로 해서 만든 역(calendar)은 1년의 길이가 일정하지 않아 매우 불편했다. 둘째, 프톨레마이오스의 지구중심설은 많은 결함을 지니고 있었는데 당시의 천문학자들이 이를 해결하기 위해 제멋대로 고쳐 우주 체계가 걷잡을 수 없이 복잡해졌다.

코페르니쿠스는 이탈리아에 유학했을 때, 마침 붐이 일어난 신플라톤주의(neo-Platonism)의 영향을 받아 우주가 단순하며 수학적 조화를 이루고 있다고 확신하고 있었다. 철저한 플라톤주의자인 그의 눈에 비친 프톨레마이오스 체계는 괴물 바로 그것이었다. 도대체 신이 만든 우주가 이렇게 복잡할 리가 없다는 것이었다. 그래서 좋은 대안이 없을까 궁리한 끝에 옛날 책들을 뒤지게 되었다. 그는 플루타르코스(Plutarchos)와 키케로(Cicero)의 책에서 여러 사람들이 일찍이 태양을 중심으로 한 우주를 생각했다는 사실을 발견하고 놀랐다. 이 엉성한 아이디어를 기초로 코페르니쿠스는 지구중심설에 맞설 수 있는 우주 체계를 꾸미기 시작했다. 그것은 오래고도 지난한 작업이었다. 하지만 그는 새 우주 체계 위에서 행성의 위치가 어떻게 결정되는가를 수학적으로 풀어갔다.

드디어 태양중심 우주 체계가 완성되었다. 30대에 시작한 것인데 코페르니쿠스는 어느덧 예순에 가까워 있었다. 그러나 그는 원고를 넣어두고 가끔 꺼내 고칠 뿐, 세상에 알리려 하지 않았다. 그가 발표를 꺼린 것은 가톨릭교회가 그를 박해할지도 모른다는 두려움 때문이었다고 많은 사람들이 믿고 있다. 실은 교황의 비서가 그의 체계에 대해 교황에게 이야기했고, 어떤 추기경은 그에게 출판을 권하기까지 했다. 그는 세상의 비웃음을 겁냈던 것이다. 누구나 지구가 우주의 중심이라고 믿는 세상에서 홀로 지구가 움직인다고 주장하면 미친놈이란 소리를 듣기 딱 좋기 때문이다.

그러나 코페르니쿠스는 그의 학설을 간추린 원고 "코멘타리올루스"(*Commentariolus*)를 천문학자들에게 회람했으므로 학계에서는 새 우주설을 대충 알고 있었다. 1537년 봄 젊은 독일의 천문학자 레티쿠스(Rheticus)가 코페르니쿠스를 찾아왔다. 그는 프롬보르크(Frombork)에 두 달 남짓 머무르면서 코페르니쿠스의 체계를 면밀히 검토한 끝에 열렬한 지지자가 되었다. 레티쿠스는 자진해서 코페르니쿠스의 체계를 프톨레마이오스의 그것과 비교한 요약을 쓰는 한편, 코페르니쿠스에게 묵혀 둔 원고를 출판하자고 졸랐다. 끈질긴 설득에 마침내 코페르니쿠스는 원고를 넘겨주었다. 그런데 원고는 다시 레티쿠스에게서 루터파 목사 오지안더(Osiander)의 손으로 넘어가, 숱한 곡절 끝에 1543년에서야 뉘른베르크(Nürnberg)에서 빛을 본다.

오지안더는 코페르니쿠스의 양해도 구하지 않고 서문을 써 넣었는데, 코페르니쿠스의 이론은 사실을 적은 것이 아니라 계산상 편의를 위한 가설에 지나지 않는다고 했다. 그리고 이 책에는 교황 파울루스 3세(Paulus Ⅲ)에게 바치는 헌사가 있다. 이렇게 해서 출판된 책이 코페르니쿠스에게 도착했을 때 그는 죽어가고 있었다고 전해진다.

프톨레마이오스는 복잡한 수학이론을 써서 행성들을 따로따로 다루었다. 이에 견주어 코페르니쿠스는 행성이론들의 공통점을 알았고 이것을 하나의 체계로 만들었다. 예컨대 프톨레마이오스 체계에서 거리는 모두 상대적이었는데, 코페르니쿠스 체계에서는 태양과 지구의 공통요소에 관련되고, 따라서 행성들은 서로 관계를 갖게 되었다. 그러나 몇 가지 점에서 아쉬움이 남는다. 그는 프톨레마이오스를 따라 행성의 불규칙한 운동을 여러 원들의 결합에 의해 설명하려고 했다. 물론 프톨레마이오스가 쓴 원의 수를 일부 줄였으나, 다른 데서 오히려 더 늘어난 경우도 있다. 그리고 지구와 태양의 몫을 바꾼 것을 빼놓고는 아리스토텔레스의 물리학과 프톨레마이오스의 수학을 그대로 썼다. 그는 모든 천체가 원운동을 한다는 플라톤 이래의 원칙을 고수했고, 우주가 천체들이 붙어 있는 투명한 수정구들로 겹겹이 둘러싸였다는 것을 의심해 본 적이 없었다. 그가 애초에 목표로 했던 단순성이나 정확성에 있어서는 프톨레마이오스 체계와 비교해 크게 달라진 게 없다.

코페르니쿠스 체계의 우월성은 사실상이라기보다는 개념적인 것이다. 그러기에 쿤(Thomas S. Kuhn)은 《코페르니쿠스혁명》(*The Copernican Revolution*, 1957)에서 "코페르니쿠스가 최초의 근대 천문학자인 동시에 마지막 프톨레마이오스 천문학자였다."고 주장한다. 이를 부인하기 어려운 것은 지구와 태양이 서로 바뀌었다는 사실 하나가 굉장한 의미를 갖기 때문이다. 그것은 기존의 천문학을 완전히 뒤집는 결과를 가져왔다. 다시 말하면 《천구들의 회전에 관하여》(*De revolutionibus orbium coelestium*) 자체는 그다지 혁명적인 책이 아니나 그것은 천문학 혁명을 불러왔다. 그리고 혁명은 티코, 케플러, 갈릴레오, 뉴튼에 의해 이루어졌다.

코페르니쿠스의 영향은 천문학에만 그친 것이 아니다. 중세의 우주관과 그것에 바탕을 둔 사고방식을 밑동부터 무너지게 만들었다. 과거에는 지구가 우주의 중심이고, 인간은 그 위에 사는 가장 존엄한 존재였는데, 이제 인간은 여러 행성들 가운데서도 비교적 작은 별에 거꾸로 매달려 돌아가는 존재임이 드러났다. 인간은 우주 안에서의 자신의 위치를 다시 생각해야 했으며 허망한 꿈에서 깨어나야 했다. 이렇게 해서 중세의 우주관은 차츰 깨어지고 근대로 넘어오게 되었으니 코페르니쿠스야말로 이 변화의 첫 신호를 울린 사람이었다. 코페르니쿠스의 우주 체계는 상식에 대한 반발이었다. 그것이 과학계의 상식으로 받아들여지는 데 100년 이상이 걸렸다.

2

조선에도 들어온 티코

코페르니쿠스의 새 우주 체계는 코페르니쿠스가 죽고 50년이 지나는 동안 거의 지지자를 얻지 못했다. 오랜 정적을 깨뜨리고 나타난 거인이 덴마크의 티코 브라(Tycho Brahe, 1546-1601)였다.

귀족의 아들로 태어난 티코는 막대한 유산과 왕의 도움을 받아 벤(Hveen) 섬에 '하늘의 도시'(Uraniborg)를 세우고 근대적인 관측천문학을 발전시켰다. 티코는 천문학사상 다시 볼 수 없는 관측의 천재로 망원경도 없이 얻은 그의 관측값은 오늘날의 값과 거의 일치한다. 케플러의 말대로 그는 '천문학의 불사조'였다.

티코는 코페르니쿠스 체계의 수학적인 간결성에 호감을 가졌지만 그것이 물리학적으로 불합리하고 성서와 맞지 않는다고 해서 거부했다. 그렇다고 그가 프톨레마이오스에 만족한 것도 아니다. 그래서 그는 스스로 제3의 체계를 만들었다. 티코 체계(Tychonic system)에 따르면 행성들은 태양의 주위를 돌고 다시 태양은 행성들을 거느리고 지구의 주위를 돈다. 그것은 전반은 코페르니쿠스, 후반은 프톨레마이오스에서 딴 절충체계였다. 이 체계는 과학적으로는 가치가 없는 것이었으나 지구중심설에는 불만이면서도 태양중심설을 받아들일 용기는 없었던 당시의 천문학자들에게 반

가운 대안이 되었다. 그 결과 티코 체계는 프톨레마이오스에서 코페르니쿠스로 넘어가는 징검다리 구실을 함으로써 천문학혁명에 이바지했다.

1572년 어느 날 저녁 티코는 연금술 실험실에서 일하고 나오다가 문득 하늘을 올려다보았다. 카시오페이아자리 속에 유난히 밝은 별이 있었다. 다시 내려가 밤새도록 살폈다. 몇 달 동안 관찰해 보니 그 빛깔이 흰색에서 노란색으로, 그리고 붉은색으로 변하는 것이었다. 그가 신성(Nova)이라 이름 붙인 이 별은 달 위의 세계가 변하지 않는다는 아리스토텔레스의 우주론이 틀렸음을 말해 주는 것이었다. 티코는 1577년 유럽 상공에 나타난 혜성도 관측했다. 그는 혜성이 아리스토텔레스의 주장처럼 대기 현상일 수 없으며 달 너머 먼 곳에 있다고 확신했다. 별이 불을 뿜고 하늘을 가로질러 갔다는 것은 달 너머 세계가 변할 뿐 아니라 수정천구를 뚫고 갔다는 것을 뜻했다. 티코는 이 별들의 의미를 명확히 깨닫지는 못했으나 이제 전통적인 우주론은 잘못되었음이 분명해졌고 결과적으로는 수정 천구(crystalline sphere)도 깨뜨린 셈이다.

중국, 일본과는 달리 서양과학은 조선에 직접 들어오지 않았다. 예수회 선교사도 네덜란드 무역선도 오지 않았기 때문이다. 그러나 17세기 중엽 명과 청에 갔던 정두원과 소현세자가 망원경과 중국어로 번역된 서양 과학책들을 가져오기 시작했다. 선교사들이 중국에 전한 우주 체계는 프톨레마이오스였다가 코페르니쿠스 체계도 잠시 들어왔으나 1633년 갈릴레오 재판 이후에는 티코의 절충 체계가 주종을 이루었다. 조선 천문학자들은 티코 체계의 영향을 받은 서양 역법을 소화하려고 비상한 노력을 기울였다.

18세기 조선에는 중국이나 일본에서 볼 수 없는 지전설이 조선에 나타났다. 지전설은 홍이섭이 《조선과학사》(1944, 1946)에서 조선의 독창적인 발견이라고 주장했는데 독창성을 둘러싸고 국제 과학사학계에서 활발한 논쟁이 일어났다. 홍이섭은 일본의 타무라 센노스케(田村專之助, 1954), 북한의 정진석, 정성철, 김창원(조선철학사, 1962), 중국의 시쩌쭝(席沢宗, 1965)의 지지를 받았다. 일본의 야부우치 키요시(藪內清, 1954, 1958)는 처음으로 홍대용의 독창성에 의문을 제기했고, 한국의 천관우(1958)와 전상운(1966)은 처음에는 홍이섭 편을 들다가 나중에 서양의 영향을 인정했다.(천관우, 1965; 전상운, 1975, 1976) 북한에서는 손영종(1959)이 홍기문(1954) 등을 비판하면서 독창성에 회의적이었다.

홍이섭이 갖고 있던 코페르니쿠스의 생각은 예수회 선교사들이 틀린 가설로 제기된 것이고 이런 근거에서 조선 학자들의 지전설은 홍이섭의 발견으로 보아야 한다는 것이 박성래(1979)의 주장이다.

3

권력에 소신 굽힌 갈릴레오

근대과학이 나오는 데 가장 중요한 몫을 한 갈릴레오 갈릴레이(Galileo Galilei, 1564-1642)는 우연히 망원경을 만든 것을 계기로 천문학에 끼어들었

다. 망원경에 의한 천체관측은 2천 년 동안 끄떡없던 아리스토텔레스의 우주론이 틀렸음을 보여 주었다. 1610년 달의 정체가 밝혀지고 목성의 위성들이 발견되자 대중의 열광은 극에 이르렀으며 갈릴레오는 일약 유명해졌다.

교회는 갈릴레오의 발견을 크게 환영했다. 그는 로마에 불려가 교황 바오로 5세(Paul Ⅴ)의 환대를 받았고 성대한 축하행사에 참석했다. 예수회 소속 천문학자들은 갈릴레오를 찬양했다. 유일한 반대세력은 대학에 자리 잡고 있는 소수의 아리스테텔레스주의자들이었다. 갈릴레오가 옹호한 코페르니쿠스 체계에 대한 최초의 공격은 평신도와 하급성직자들에게서 나왔다.

지구가 돈다는 것이 성서와 부합하지 않는다는 이의가 제기되었다. 성서에 지구가 움직이지 않는다는 말은 없다. 반면 태양의 움직임을 강하게 암시하는 구절들이 구약 곳곳에 있다. 갈릴레오는 신경질적인 반응을 보였다. 이렇게 해서 쓰게 된 책이 《크리스티나 대공작부인에게 보내는 편지》(*Lettera a Madama Cristina di Lorena*, 1615)였다. 이 책은 코페르니쿠스 체계에 대한 신학적 반대를 침묵시키기 위한 것이었으나 그 효과는 정반대로 나타나 코페르니쿠스의 금지와 갈릴레오의 몰락을 가져왔다.

갈릴레오는 태양중심설을 가설이라고 했으며 건방지게도 성서는 글자 그대로가 아니라 비유적으로 하늘나라에 가는 방법을 가르칠 뿐 하늘이 어떻게 가는가는 말해 주지 않는다고 재치 있는 얘기를 하기도 했다. 이 책에서 자극을 받은 몇몇 성직자들이 갈릴레오를 고발했다. 교황청에서는 가톨릭 교의에 크게 어긋남이 없다고 해서 이를 기각했다. 그러나 이것이 교회에 경각심을 불러일으켜 갈릴레오의 혐의가 풀린 지 석 달 만에 코페르니쿠스의 책은 금서목록에 오르게 되었다.

1600년 브루노(Giordano Bruno)를 불태워 죽이기로 결정한 종교재판에서 9명의 심판관 가운데 하나였던 벨라르미노(Belarmino) 추기경은 코페르니쿠스 체계를 인정할 수 없다는 태도를 밝히고 갈릴레오를 후퇴시키려 했다. 갈릴레오는 이미 이성을 잃었다. 로마에 가서 교황과 담판을 하겠다고 날뛰었다. 친구들이 말리는 것을 뿌리치고 로마에 간 그는 곳곳에서 싸움을 걸어 많은 적을 새로 만들었다. 그는 만나 주지 않는 교황에게 간접적으로 그의 뜻을 전했다. 교황은 갈릴레오가 포기하도록 설득하라고 지시했으나 말을 안 듣자 벨라르미노와 의논해서 갈릴레오의 견해를 이단으로 규정했다.

며칠 뒤 교령이 나왔다. 코페르니쿠스의 책이 금서가 되었고 갈릴레오의 저서들은 무사했다. 여기에 태양중심체계가 이단이란 말은 없었다. 갈릴레오는 코페르니쿠스의 견해를 지지하지 않을 것이며 글이나 말로 그것을 가르치지 않겠다고 서약했다. 일종의 근신처분을 받은 것이다. 1616년 3월 5일이었다. 5년 동안 갈릴레오의 거동에 주목하면서 은밀히 보고를 받아온 교회가 마침내 행동을 취한 것이다.

실의에 빠진 갈릴레오는 7년 동안 아무것도 쓰지 않고 보냈다. 1623년 교황이 죽고 바르베리니(Barberini) 추기경이 새 교황에 선출되었다. 갈릴레오는 뛸 듯이 기뻤다. 우르바누스 8세(Urbanus Ⅷ)는 각별히 친한 사이였기 때문이다. 그는 로마에 올라가 교황의 취임을 축하하고 코페르니쿠스 체계를 선전했다. "교회는 이 체계를 규탄한 일이 없다. 그것은 이단이 아니라 다만 경솔했을 뿐이다."고 우르바누스 8세는 말하면서 갈릴레오를 격려했다. 그러나 갈릴레오의 압력에도 불구하고 교황은 교령이 아직도 유효하다고 말했다. 갈릴레오는 우주 체계에 관한 책을 쓰기를 희망했고 교황은 그가 최종 결정을 교회의 지혜에 맡기도록 어느 쪽에도 편들지 않는 이론적인 책을 쓰는 데 동의했다.

이렇게 해서《두 큰 우주 체계에 관한 대화》(*Dialogo sopra i due massimi sistemi del mondo*)가 집필되었다. 4년 걸려 탈고한 것이 1630년이었다. 2년 동안 복잡한 검문을 거쳐 1632년 책이 나왔다. 이 책은 대화편의 형식을 취하고 있다. 등장인물은 아리스토텔레스와 프톨레마이오스를 옹호하는 심플리치오(Simplicio), 갈릴레오의 대변자 살비아티(Salviati), 그리고 중립을 표방하나 살비아티 편을 드는 사그레도(Sagredo) 세 사람이다. 그러나 그것은 프톨레마이오스와 코페르니쿠스의 우주 체계를 공정하게 소개한 것이 결코 아니다. 누가 보아도 갈릴레오가 어느 편을 드는가는 분명히 알게 되어 있다.

책을 받아 본 우르바누스 8세는 노발대발했다. 그는 갈릴레오에게 속았음을 깨달았다. 더욱이 책의 어떤 부분에서는 심플리치오가 바로 자기를 모델로 한 것이라는 오해마저 했다. 이 문제를 조사할 특별위원회가 조직되었다. 위원회는 갈릴레오가 첫째, 코페르니쿠스 체계를 가설로 다루지 않고 절대적 진리라 주장했고 둘째, 조석을 지구의 운동 탓으로 돌렸으며 셋째, 1616년의 교령을 무시했음을 지적하고 이를 종교재판소에 넘겼다.

갈릴레오는 그해 12월 소환되었으나 건강을 핑계로 응하지 않다가 이듬해 2월 로마교황청에 출두했다. 4월 12일 첫 심문이 있었다. 정식 심문은 사실상 한 번으로 끝났다. 그렇게도 자신만만하던 갈릴레오는 고문의 위협에 그만 소신을 굽히고 말았다. 그는 1616년 이전에는 프톨레마이오스나 코페르니쿠스가 다 맞을 수 있다고 생각했었는데 그 이후에는 프톨레마이오스의 생각, 곧 지구의 정지를 의심치 않게 됐다고 말했다. 나아가서 그는 코페르니쿠스를 반박하는 것이 《대화》를 쓴 의도였다고 하면서, 이를 분명히 하기 위한 한 장을 더 쓰게 해 달라고 두 번이나 간청했다.

심판관들은 갈릴레오가 거짓말을 한다는 것을 잘 알고 있었다. 그러나 그것은 문제가 아니었다. 교회는 갈릴레오를 죽일 생각이 아니었으므로 그의 굴복 이상을 바랄 까닭이 없었다. 심문은 형식에 지나지 않는 것이었다. 6월 16일 판결이 났다. 무기징역이었다. 3년 동안 1주일에 한 번 7편의 회개하는 시편을 읽어야 한다는 것도 판결문에 포함되어 있었다. 취소가 조건이었기 때문에 부드러운 판결을 내린 것이다. 그리고 그는 신앙고백문을 읽어 내려갔다. "…나는 내가 말한 오류와 이단을 포기하며 저주하고 거부합니다…."

판결과는 달리 갈릴레오는 하루도 감방에서 잔 일이 없다. 그는 로마에서 방이 다섯 개나 되는 아파트에 있으면서 하인을 부리고 포도주를 즐겼다. 뒤에 아르체트리(Arcetri)의 농장에 있다가 피렌체(Firenze)의 자택에 연금되었다. 그는 오랜만에 본연의 영역으로 돌아가 혼신의 힘을 기울여 역학을 집대성하는 책을 쓰기 시작했다. 눈이 하나씩 멀어가는 가운데 완성된 《두 새 과학에 관한 논의와 수학적 논증》(*Discorsi e dimostrazioni matematiche intorno a due nuove scienze*)의 원고는 밀수출되어 1638년 레이든에서 출판되었다. 갈릴레오에게 죄가 있다면 이것으로 사죄가 될 만한 불후의 명저였다.

당시의 상황으로 보아 갈릴레오가 법정을 나서며 "그래도 그것은 움직인다."(Eppur si muove.)라고 중얼거렸다는 것은 사실일 가능성이 희박하다. 물론 마음속으로는 신념에 변화가 없었을 것이다. 그는 그런 말을 할 용기가 없었다. 이 말은 그의 묘비명으로 새겨져 있는데 아마도 뒤에 누군가 만들어 낸 말인 것 같다. 이해가 전혀 가지 않는 것은 아니다. 갈릴레오는 70이 다 된 병든 몸이었다. 더욱이 그는 독실한 가톨릭교도로서 죄를 못 벗은 채 죽고 교회묘지에 묻히지 못한다는 두려움이 있었다. 그러나 그는 막강한 권력 앞에 무릎 꿇은 허약한 지식인으로서 진리 수호의 순교자이기를 기대하는 사람들을 실망시켰다.

갈릴레오 재판은 케슬러(Arthur Koestler)의 말처럼 계몽적 이성과 맹목적 신앙의 단순한 대결만은 아니다. 거기에는 여러 가지 착잡한 요인이 들어 있다. 갈릴레오와 우르바누스 8세의 성격의 충돌인 면이 강하다. 둘 가운데 한 사람만이라도 다른 성격의 사람이었다면 결과는 달라졌을 수도 있었을 것이다. 또한 갈릴레오의 처벌은 프로테스탄트에 대한 간접경고로 볼 수도 있다. 트렌토(Trento) 종교회의는 성부들의 합의에 반대되게 성서를 해석함을 금지했거니와 루터파의 멋대로의 해석을 견제할 필요가 있었던 것이다.

코페르니쿠스의 《천구들의 회전에 관하여》가 금서목록에 올랐던 기간은 실제로 4년밖에 안 된다. 그러나 그 뒤 3백 년 동안 아무도 감히 이 책을 출판할 생각을 하지 못했다. 그것이 비록 과학의 진보에 악영향을 주지는 않았다 할지라도 문화의 풍토를 버려 놓은 것은 틀림없는 일이다.

코페르니쿠스의 체계는 곧 과학자사회의 공인을 받게 되었고 교회도 이를 흐지부지 받아들였다. 1965년 교황 바오로 6세는 갈릴레오의 고향 피자(Pisa)를 방문했을 때 갈릴레오를 높이 평가하고 교회의 잘못을 시인했다.

《갈릴레오의 죄》를 쓴 산티야나(Giorgio Santillana)는 갈릴레오 재판을 오펜하이머(Oppenheimer) 사건과 비교하고 있다. 제2차 세계대전 중 원자 폭탄 개발 총책임자였던 오펜하이머는 수소 폭탄 개발에 반대했는데 원자 간첩 접선 혐의를 받고 1954년 미국원자력위원회 청문회에서 불명예스런 처분을 받게 됐던 매카시즘의 희생자이다. 갈릴레오와 오펜하이머는 똑같이 사회에 대해 유용함이 인정되었지만 고위정책에 대한 영향력을 행사하려 했을 때 문제가 일어났던 것이다. 두 경우 다 권력은 사회적 불명예를 주어 다른 사람들이 다시는 그런 행동을 하지 못하도록 만들려 했다. 갈릴레오의 경우 교회는 오펜하이머의 경우 국방부라 할 수 있다. 수소 폭탄 개발책임자 텔러(Edward Teller)는 벨라르미노에 해당한다. 갈릴레오에게는 변호사가 없었다. 자기의 과학적 업적을 옹호할 수 없었고 코페르니쿠스 이론에 대한 토론도 없었다. 오펜하이머에게 변호사는 있었으나 보안상 이유로 그의 견해에 관련된 충분한 토의는 없었다. 두 사람 다 반항 없이 권력에 항복했고 죽은 뒤에야 명예가 회복되었다. 이런 점에서 갈릴레오 재판은 권력 앞에서의 지성의 자유라는 되풀이되는 문제를 깊이 생각하지 않을 수 없게 만든다.

역사를 보면 과학과 종교의 싸움은 계속 전자의 승리를 기록해왔다. 현대는 갈릴레오가 살았던 17세기와는 다른 양상을 보이고 있다. 새로운 종교라고 할 수 있는 여러 독단적인 이데올로기가 그리스도교를 대신해서 갈릴레오를 사냥하려 하고 있다. 이뿐만 아니라 라슬의 말처럼 과학적 기법이 과학적 기질보다 중요하게 됨에 따라 과학 자체가 권위로 굳어지고 있는 것은 아닐까. 재판정신을 잃은 과학은 독단적인 종교보다 더 무서운 존재가 될 것이다. 왜냐하면 그것은 세계를 일순에 잿더미로 만들 수 있는 힘을 가졌기 때문이다.

4

갈릴레오의 딸

1984년 내가 처음 갔을 때 피자의 사탑은 앞에 노점이 몇 군데 있는 한적한 곳이었다. 이제 사탑 옆에는 두 박물관이 문을 열었고 제2차 세계대전 때 폭격에 탄 성원(Camposanto, 묘지)이 복원되어 '기적의 광장'은 관광객들로 늘 붐빈다. 1173년 착공한 8층 탑은 3층이 올라갈 때부터 기울기 시작했다. 땅 속에 돌을 박아 탑을 바로 세우려는 노력이 계속되었으나 1350년 준공했을 때는 반대로 기운 상태였고 20세기 말에는 기울기가 4.5미터에 이르렀다. 1990년대부터 출입을 막고 10년 넘게 보강공사를 했다. 탑을 1838년 위치로 돌려놓는 데 성공해 2001년부터 다시 일반에 공개했다. 보수는 2010년에 끝날 예정이었다. 공사를 지휘한 런던대 벌런드 교수는 탑이 300년은 버틸 수 있을 것이라고 장담한다.

갈릴레오는 피자에서 태어나 피자대학을 다녔고 모교의 교수가 된 뒤 3년 만에 파도바대학으로 옮겨갔다. 주제페 주스티(Giuseppe Justi) 길 24-26에 있는, 그가 태어난 '암만나티(Ammannati, 갈릴레오의 어머니)의 집'에는 지금은 부동산회사가 자리하고 있다. 탑 가까운 곳의 '갈릴레오의 집'은 도서관 겸 연구소다. 갈릴레오는 종교재판을 받은 뒤 1634년부터 8년 동안 피렌체 남쪽 교외 아르체트리(Arcetri)의, 미리 사 둔 별장 '보석'에서 말년을 보냈다.

갈릴레오는 결혼한 일이 없지만 가정부 마리나 감바(Marina Gamba)와의 사이에 두 딸과 한 아들을 두었다. 사생아라 결혼할 수 없는 딸들을 그는 아르체트리의 산 마테오(San Matteo) 수도원에 보냈다. 작은 딸은 평생 병치레를 했으나 큰 딸 비르지니아(Virginia)는 16살에 베일을 쓰고 마리아 첼레스테(Maria Celeste) 수녀가 되었다. 마리아는 34살에 죽을 때까지 11년 동안 아버지와 서신으로 접촉했다. 갈릴레오의 편지는 찾을 수 없어도 마리아가 보낸 124통의 편지가 남아 있다. 이 편지들은 피렌체국립도서관에 보관되어 있고 갈릴레오 전집에 수록되었으나 사가들의 주목을 끌지 못했다. 《뉴욕 타임즈》 과학기자를 지낸 소벨(Sobel)의 베스트셀러 논픽션 《갈릴레오의 딸》(*Galileo's Daughter*, 1999)이 나오면서 거장의 인간적인 면이 널리 알려지게 되었다.

딸의 편지는 아버지에 대한 사랑과 존경이 물씬 배어 있다. 애틋한 사연도 많다. 수도원의 추운 방과 거친 음식을 호소하면서 남는 이불을 빌려 달라고 한다. 딸은 케이크, 냅킨, 약을 만들어 보내고 아버지는 손수 요리한 시금치를 보내 준다. 수녀가 될 때 택한 이름 첼레스테(하늘)에서 이미 아버지를 배려했거니와 마리아는 새로 나온 책도 보내 달라고 부탁한다. 아버지는 수도원의 창틀을 손봐 주고 시계를 고쳐 준다. 아르체트리의 별장은 산 마테오 수도원과 붙어 있다. 서재에서 종소리를 들으며 수도원을 바라보려 했던 것 같다. 그러나 갈릴레오가 별장으로 돌아오기 넉 달 전 마리아는 이질에 걸려 죽는다. 아버지의 엄청난 슬픔과 좌절은 제자에게 보낸 편지에 보인다.

8년 뒤 죽은 갈릴레오는 성당 종탑 밑에 묻혔다가 95년이 지난 1737년에야 산타 크로체(Santa Croce) 성당에 이장되었다. 딸과 합장했다는 말이 전해지고 있으나 그런 기록은 없다. 무덤을 열어 이를 확인할 것인가를 둘러싸고 2008년 봄 논쟁이 일어났다. 피렌체 과학사박물관장 갈루치(Paolo Galuzzi)는 디엔에이 검사로 합장 여부를 가려내고 갈릴레오의 실명 원인도 찾자는 학자들의 선봉장이다. 반면 산타 크로체 성당 주임신부 디마르칸토니오(Dimarcantonio)는 그건 '사육제'(Carnival)라고 단호히 반대한다.

2009년에는 갈릴레오의 망원경 관측 400돌 기념행사가 이탈리아 전역에서 풍성했다. 국제학회 '갈릴레오 사건 : 역사·철학·신학적 다시 읽기'가 피렌체에서 열렸다.

5

케플러의 자취를 찾아

1987년 나는 구 유고슬라비아의 두브로브닉(Dubrovnik)에서 열린 과학철학 세미나에 참석하는 행운을 누렸다. 회의가 끝난 뒤 다섯 공화국을 두루 여행하고 오스트리아 빈으로 가는 기차를 탔다. 새벽에 국경을 넘어 기차가 멈춘 곳이 그라츠(Gratz)였다. 반가워 얼른 내렸다. 역에서 두 시간을 기다려 문을 연 관광안내소를 찾아갔다. 케플러와 관련된 곳을 알려달라고 했다. 세 군데를 써 주었다. 첫 번째로 찾아간 공원에 작은 케플러 동상이 있었다. 최근 로타리 클럽에서 세운 것이었다. 두 번째는 케플러 켈러였는데 맥주집이었다. 마지막으로 간 곳이 진짜였다. 허름한 구두공장이었는데 담에 케플러가 여기서 가르쳤다고 쓰여 있었다. 뛸 듯이 기뻤다.

요하네스 케플러(Johannes Kepler)는 1571년 독일 서남부 바일(Weil) 마을에서 술집 주인 아버지와 무당 어머니 사이에 태어났다. 케플러는 튀빙엔(Tübingen) 신학교의 말썽꾸러기 학생이었다. 그는 신이 만든 행성의 수가 왜 여섯인가 하는 어처구니없는 의문을 풀어 보려고 천문학에 뛰어들었다. 루터파 프로테스탄트인 그는 우주에서 3위1체를 보았다. 태양은 성부, 별들은 성자, 우주 공간은 성령이었다.

케플러는 열렬한 피타고라스·플라톤 주의자였다. 우주는 수학적 조화를 이루고 있고 신은 위대한 기하학자이며 인간은 신의 이미지를 따서 만들어졌다고 믿었다. 따라서 인간은 수학을 통해 우주를 이해할 수 있다고 생각했다. 케플러는 피타고라스의 천구의 음악을 받아들였다. 행성의 속도에 따라 옥타브가 달라진다고 했다. 토성은 바스, 수성은 소프라노였다. 화성에서는 도, 소, 지구에서는 미, 파가 나온다고 했다. 행성들의 다른 소리들이 모여 태양계 심포니 오케스트라가 이루어지고 그 지휘자가 바로 신이었다.

케플러는 철저한 태양 숭배자였다. 태양은 빛과 운동과 힘의 근원이었다. 태양이 우주의 중심에 있어야 함은 너무나 당연한 일이었다. 그는 또한 우주가 살아 있다고 믿었다. 행성과 지구는 영혼을 갖고 있다고 보았다. 화산이 폭발하고 생물이 자연발생하는 것이 그 증거라고 했다.

케플러는 튀빙엔 신학교에서 외톨이었다. 왕따를 당한 그는 그라츠의 고등학교 수학교사로 밀려났다. 1596년 그는 태양 중심 우주 체계를 적극 옹호한 《우주의 신비》(*Mysterium Cosmographicum*)를 발표했다. 그곳에서도 끝내 쫓겨나 프라하로 갔다. 거기서 케플러는 왕실천문학자 티코(Tycho Brahe)를 만났다. 천문학사상 으뜸 난 관측의 천재 티코는 덴마크 천문대에서 얻은 귀한 관측 자료를 갖고 있었으나 수학 감각은 무뎠다. 이렇게 해서 수학의 귀재 케플러는 티코의 조수가 되었다.

두 사람은 출신, 종교, 성격이 너무나 달라 만나자마자 싸우기 시작했다. 그러나 한 해가 가기 전 티코가 갑자기 죽는 바람에 금싸라기 같은 자료가 케플러의 손에 들어갔다. 케플러는 이 자료를 가지고 계산해 점을 찍어갔다. 지구의 궤도를 그리는 일이었다. 그려 보니 궤도는 원이 아니라 좀 일그러져 있었다.

케플러는 화성의 궤도 연구로 옮아갔다. '화성의 전투'라고 불리는 이 작업은 5년이 걸린 엄청난 일이었다. 화성의 궤도는 완전한 원이지만 속도는 일양하지 않다는 임시가설을 세우고 계산해 점을 찍어 나갔다. 2년 만에 작업이 끝났을 때 각도로 8분의 오차가 났다. 티코의 관측이 얼마나 정확한데 이런 큰 오차가 날 리 없다고 생각했다. 케플러는 눈물을 머금고 계산해 놓은 것을 쓰레기통에 넣어 버렸다. 이제 화성의 궤도가 원이라는 가설을 버리지 않을 수 없었다. 달걀꼴이 아닐까 짐작해 다시 계산해 보았으나 맞지 않았다. 이렇게 한 가설에서 다른 가설로 시행착오를 거듭한 끝에 드디어 타원 궤도라는 결론에 이르렀다. 1605년의 일이었다. 과학사에서 기념할 해였다. 2천 년 내려온 원에 대한 집착이 마침내 깨진 것이다. 이것이 행성의 궤도는 태양을 한 초점으로 한 타원이라는 케플러의 제1법칙이다.

케플러의 제2법칙은 태양으로부터 행성까지 그려진 부채꼴이 같은 시간에 같은 넓이를 만든다는 것이었다. 제3법칙은 행성의 공전주기의 제곱이 태양으로부터의 평균거리의 세제곱에 비례한다는 것이었다. 1,2법칙이 개개의 행성에 관한 것이라면 3법칙은 궤도 사이의 비를 다룸으로써 행성계 전체를 지배하는 법칙이었다. 따라서 제3법칙은 조화의 법칙이라 불렸으며 케플러가 가장 사랑한 법칙이었다.

천문학의 목표가 복잡한 현상을 간단히 설명하는 데 있다면, 케플러는 바로 그 일에 성공했다고 할 수 있다. 거추장스런 개념을 쓰지 않고도 행성의 운동을 수학적으로 설명했기 때문이다. 과학은 신비로운 동기에서 시작할 수 있지만 그 진행은 엄밀한 과학의 방법에 따른다는 것은 케플러의 천문학이 보여 준 또 하나의 뜻깊은 보기이기도 하다.

프라하에 머문 11년은 케플러의 전성기였다. 케플러의 거작 《새 천문학》(*Astronomia Nova*)은 1609년에 나왔다. 이 책의 400돌을 맞아 프라하에서 2009년 8월 학회가 열렸다. 블타바(Vltava)강의 카렐(Karel) 다리 옆에 있는 케플러의 두 법칙이 만들어진 작은 아파트는 케플러박물관으로 문을 열어 개관식에 참석했다. 루돌프 2세(Rudolph Ⅱ)가 죽은 뒤 린츠(Linz)로 옮긴 케플러는 1619년 행성의 공전주기의 제곱이 태양으로부터 평균거리의 세제곱에 비례한다는 제3법칙이 담긴 《우주의 조화》(*Harmonice Mundi*)를 냈다. 케플러가 몇 해 살았던 집은 케플러 살롱으로 바뀌어 과학문화센터로 쓰이고 있는데 이 집을 박물관으로 만드는 것이 케플러 팬들의 소원이다. 히틀러가 직업학교를 다닌 린츠는 문화도시로 만드는 공사가 진행되고 있어 관광 명소가 될 것 같다.

케플러는 1630년 밀린 월급을 받으러 갔다가 레겐스부르크(Regensburg)에서 죽었다. 나는 독일 통일 직후 그곳에 갔으나 케플러박물관은 닫혀 있었다. 그가 태어나 대학을 다닌 뷔르템부르크(Würtemburg)만 가 보면 케플러 순례는 끝나는 셈이다.

6

뉴튼과 사과

1666년은 과학사에서 '기적의 해'(annus mirabilis)로 불린다. 이 해에 아이적 뉴튼(Isaac Newton)은 24살이었다. 그 전 해에 영국에는 돌림병 페스트가 크게 번져 케임브리지대학도 한동안 문을 닫았다. 뉴튼은 울즈솝(Woolsthorpe)에 있는 어머니의 농장에 내려가 오래간만에 한가한 나날을 보내게 되었다. 그는 1년 반 동안 고향에 머물면서 깊은 사색에 빠졌다. 그것은 그에게 가장 생산적인 기간이었다.

믿어지지 않는 일이지만 뉴튼은 '기적의 해'에 운동의 법칙, 보편중력의 법칙, 미적분법, 혜성의 궤도이론, 조석이론, 빛의 성질에 관한 이론 등을 착상했다고 한다. 이것은 아인슈타인이 26살의 베른특허국 직원으로 있던 1905년 특수상대성이론, 광전효과 등 6편의 논문을 한꺼번에 발표한 것과 비교된다. 뉴튼은 남은 생애를 이 발견들을 설명·확장·응용하는 데 보냈다고 할 수 있다. 어떻게 이런 기적이 일어날 수 있었을까?

뉴튼은 평범한 집안에 태어났고 재능이 늦게 나타나 학교 성적은 거의 바닥이었다. 물론 그에게는 과학자가 될 싹이 일찍부터 보였다. 그래서 외숙의 설득으로 어머니는 뉴튼을 케임브리지대학 트리니티 콜리지(Trinity College)에 보낸 것이다. 대학 성적은 기록에 없으나 그의 은사 배로우(Isaac Barrow)가 파격적으로 26살밖에 안 된 뉴튼에게 교수 자리를 물려 준 것으로 미루어 보아 수학에 두각을 나타낸 것 같다.

뉴튼은 대학시절 당시 유행했던 데카르트 체계의 회의주의에 기울었고 원자론 또는 입자설을 좋아했으며 보일이 대표하는 경험적 방법에 관심을 가졌다. 그는 에우클레이데스와 데카르트의 기하학을 공부했고 최신 수학지식을 재빨리 소화했다. 그는 무한급수의 방법, 2항정리, 미적분법을 차례로 발견했다. 막연히 호기심에서였지만 뉴튼은 이미 광학실험을 시작했다. 그는 빛깔에 관한 이론을 만들었고 이어서 반사망원경을 건조했다.

바로 이 시기에 나온 것이 유명한 사과 이야기다. 이 얘기를 뉴튼에게 처음 들은 것은 윌리엄 스타클리(William Stuckley)라고 한다. 스타클리는 뉴튼보다 너댓 살 아래로 주치의를 겸한 친구였다. 뉴튼이 그 얘기를 한 것은 83살 때인 1726년이었다. 그로부터 26년 뒤인 1752년에 썼으나 1936년에야 출판된 《뉴튼의 생애에 관한 회고》에는 이렇게 쓰여 있다.

'저녁을 먹은 뒤 날씨가 따뜻해서 우리는 정원에 나가 차를 마셨다. 사과나무 그늘 아래서 그와 나는 단둘이었다. 다른 얘기 끝에 그는 전에 중력의 개념이 떠올랐을 때도 똑같은 상황이었다고 말했다. 그가 명상적인 기분으로 앉아 있었을 때 사과가 하나 떨어졌다. 왜 사과는 늘 수직으로 땅에 떨어질까 하고 그는 홀로 생각했다. 왜 그것은 옆으로나 위로 가지 않고 언제나 지구 중심으로 떨어져야 할까? 그 이유는 틀림없이 지구가 그것을 당기기 때문이다. 물질에는 잡아당기는 힘이 있음에 틀림없다. 그리고 당기는 힘의 합은 지구의 측면이 아닌 중심에 있을 것이다. 따라서 이 사과는 수직으로, 곧 중심을 향해 떨어진다. 물질이 물질을 당긴다면 그것은 그 양에 비례할 것이다. 따라서 지구가 사과를 당길 뿐 아니라 사과도 지구를 당긴다. 우리가 여기서 중력이라 부르는 힘이 우주 전체에 퍼져 있다.'

그러나 그 전에도 사과 이야기는 간접적으로 소개되었다. 그린(Robert Greene)은 1727년에 나온 그의 책《확장력과 수축력의 원리》에서 왕립학회 회원 폭스(Martin Fox)에게 들었다고 하면서 뉴튼의 구상이 사과에서 얻어졌다고 했다. 사과 이야기가 널리 퍼진 것은 프랑스 철학자 볼태르(Voltaire)를 통해서였다. 볼태르는 영국에 유학해서 뉴튼 물리학을 공부하고 뉴튼의 장례식에 참석한 뒤 귀국했다. 그는 뉴튼 물리학을 대륙에 소개하는 데 큰 몫을 했는데 1734년에 낸《철학적 편지-영국인들에 관한 편지》(*Lettres philosophiques sur les Anglais*)에서 사과 얘기를 했다. 그는 그 이야기를 뉴튼의 조카 콘듀트(Conduit) 부인에게 들었다고 했다.

19세기가 되자 많은 사람들이 사과 이야기에 대한 의문을 제기했다. 뉴튼과 같은 시대에 뉴튼에 관해 쓴 많은 사람들이 이에 대한 언급을 하지 않았다는 사실이 지적되었다. 뉴튼이 죽었을 때 추도사를 쓴 프랑스 과학아카데미 간사 퐁트넬(Fontenelle)은 사과에 대해 아무 말도 하지 않았다. 뉴튼의 전기를 쓴 브루스터(Brewster)도 사과를 언급하지 않았다.

사과 이야기를 비웃는 사람들도 있다. 철학자 헤겔(Hegel)은 '뉴튼의 눈앞에서 떨어진 사과의 가련한 이야기'라고 비꼬면서 이렇게 말했다. "이 이야기를 좋아하는 사람들은 인류의 타락과 트로이의 함락을 포함해서 사과가 세계에 얼마나 재화를 가져왔는가를 잊어버렸음에 틀림없다."

수학자 가우스(Gauss)도 사과 이야기는 아무 근거도 없다고 단정하고 뉴튼이 큰 발견의 경위에 대해 귀찮게 묻는 어떤 바보에게 거짓말을 해서 넘겼을 것이라는 추측을 했다.

18세기 말에 뉴튼의 집 뜰에 있는 한 사과나무에 '사과가 떨어진 나무'라는 표지가 붙었다. 1820년쯤 이 나무는 썩어서 베어버렸으나 그 일부는 의자로 만들어져 지금까지 남아 있다. 그런데 이 나무의 후손이 살아남았다. 그 순을 따서 접을 붙여 퍼뜨린 것이다. 이 유명한 후손들은 세계 각국에 퍼졌고 몇 해 전 한국에도 들어왔다.

사과 이야기가 사실이라면 그것은 두 가지 이유로 유명해졌을 것이다. 첫째, 그것은 신비로웠던 것을 일상경험으로 이해할 수 있게 만들었다. 둘째, 위대한 천재의 가장 큰 성취도 어느 사람이 가까이 갈 수 있는 작은 출발에서 비롯하는 수도 있음을 보여 주었다. "가장 작은 시작에서 출발해 위대한 발명을 하는 것, 그리고 놀라운 예술이 사소하고 유치한 일들의 뒤에 숨어 있다고 판단하는 것은 보통사람들이 아니라 초인적인 사람의 경우다." 갈릴레오는 길버트(William Gilbert)에 대해 이렇게 쓴 일이 있다. 이 말은 바로 사람들이 뉴튼의 사과와 중력법칙에 대해 처음 알았을 때 느끼는 바를 그대로 드러낸다.

뉴튼과 사과 이야기를 반드시 허황된 것으로 볼 필요는 없다. 문제는 그것이 지나치게 미화되고 단순화된다는 사실에 있다. 많은 사람들이 사과에서 곧바로 중력이 튀어 나온 것 같이 생각하는데 이것은 곤란하다. 뉴튼의 위대한 발견은 단순한 것 같이 보이나 그것은 겉보기이고 실제 상황은 훨씬 더 복잡했을 것이 틀림없다.

우연한 사건이 위대한 발명·발견을 가져온 보기를 우리는 과학사에서 얼마든지 본다. 욕조에 몸을 담갔을 때 물이 넘치는 것을 보고 부력의 원리를 발견한 아르키메데스, 뱀이 제 꼬리를 물고 돌아가는 꿈을 꾸고 벤젠의 구조식을 만든 케쿨레(August Kekulé), 뚜껑이 열린 접시에 생겨난 푸른 곰팡이를 보고 페니실린을 발명한 플레밍(Alexander Fleming)의 보기는 그 몇 가지에 지나지 않는다. 위의 경우들은 어떤 사건이 문제의 해결로 직결될 수 있는 비교적 간단한 상황인데 뉴튼의 경우는 그렇지 못하다.

뉴튼의 문제는 지구가 사과를 끌어당긴다는 단순한 사실에 그치는 것이 아니다. 물체의 낙하운동이 지구의 당김 때문이란 것은 그 훨씬 전부터 알려졌던 사실이라 새로울 것이 없다. 가까이는 자기현상을 깊이 연구한 길버트부터 지상의 물체에 적용되는 역학을 발전시킨 갈릴레오, 천체역학의 선구자 케플러, 그리고 동시대의 하우흔스(Christiaan Huygens)와 후크(Robert Hooke)에 이르기까지 이 문제는 널리 탐구되고 있었다. 1665년까지 뉴튼의 보편중력 이론의 요소들은 대부분 여기저기 흩어져 있었으나 아무도 이것들을 종합하지 못했었다. 지상물리학의 관성·중력·원심력 개념과 천문학의 케플러 3법칙이 뉴튼의 요리를 기다리고 있는 상태였다.

뉴튼의 위대성은 사과가 땅으로 떨어지는 것을 설명하는 데서 나아가 달이 궤도에 붙어 지구 주위를 도는 것을 아울러 설명한 데 있다. 그는 왜 달이 지구에서 떠나가지 않고 사과처럼 땅으로 떨어지지도 않느냐고 스스로 물었다. 어떻게 이런 의문을 갖게 되고 그것을 해결할 수 있었을까? 혹시 그가 사과를 보았을 때 낮 하늘에 달이 떠 있었을지도 모를 일이다. 이것은 과학사에서 아주 흥미 있는 문제이다.

과학사학자 코언(I. Bernard Cohen)은 뉴튼이 중력을 달에 연장하도록 고무한 것은 갈릴레오의 책이었다고 주장한다. 뉴튼은 '기적의 해'에 5년 전 나온 갈릴레오의 《두 큰 우주 체계에 관한 대화》의 영문판을 읽었다. 거기에는 뉴튼이 틀림없이 관심을 가질 만한 증명과 그림이 있었다. 갈릴레오가 증명하려 한 것은 달과는 아무 관계도 없었다. 그 증명은 지구 위에 정지한 어떤 무거운 물체도 물체의 무게나 지구의 각속도에 관계 없이 지구의 회전에 의해 날아가지 않음을 보이려는 것이었다.

뉴튼은 중력이 높은 산꼭대기까지 줄지 않고 연장되는데 달까지 못 갈 이유가 없다고 생각했다. 달을 계속 그 궤도에서 움직이게 하려면 지구의 중력은 거리가 멀어짐에 따라 줄어들어야 하는데, 중력의 약화는 지구 중심으로부터의 거리의 제곱에 반비례한다고 그는 추론했다. 그로부터 20년 뒤에야 뉴튼은 완전한 보편중력 이론을 발전시킬 수 있었다. 이렇게 해서 뉴튼은 지상의 물리학과 하늘의 물리학을 통일하는 획기적인 일을 해냈다. "기회는 준비된 사람을 좋아한다."고 말한 것은 파스퇴르거니와 뉴튼의 비상한 천재와 노력이야말로 평범한 사건을 놓치지 않은 것이다.

7

연금술사 뉴튼

뉴튼은 근대의 과학혁명을 마무리한 과학자로서 과학사상 우뚝한 봉우리를 차지하고 있다. 모든 현상을 물질과 운동으로 설명한 '기계적 철학'(Mechanical Philosophy)의 절정을 보여 준 그는 화학에는 관심이 없었던 사람으로 알려졌었다. 그런데 합리주의의 상징인 그가 신비적인 연금술에 빠졌었다는 사실이 드러났다. 뉴튼은 물리학 연구보다 더 많은 시간을 연금술에 바쳤으며 120만 단어나 되는 기록을 남겼다.

뉴튼의 연금술 연구는 그를 존경한 후세 사람들에게 고민을 안겨 주었다. 연금술 원고들은 부적당하다고 해서 사후출판에서 제외되었고 18세기에 뉴튼 전집을 만들 때도 빼 버렸다. 뉴튼과 가까운 사이였고 사과 얘기를 쓴 스타클리는 《회고록》에서 당시의 경향을 반영해 뉴튼의 연구를 연금술 아닌 화학으로 설명하려 했다.

1831년 《뉴튼의 생애》를 쓴 브루스터(Brewster)는 뉴튼의 원고 가운데 연금술에 관한 것이 많음을 보고 숨길 수도 없어 그의 연금술은 부를 얻기 위한 여느 연금술과는 달리 진리에 대한 사랑에서 한 것이라고 강변했다. 그러나 위대한 사람이 어떻게 타기할 연금술에 관여했는지 이해할 수 없다고 분노를 터뜨렸다.

20세기에 들어와 두 번째 뉴튼 전기를 쓴 모어(More)는 뉴튼이 《프링키피아》(*Principia*, 자연철학의 수학적 원리)를 쓸 때 피로하면 쉬는 방법으로 연금술을 했다고 가볍게 넘겼다. 그는 연금술 연구를 뉴튼의 신비적·실질적 취향으로 돌리고 나머지 과학과 연결 지으려는 시도는 전혀 하지 않았다.

뉴튼의 연금술 원고는 조카사위 콘듀트의 후손 포츠머스(Portmouth)가 보관해 오다 케임브리지대학에 기증하려 했으나 과학적 가치가 없다고 퇴짜를 맞은 일이 있다. 이 원고가 1936년 경매에 붙어졌을 때 팔려나가 흩어진 것을 경제학자 케인즈(John Maynard Keynes)가 반쯤 다시 사들였다. 그리고 그가 죽을 때 케임브리지대학에 기증했다. 그는 수집한 원고를 연구했고 그 결과는 1942년 뉴튼 탄생 300주년을 축하하는 왕립학회 행사에서 발표되었다. 거기서 케인즈는 뉴튼이 '이성의 시대'의 첫 사람이 아니라 마지막 '마술사'였다는 놀라운 결론을 내렸다.

뉴튼은 자신이 연금술 연구를 하는 사실이 알려지기를 꺼렸다. 그가 살아 있는 동안 연금술에 관한 어떤 것도 출판되지 않은 것은 그 때문이다. 화학자 보일이 죽은 뒤 뉴튼이 철학자 로크와 교환한 편지에는 세 사람이 연금술 비방을 교환하고 비밀을 지키기로 합의했다는 사실이 나와 있다.

뉴튼이 연금술을 시작한 것은 27살 때인 1669년이었다. 그해에 그는 런던에서 연금술 책과 노 두 개, 유리장치, 화학약품을 샀다. 뉴튼은 낡은 연금술 문헌을 모조리 구해 철저히 연구했는데 이것은 그 전에도, 그 뒤에도 없는 일이었다. 연금술 연구는 30년 가까이 계속되다가 조폐국장이 되어 런던으로 떠나기 직전인 1696년까지 계속되었다. 그 다음 30년은 연금술 문헌을 사지 않았는데도 그가 죽었을 때 서재의 1할은 연금술이 차지할 정도였다.

연금술 원고의 반 이상이 《프링키피아》 이전에 쓴 것이지만 《프링키피아》를 쓰는 동안에도 뉴튼은 실험실을 떠나지 않았다. 뉴튼은 또한 《산의 성질》이라는 화학논문을 썼고 방대한 문헌을 정리하면서 화학색인 만드는 작업도 했다. 그의 연금술 연구는 화학적인 관심 때문인가, 아니면 다른 목적이 있었을까?

1950년대부터 뉴튼의 연금술 원고가 연구되기 시작했다. 뉴튼을 완전한 의미의 연금술사로 본 사람이 있었는가 하면 뉴튼이 그의 이단적인 종교신앙과 부분적으로 일치했기 때문에 연금술에 관심을 가졌다고 주장한 학자도 있었다. 같은 때 다른 자료를 가지고 뉴튼의 화학을 연구한 사람들이 있었다. 그들은 대체로 뉴튼이 인력 개념과 결부된 미립자 물질이론을 포함한 일관성 있는 화학철학을 가졌다고 주장했다.

뉴튼 전문가 홀 내외(A. R. Hall, Mary Boas Hall)는 뉴튼이 비록 실험노트에 참나무, 녹색 사자, 별을 적어 놓았지만 그는 연금술사가 아니라 과학적인 화학자였다는 주장을 폈다. 그들은 연금술 문헌 가운데 뉴튼 자신의 생각이나 논평은 얼마 안 된다고 무시하면서 기계적 철학의 틀 안에서도 변환은 가능하다고 단정했다. 뉴튼이 연금술에서 의미를 찾으려 한 것은 사실이나 그렇게 날카롭고 비판적인 자연철학자가 연금술 해석에 만족할 수 있었을까 하는 것이 그들의 의문이었다.

매뉴얼(Frank Manuel)은 《뉴튼 소묘》(*A Portrait of Isaac Newton*, 1968)에서 홀 내외의 지나친 합리주의에 반대하고 균형잡힌 견해를 제시했다. 그는 뉴튼 연금술의 내용은 문제 삼지 않았으나 뉴튼이 금속을 구움으로써 공격 환상의 심리적 구원을 얻었다든가 우울증 때문에 불로장생약에 열중했다는 정신분석학적 해석을 했다.

뉴튼에 관한 세계적인 권위인 웨스트폴(Richard S. Westfall)은 신비주의적 연금술 전통과 기계적 철학 사이의 유사성에 주목했다. 곧 두 접근은 상극이 아니라 교묘한 상호작용을 했다는 것이다. 그는 뉴튼이 거리가 떨어진 두 물체 사이에 작용하는 힘을 인정함으로써 기계적 철학을 과격하게 수정한 것은 연금술과 무관하지 않다고 보았다. 뉴튼은 엄격한 실증주의자도 마지막 마술사도 아니며 두 면이 밀접히 관련된 사람이라는 얘기다.

웨스트폴은 연금술이 뉴튼의 생애에서 중심적인 측면은 아니라는 홀내외, 코언의 견해와 그의 생애에서 가장 중요한 측면이라는 카스티예호(David Castilleho)의 극단적인 주장의 중도에 서 있는 듯하다. 뉴튼이 연금술에 쏟은 엄청난 노력을 심심풀이 취미로 보는 것은 터무니없는 일이다. 그의 연금술 독서는 위대한 발견 이후가 아니라 그와 병행했고 더욱이 그것은 적극적 해석과정이었음이 분명히 드러났다. 그러므로 뉴튼이 합리적인 실험과학자로서 연금술에 회의적이었다는 견해는 버티기가 어렵다.

떨어진 물체 사이에 작용하는 힘의 개념은 자연철학의 새 접근에서 매우 중요하다. 그런데 뉴튼의 힘의 개념 출현과 연금술에 대한 관심이 같은 때였다는 것을 주목할 필요가 있다. 그가 연금술에서 발견한 것은 자연이 불활성 물질입자의 배열로 환원될 수 없다는 것이었다. 그가 연금술 문헌에서 찾아낸 '적극적 원리'는 이렇게 해서 인력의 개념으로 발전되었다. 같은 시대에 동역학을 이해한 하우흔스, 라이프니츠(Leibniz), 베르누이(Bernoulli) 등이 생각하지 못한 인력을 뉴튼만이 착상한 것은 연금술 때문이었다.

뉴튼의 연금술 연구는 공적 이론이 아닌 사적 추구의 성격을 띠었다. 뉴튼의 화학이론은 왕립학회와 제자들을 통해 만들어졌고 그것이 그의 개인적 연구의 영향을 받았으나 그 기원은 감추어졌다. 그리고 뉴튼 자신은 일단 새로운 자연철학을 내놓게 되자 그 배경이 된 연금술을 떠난 것이다.

여기서 우리는 신비주의와 과학의 관계에 대해 생각해 볼 때가 되었다. 1960년대 이후 과학사 연구는 이 둘이 전연 무관하다는 고정관념을 깨뜨렸다. 영문학자 예이츠(Yates)는 르내상스 때 부활한 고대 신비주의가 17세기의 새 과학에 영향을 주었다고 주장함으로써 충격을 주었다. 이 명제는 격렬한 논쟁을 거쳐 이제는 학계에서 상당한 기반을 구축하기에 이르렀다.

헬레니즘시대에 나온 헤르메스주의(Hermeticism)는 넓게는 모든 초자연적 활동을 가리키는 말이고 좁게는 연금술을 뜻하기도 한다. 헤르메스주의가 15세기 유럽에 다시 나타나면서 가져온 마술적 자연관은 자연세계를 예술작품으로 보는 과학적 틀을 만들었으며 숫자의 조작적 사용을 통해 응용과학을 고무했다.

고대에도 피타고라스와 플라톤에서 신비주의와 수학의 교묘한 결합을 볼 수 있지만 16세기의 파라켈수스와 케플러에서도 신비주의가 과학과 엇물림을 주목하게 된다. 레오나르도 다 빈치, 브루노(Giordano Bruno), 코페르니쿠스에도 헤르메스주의의 흔적이 보여 논란을 일으키고 있다. 그러나 케플러가 천문학을 하게 된 동기가 신비적이었고 뉴튼의 보편중력 개념이 연금술과 관계가 있다 하더라도 그들의 과학의 내용이 신비적이 아니라는 사실은 유의할 일이다.

뉴튼의 연금술에 대해서는 미국의 돕스(B. J. T. Dobbs, 1930-94)가 《뉴튼 연금술의 기초》(*The Foundations of Newtons Alchemy, or the Hunting of the Green Lyon*, 1975)라는 깊은 연구서를 냈고 독일의 피갈라(Karin Figala, 1938-2008)의 연구도 많다. 뉴턴 연금술의 정체는 그의 연금술 논문, 화학실험기록, 과학적 생애의 사건들 사이의 관계가 좀 더 연구되어야 밝혀질 것이다. 또한 뉴튼 물리학의 이상의 실현으로 알려진 근대화학과의 연금술의 관계도 앞으로 연구되어야 할 과제이다.

8

화학의 아버지 보일

1662년 어느 날의 일이었다. 런던의 보일의 집에 새벽같이 일꾼들이 나타나 앞문을 뗐다. 한 시간 뒤 긴 마차가 집 앞에 서더니 4미터나 되는 무거운 물건이 조심스레 내려져 열린 문 안으로 옮겨졌다. 또 한 시간 있다가 마차가 무거운 통 3개를 놓고 갔다. 보일의 조수들이 그것을 옮기고 문을 닫았다.

이웃 사람들은 그 안에서 무슨 일이 일어나고 있는지 영문을 몰라 했다. 거기서는 과학사상 유명한 고전적인 실험이 진행되고 있었다. 보일은 몇 주일 전 유리공장에 주문한 단단하고 긴 J형 유리관에 수은을 붓고 열심히 실험했다. 그 결과 기체 위의 압력이 증가할수록 기체의 부피가 감소한다는 것을 확인했다. 이것이 바로 보일의 법칙(Boyle's law)이다.

로버트 보일(Robert Boyle, 1627-91)은 아일런드에서 코크백작(Earl of Cork)의 14번째 아이로 태어났다. 그의 아버지는 무일푼으로 출발해 거대한 재산을 모은 귀족이었다. 보일은 어려서부터 언어에 비상한 재능을 보였다. 라틴말과 프랑스말은 어릴 때 정복했고 8살에 이튼학교(Eton School)에 들어가서는 그리스말과 히브리말을 공부했다. 보일은 옥스퍼드대학에 잠깐 다녔으나 정식 학생은 아니었다. 대학교육을 안 받았기 때문에 아리스토텔레스 과학으로 세뇌를 당하지 않았고 이것이 뒷날 그가 아리스토텔레스를 거부하고 새 화학을 세우는 데 도움이 되었다. 그는 형과 함께 주네브 출신 가정교사에게 배웠다. 가정교사는 아리스토텔레스에 대해서는 가르치는 시늉만 하고 현대어와 수학을 가르쳤는데 보일 형제는 아주 좋아했다.

보일은 10대에 가정교사, 형과 같이 유럽 대륙으로 긴 여행을 했다. 이때 재판을 받고 연금상태에 있던 갈릴레오를 만났고, 주네브(Genève)에서는 종교활동에 깊은 인상을 받았다. 프랑스에서는 기계적 철학자(Mechanical Philosophers)들과 널리 사귀며 지울 수 없는 영향을 받았다. 아버지가 돌아간 이듬해 런던에 돌아온 보일은 누이의 도움을 받으며 지냈다. 보일은 아마추어 과학자로 널리 알려져 그레셤 콜리지(Gresham College)에서 모이고 있던 '보이지 않는 대학'(Invisible College)과 접촉하게 되었다. 그들은 옥스퍼드로 자리를 옮겨 반아리스토텔레스적인 실험과학에 관해 토론하고 있었는데 그 지도자인 왜덤 콜리지(Wadham College) 학장 윌킨즈(Wilkins)의 권유로 보일도 가담하게 되었다. 이 모임은 뒤에 찰즈 2세(Charles Ⅱ)의 인가를 얻어 왕립학회(Royal Society)로 발족했다.

보일은 이미 신학, 자연철학, 화학에 관한 논문을 여러 편 발표했지만 옥스퍼드에 정착해서는 뜻 맞는 동지들과 함께 더욱 의욕적인 연구에 착수했다. 그는 집에 실험실을 만들고 재주가 비상한 후크를 조수로 썼다. 그는 과학의 모든 분야에 관심이 있었지만 공기에 집중했다. 보일은 토리첼리(Torricelli)의 진공실험, 게리케(Guericke)의 공기펌프를 알고 있었고 개량한 펌프를 만들었다. 보일은 리누스(Linus of Liège)가 공기의 압축가능성을 반박했을 때 그에 대한 회답에서 보일의 법칙을 말했다. 1660년에 출판된 《공기의 무게에 관한 새 물리·역학적 실험과 그 결과》는 보일의 첫 번째 책이었다.

17세기 유럽을 휩쓴 사조는 모든 현상을 물질과 운동으로 설명하려는 기계적 철학이었다. 기계적 철학은 데카르트(Descartes)와 가상디(Gassendi)가 각각 대표하는 두 파로 나누어져 있었다. 보일은 이 둘의 장점을 취해 자신의 기계적 철학, 곧 미립자철학(Corpuscular Philosophy)을 만들었다. 미립자철학은 대륙의 기계적 철학에서 체계적인 면을 제거하고 그것을 실험적 토대 위에 올려놓은 것이 특색이다. 보일은 화학이 미립자철학을 뒷받침하는 이상적인 실험과학이라고 믿었다. 그가 화학에 관심을 기울이게 된 것도 바로 이 때문이었다.

보일은 화학이 독자적인 과학이 되지 못하고 의학이나 금속학의 시녀인 신비과학 또는 실용기술로 생각되는 현실을 개탄하고 그것을 물리학과 같은 자연철학의 수준으로 끌어 올리려고 결심했다. 18세기의 대표적인 화학자 부르하브(Boerhaave)가 말한 것처럼 보일은 화학을 자연철학의 관점에서 다룬 최초의 화학자였다.

보일은 당시의 경쟁하는 두 물질 이론인 아리스토텔레스의 4원소설과 파라켈수스의 3원리설을 철저히 연구한 끝에 받아들일 수 없다는 결론을 내렸다. 《회의적 화학자》(*The Sceptical Chymist*, 1661)는 바로 이 문제를 집중적으로 다루고 있다. 플라톤의 대화편 형식으로 쓴 이 책에서 보일의 대변자이며 회의적인 화학자 카르네아데스(Carneades)는 4원소설과 3원리설이 이론적으로나 실험적으로 근거 없다고 주장한다. 그는 원소를 정의해서 화합물을 이루는 원초적이며 간단한 것이라고 했는데 이것은 미립자와 구별되지 않는 모호함이 있다.

《회의적 화학자》는 전통적인 물질이론을 무자비하게 파괴한 책이나 건설적인 대안을 제시하지는 못했다. 그래도 보일은 "신사는 손을 더럽히지 않는다."는 편견을 뿌리치고 실험실에 뛰어들어 많은 일을 했으며 적지 않은 성과를 거두었다. 그는 산-알칼리설을 발전시켰으며 이에 관한 체계적 연구는 뒷날 오래도록 평가를 받은 훌륭한 것이었다. 그가 물질의 물리적 및 화학적 특징을 이용해 한 확인시험은 오늘날의 정성분석에 해당한다. 그를 '화학의 아버지'라고 하는 것은 지나칠지 모르나 보일의 법칙 때문에 '물리화학의 아버지'로 불리기도 한다.

화학적 실재가 다른 물질에 첨가될 때 물리적·화학적 성질을 어떻게 하는가가 보일의 가장 큰 관심사였다. 이것은 그의 근대적 성격을 말해주는 것이다. 보일은 화학을 자체로서 추구될 가치가 있는 학문으로 만들었고 실험과학으로 발전시켰다. 그러나 물질의 본질이 밝혀질 실마리는 아직 풀리지 않았다. 따라서 화학은 아직 근대화의 길로 접어들지 못했다. 다만 보일은 거추장스런 장애물을 제거하고 앞으로 나가기 쉽게 만든 청소작업을 한 사람으로 볼 수 있다.

보일은 일생 병으로 고생하면서도 의학, 신학을 포함한 여러 분야에 걸쳐 40여 권의 책을 남겼다. 그의 책은 재빨리 라틴말과 프랑스말로 번역되었다. 그는 또한 왕립학회 회장을 지냈고 국립 광산과 동인도회사의 책임자로 일하기도 했다.

9

뛰어난 화학교육자 부르하브

부르하브(Herman Boerhaave, 1668-1738)는 18세기 전반에 활동한 네덜란드의 화학자 겸 의사이다. 동시대 과학계에서 그는 뉴튼에 버금가는 인물이라는 평가를 받았다. 그는 영국 왕립학회 회원이었고 파리 과학아카데미 외국회원이었다. 왕립학회 기관지는 죽기 1년 전 그에게 한 호를 바쳤다. 그의 생애를 그린 희극 '네덜란드 의사'(Il Medico Olandise)는 1756년 베네치아에서 공연되어 19세기 초반까지 크게 히트했다.

부르하브는 레이든(Leiden) 교외 페르후트(Verhout) 마을에서 태어났다. 아버지는 역사와 고전에 정통한 목사였고 어머니는 암스테르담 상인의 딸이었다. 레이든대학에 들어가서는 목사가 목표였으나 의학, 수학, 자연철학(물리학), 화학, 식물학, 언어학 강의를 들었다. 그는 22살에 "심신의 본질의 차이"라는 논문으로 철학박사 학위를 받았다. 그는 수학 강의를 하면서 히포크라테스, 보일, 뉴튼을 탐독했다. 그는 25살에 하르더르베이크(Harderwijk)에서 의학 학위를 받고 레이든으로 돌아왔다.

부르하브는 스피노자(Spinoza)를 읽은 것이 우연한 기회에 들통나 목사되기를 단념하고 개업했다. 남는 시간에는 화학실험을 많이 했다. 레이든에서 강의하다가 35살 때 흐로닝은(Groningen)대학에서 오라는 제의를 거절하자 대학은 월급을 올렸고 결원이 나면 우선 교수직을 주겠다고 약속했다. 부르하브는 1709년 식물학 및 의학교수가 되었고 1714년 성 아우구스티누스병원 교수, 4년 뒤에 화학 교수가 죽자 그 자리를 이어받아 결국 의학, 임상의학, 식물학, 화학 교수를 겸임하게 되었다. 그 사이 그는 42살 때 24살 난 친구의 딸과 결혼해 자녀 넷을 얻었다.

부르하브의 이름이 붙은 과학적 발견은 거의 없다. 그러나 그는 최고의 교육자였다. 그의 박식은 놀라워 모든 문제에 관해 얘기할 수 있었다. 그는 독창적이고 강렬한 성격으로 학생들을 휘어잡았다. 수강생은 백여 명이었는데 자리를 잡으려면 일찍 와야 했다. 레이든에서 부르하브는 유럽 전역에서 모여든 학생들을 가르쳤다. 외국인은 임상강의를 들으러 온 독일, 영국 사람이 많았다. 《인간기계론》(*L'Homme Machine*)으로 유명한 라메트리(Lamettrie)도 그의 제자였다.

부르하브의 강의는 모두 책으로 되어 나왔다. 의학, 식물학 책도 많지만 1732년에 나와 30판을 거듭한 화학교과서 《화학요론》(*Elementa chemiae*)은 유명하다. 그는 출판할 생각이 없었는데 제자들이 강의를 정리한 것이 틀린 데가 많은데도 영어로 번역되자 제대로 된 판을 만들 수밖에 없었다.

이 책은 그가 60살 넘어 쓴 것으로 고전 훈련과 풍부한 경험이 무르익은 탁월한 책이었다. 1권은 화학의 역사와 이론을 담았는데 주로 물리화학 이론이다. 2권은 서술적·준비적 측면을 다루고 있다. 《화학요론》은 곧 영어, 프랑스말, 독일말, 러시아말, 터키말로 번역되었고 사후에도 오래 큰 영향을 주었다. 이 책이 인기가 있은 것은 유럽 전체의 강좌들을 차지한 제자들의 힘 때문이기도 하지만 그 가치는 블랙(Black), 캐븐디시(Cacendish), 라봐지에(Lavoisier) 등도 칭송을 아끼지 않았다.

부르하브는 의학이론에서 보일, 뉴튼의 원자론·기계론적 견해를 적용했다. 그는 초기 알렉산드리아 의학과 데모크리토스 원자론의 영향을 받아 의기계론(iatromechanism)적 경향을 보였다. 그러나 그는 보렐리(Borelli), 벨리니(Bellini)의 극단적 기계론은 반대했고 반대파 슈탈(Stahl), 호프만(Hoffmann)의 견해도 포용했다.

부르하브는 의학보다 화학에 대한 공헌이 더 컸다. 부르하브의 관심은 의학에 있었지만 화학은 의학의 시녀가 아니었다. 화학은 금속학, 공업기술도 포함했다. 화학은 연금술, 제약, 광산기술이 주요 부분을 이루었고 아직 제대로 된 과학이 아니었다. 부르하브는 화학을 자연철학의 수준으로 올려 대학 학문의 일부로 만들려 했다. 그는 물리학의 진리가 화학에도 적용되어야 한다고 믿어 화학현상에 대한 빛, 열, 밀도, 압력의 영향을 주의 깊게 고려했다. 또한 보일의 공기펌프를 비롯한 각종 기구를 활용했다.

부르하브는 보일, 뉴튼의 특별한 기법, 이론보다 방법을 응용했다. 그러나 그는 직접적인 실험적 확인의 가능성과 거리가 먼 억측을 피하는 신중함을 보였다. 그의 가장 유명한 화학 연구는 수은의 성분을 다룬 것이다. 그는 수은이 순수한가, 원소적인가를 묻고 순수성을 확인했다. 이 결론에서 금속의 화합물적 성격에 바탕을 둔 슈탈의 플로기스톤(Phlogiston)설에 반대했던 것이다. 비금속의 연소에 대해서는 슈탈과 크게 다르지 않았으나 플로기스톤이란 말은 피했다.

슈탈과 부르하브는 서로 보완적이었다. 슈탈은 낭만주의적 자연철학(Naturphilosophie)의 영향을 받아 철학적, 사변적이었다. 뉴튼에 뿌리를 둔 부르하브는 실질적, 경험적, 정량적이었다. 따라서 플로기스톤설이 극성일 때도 부르하브의 책은 화학의 표준교과서로 인정받았다. 화학의 실질적 지식을 얻는 최선의 방법은 부르하브를 연구하는 것이었다. 슈탈의 이론이 무너졌을 때 관찰에 입각한 부르하브의 연구는 새 체계에 포함될 수 있었다.

18세기 화학혁명은 영국의 기체화학과 대륙의 정량분석 기법의 두 흐름을 라봐지에가 종합한 것이다. 부르하브는 화학연구 이전에 열에 관한 완전한 지식의 필요를 주장했다. 플로기스톤설이 18세기 화학에서 유용했지만 실제 연구에 영향을 준 것은 관찰과 정량적 실험이었다. 이 방법을 시작한 것은 보일과 뉴튼이었고 열매를 맺은 것은 기체화학자들과 라봐지에였다.

화학사에서 부르하브의 중요성은 열과 기체에 관한 연구와 화학연구의 방법에 관한 견해가 보일, 뉴튼과 라봐지에 세대를 연결했다는 것이다. 부르하브는 연구프로그램을 만들었고 18세기 화학이 따라야 할 방향을 제시했다. 현대화학이 라봐지에의 자식이라면 부르하브는 그 할아버지였다.

10

팔방미인 화학자 로모노소프

18세기의 러시아는 유럽을 열심히 배우는 후진국이었다. 러시아에서도 서북부 백해 연안은 타르타르족의 지배를 받은 적이 없었다. 그곳은 남부보다 덜 봉건적이었고 유럽에 더 가까웠다. 미하일 바실례비치 로모노소프(Mikhail Vasilevich Lomonosov, 1711-65)는 홀모고리(Kholmogory) 근처 미샤닌스카야(Mishaninskaya)에서 부유한 농부의 아들로 태어났다.

로모노소프의 아버지는 땅과 배를 갖고 있었고 교회 짓는 데 돈을 댈 만한 중산층이었다. 그는 어려서부터 여름에는 아버지의 무역을 거들었고 겨울에는 배 만드는 일, 소금 만드는 일을 배웠다. 그는 독서를 즐겼는데 주로 종교 책을 읽었다. 14살 때 아버지가 세 번째로 결혼하자 그는 새 계모 밑에서 삶이 재미없게 되었다. 5년 뒤 마침내 그는 집을 떠나기로 마음먹고 모스크바로 물건을 나르는 대상에 끼었다. 그는 모스크바에서 고등교육을 받고 싶었다. 그러나 농부의 아들들은 좋은 학교에 들어갈 수 없어 홀모고리 귀족 출신이라고 거짓말을 했다. 이렇게 해서 입학한 슬라브·그리스·라틴 아카데미는 저학년에서 라틴말을 가르치고 후반에는 신학, 철학을 강의하는 신학교였다.

로모노소프는 다른 학생들보다 나이가 많았다. 더구나 그는 가업을 잇지 않았다고 해서 노한 아버지가 돈을 안 부쳐 주어 무일푼이었다. 그러나 그는 훌륭한 라틴학자로 컸다. 그는 신학을 하게 되어 있었지만 23살 때 귀족이 아니라는 사실이 탄로나 성직자가 될 수 없었다. 그래도 능력을 인정받아 학교는 계속 다니게 했다.

러시아의 차르 표트르(Pyotr I, 1672-1725) 대제는 프랑스 과학아카데미의 회원이 된 다음 자신이 비슷한 기관을 러시아에 만들기로 했다. 그러나 이를 맡을 러시아 과학자가 없었으므로 독일 철학자 라이프니츠(Leibniz)와 볼프(Wolff)의 도움을 얻어 외국회원을 모았다. 1725년 볼프의 지도 아래 훌륭한 학자들이 페체르부르그에 모여 과학아카데미를 열었는데 표트르 대제는 그 전에 죽었다. 아카데미 회원들은 좋은 대우를 받았고 많은 특권을 누렸다. 외국학자들만 있었을 때 회원들은 편안했다. 그러나 러시아 학자들이 들어오면서 늙은 회원들은 위협을 느껴 자구책을 강구했다.

과학아카데미는 처음에 재정지원이 완벽했다. 표트르 2세가 모스크바로 수도를 옮기면서 지원이 중단되었다. 1734년 여제 안네가 수도를 페체르부르그(Peterburg)로 가져오면서 유능한 행정가 코르프(Korf) 남작이 원장에 부임했다. 과학아카데미는 대학으로 기능하게 되었고 회원이 교수를 겸했다. 우수한 학생들이 아카데미 대학에 왔는데 로모노소프는 1736년 입학했다. 과학아카데미는 새로 개척한 시베리아에 자연자원조사단을 파견했다. 거기에 화학자, 금속학자가 없었기 때문에 세 학생을 뽑아 독일에 보내게 되었다.

이렇게 뽑힌 로모노소프는 1736년 독일 마르부르크(Marburg)에 유학해 볼프와 함께 연구했다. 처음에 그는 물리학에 집중했다. 갈릴레오, 보일, 볼프의 전통을 따라 물질의 성질이 입자와 그 운동에 의존한다는 미립자설이 중심이었고 실험이 중요시되었다. 그는 화학도 공부했는데 미립자설은 화학에서 맥을 못 추었다. 그곳에서는 슈탈(Stahl)의 플로기스톤설이 지배하고 있었기 때문이다. 3년 뒤에는 프라이부르크(Freiburg)에 가서 헹켈(Henckel)과 함께 금속학을 연구했으나 두 사람의 사이는 좋지 않았다.

1740년 로모노소프는 독일 여자 칠히(Zilch)와 비밀결혼했고 이듬해 페체르부르그로 돌아갔다. 그는 아카데미에서 교수로 일했는데 당시 아카데미에는 알자스 출신 슈마허(Schumacher)가 총장으로 외국학자들을 우대하는 전제적 운영을 하고 있었다. 로모노소프는 독일당에 대항하는 러시아 토박이들의 대표로서 슈마허의 큰 적이었다. 두 사람은 사사건건 정면대립을 보였다. 두 파의 싸움은 150년 계속되었다.

로모노소프의 화학은 미립자물리적 접근이 특징이다. 원자의 운동에 관한 그의 생각은 베르누이(Bernouilli)의 기체운동론과 비슷했다. 그는 열이 분자 운동 때문이라고 믿었다. 보일이 연소에서 불을 입자로 본 것은 틀렸다고 했다. 플로기스톤은 없으며 물질은 연소할 때 공기의 일부와 결합한다고 주장했다. 이런 생각은 1740-50년에 발전된 것으로 40년 뒤 발표된 라봐지에(Lavoisier)의 이론들을 예측한 것이다. 다만 라봐지에의 접근이 화학적이었다면 로모노소프는 물리적 접근을 했다.

로모노소프는 천재였다. 그는 화학과 물리학뿐 아니라 지질학, 지리학, 광물학, 천문학에도 기여했으며 기술문제에 열중하기도 했다. 그는 모자익 그림을 그렸고 모자익 공업을 일으켰다. 그는 유리공장을 세우고 여러 가지 색유리를 시험해 큰 모자익을 만들었다. 표트르 대제가 스웨덴을 이긴 폴타바 전투를 그린 모자익은 미술적 가치가 높다. 그는 일생 유리공장과 모자익 사업을 했으나 사업으로는 성공하지 못했고 만성 적자로 허덕였다.

로모노소프는 1752년 처음으로 물리화학 강의를 만들어 1년 동안 했는데 실험지침서도 준비했다. 이것은 오스트발트(Ostwald)보다 한 세기 앞선 것이다. 그는 아카데미의 화학실험실을 설계, 건설했다. 그는 러시아의 추운 겨울에 처음으로 수은 얼리는 실험을 했다. 프랭클린(Franklin)의 연 실험을 되풀이하다가 죽을 뻔한 일도 있다.

로모노소프는 러시아말 문법을 연구했다. 그는 러시아 문학어를 다시 만들고 근대 러시아 과학용어를 만들었다. 그가 사후 유명해진 것은 시인으로서의 문학적 업적 때문이다. 외페르(Ferdinand Hoefer)의 《화학사》(1869)에 화학자 로모노소프와 같은 이름의 시인을 혼동하지 말라는 구절이 나오는 것은 아이러니클하다. 그가 1766년에 쓴 《러시아 고대사》는 큰 논쟁에 휘말리기도 했다.

로모노소프는 다방면에 걸친 활동 때문에 과학자로서의 명성에 타격을 입었다. 종합적인 작업을 많이 했는데도 너무 바빠 책을 쓸 시간이 없었기 때문이다. 그가 오일러(Euler)에게 보낸 편지들이 유럽 과학자들에게 영향을 준 것은 사실이다. 그러나 이 영향은 제대로 평가를 받지 못했다.

로모노소프는 페체르부르그에서 죽었다. 그의 과학적 사고의 많은 부분이 아카데미에서의 연설이나 초고에 들어 있으나 출판된 일이 없었다. 멘시트킨(Menshtkin)이 1903년부터 아카이브를 정리해 《로모노소프 전기》(1937)를 펴내자 로모노소프의 천재성이 세계에 알려지게 되었다. 이 책은 1952년 프린스튼대학 출판부에서 영역되어 화학사가 고쳐 쓰이기 시작하는 계기가 되었다.

11

라봐지에와 두 혁명

라봐지에(Antoine Laurent Lavoisier, 1743-94)는 보일 이후 150년 동안 흙탕물 속을 헤매던 화학을 깨끗이 정리하고 화학혁명을 이룩해 낸 천재 화학자이다. 부유한 귀족의 아들로 파리에서 태어난 라봐지에는 파리대학 콜레주 마자랭(Collège Mazarin)에서 법학을 전공했다. 그러나 그는 라 카이으(La Caille)의 천문학 강의와 드 쥐시외(De Jussieu)의 식물학 강의를 들었고 게

타르(Guettard) 밑에서 지질학을, 루엘(Rouelle)에게 화학을 배웠다.

라봐지에는 22살 때 왕립과학아카데미(Académie Royale des Sciences)의 현상논문에 응모해 왕의 특별상을 받았고 25살에 그 회원이 되었다. 같은 해 그는 간접세를 받아내는 징세청부회사(ferme-général)에 들어갔고 대주주가 되었다. 3년 뒤 그는 상사의 딸과 결혼했다. 그때 라봐지에는 28살, 신부 마리는 14살이었다. 그들의 결혼생활은 행복했다. 재색을 겸비한 라봐지에 부인은 남편을 크게 도와주었다.

라봐지에는 51살이라는 짧은 삶을 눈부시게 살고 비명에 갔다. 이렇듯 라봐지에는 다채로운 활동을 눈부시게 했지만 화학에서 한 일만 가지고도 역사상 우뚝한 존재가 되었다. 라봐지에는 1772년 연소에 관한 실험에서 시작했다. 그는 납, 주석, 인, 황, 다이아몬드 등 금속 및 비금속을 공기 존재 아래, 그리고 공기가 차단된 상태에서 가열한 다음 무게를 재 보았다. 그 결과 연소 또는 하소에서의 공기의 몫을 알게 되었다. 그러나 공기 중의 어떤 성분이 연소를 돕는가를 몰랐었다. 그것이 이산화탄소인가 생각해 보았으나 실험해 보았더니 아니었다. 그는 때마침 파리에 온 프리스틀리(Joseph Priestley)로부터 산소에 관해 듣고 이것을 만들어 그가 찾고 있는 것이 바로 산소임을 확인했다. 이제 연소는 물질에서 플로기스톤(Phlogiston)이 빠져나가는 것이 아니라 오히려 산소가 첨가되는 현상임이 명백하게 되었다.

그런데 실제로는 러시아의 로모노소프(M. V. Lomonosov, 1711-65)가 1756년 플로기스톤설을 거부하고 물체가 탈 때 공기의 일부와 화합한다고 주장한 바 있다. 이것은 당시 아무도 거들떠보지 않은 후진국 러시아의 잡지에 발표되어 20세기까지 밖에 알려지지 않았던 것이다. 라봐지에는 또한 라플라스(Pierre Simon Laplace, 1749-1827)와 함께 얼음열량계를 가지고 한 실험에 의해 호흡도 폐 속에서의 느린 연소라는 사실을 밝혔다.

라봐지에는 원소로 알려졌던 공기가 정반대의 성질을 가진 두 가지 탄성유체의 혼합물임을 밝히고 정밀실험으로 호흡 가능한 부분(산소)과 역한 부분(질소)의 비가 27:73이라는 것을 알았다. 그는 물의 조성도 알아냈다. 물도 원소로 알려져 왔으나 산소와 수소가 85:15의 비로 결합된 화합물임이 확인되었다.

1789년에 나온 라봐지에의 《화학요론》(*Traité Élémentaire de Chimie*)은 신비적 요소가 없고 관찰과 실험에 입각한 놀랄 만큼 근대적인 교과서이다. 여기서 그는 원소를 화학적으로 더 나눌 수 없는 물질이라고 정의하고, 원소의 정의는 임시적인 것임을 덧붙였다. 이 책에 실린 원소표에 33개의 원소가 보인다. 그것은 고대로부터 알려진 금속 원소들과 막 발견된 기체 원소들을 포함하고 있는데 빛(lumière)과 열소(claorique)가 들어 있어 주목을 끈다. 그는 빛과 열을 물질로 본 것이다. 특히 열소는 낡은 견해의 잔재로서 라봐지에가 플로기스톤의 화학적 의미를 거부했으나 물리적 의미는 그대로 간직했다고 볼 수 있다.

라봐지에의 주요업적의 하나는 화학명명법의 개혁이었다. 당시 화학자들이 쓴 용어는 낡고 체계가 없었으며 명명법의 난맥상은 화학의 근대화에 큰 장애였다. 라봐지에는 기통 드 모르보(Louis Bernard Guyton de Morveau, 1736-1816), 베르톨레(Clau de Louis Berthollet, 1748-1822), 푸르크롸(A. F. de Fourcroy, 1755-1809)와 함께 개혁 작업에 나서 1787년에 《화학명명법》(*Méthode de nomenlature chimique*)을 펴냈다. 이로써 복잡한 기체 원소의 이름이 정리되어 오늘날과 같이 산소(oxygène), 수소(hydrogène), 질소(azote)로 바뀌었다. 특히 같은 원소의 여러 화합물이 있을 때 같은 어간에 다른 어미(-ique, -eaux)를 붙여 구별했다. 이것은 물질의 이름을 보고 화학조성을 알 수 있게 했다는 점에서 획기적인 것이다.

끝으로 라봐지에는 1785년 '질량보존의 법칙'(la loi de la conservation de la masse)을 발표해 정량적인 화학을 세우는 데 큰 걸음을 내디뎠다. 이 법칙은 이미 근대초 장인들이 알고 있었던 것이지만 이것을 이론적으로 정식화한 공로는 무시할 수 없을 것이다. 이렇게 해서 라봐지에는 한꺼번에 여러 난문제들을 해결하고 화학을 근대화하는 데 성공했다. 라봐지에의 새 화학에는 산소의 몫을 과대평가했다든가 하는 결함이 적지 않다. 그러나 그의 가장 큰 한계는 그가 정확한 화학조성을 해명하는 데 실패했다는 점이다.

라봐지에는 그때까지 원소로 알려졌던 공기와 물이 각각 산소, 질소의 혼합물과 산소, 수소의 화합물이라는 것을 정량적으로 밝혔다. 그는 원소를 화학적으로 나눌 수 없는 물질이라 정의하고 원소는 임시적인 것이라고 했다. 그의 《화학요론》에는 33개의 원소표가 있는데 거기에 빛과 열소(calorique)가 들어 있다는 것은 그가 낡은 잔재를 청산하지 못했음을 보여 준다.

그러나 라봐지에의 새 화학에 대한 반발은 컸다. 어느 날 파리에서 기이한 모의재판이 열렸다. 피고는 플로기스톤, 원고는 산소였다. 법복을 입고 입장한 라봐지에는 플로기스톤 피고에게 사형을 선고했고 여사제로 나온 라봐지에 부인이 화형을 집행했다. 슈탈과 기체화학자들(pneumatic chemists)의 책들이 불태워졌다. 이것은 2세기 전 파라켈수스(Paracelsus)가 갈레노스(Galenos)와 아비케나(Avicenna)의 책을 태움으로써 의화학의 출범을 선언한 것을 흉내 낸 것이다.

기체화학자들 가운데 프리스틀리와 케븐디시(Henry Cavendish)는 끝까지 버텼으나 블랙(Joseph Black)은 첫 개종자였다. 그는 라봐지에에게 플로기스톤을 포기했다고 알리고 에딘버러대학에서 새 화학을 가르쳤다. 이어 커완(Richard Kirwan)도 항복했다. 새 화학은 급속도로 유럽의 젊은 화학자들에게 퍼져갔다. 화학혁명의 위대한 승리였다. 그때 유럽에는 또 다른 혁명이 오고 있었다.

1789년 프랑스대혁명이 얼어나자 라봐지에에게도 어두운 그림자가 드리우기 시작했다. 라봐지에는 과학아카데미의 총장이었는데 회장이 상징적인 귀족이어서 실질적인 회장이었고 왕의 신임이 두터웠다. 말하자면 그는 구체제의 어용학자라고 할 수 있었다. 더욱이 그가 경영한 징세회사는 인민의 피를 빨아먹었다는 비난을 받고 있었다.

1791년부터 형편은 라봐지에에게 불리하게 돌아갔다. 혁명지도자 마라(Jean-Paul Marat)가 라봐지에와 아카데미를 인민의 적이라고 격렬히 공격했다. 그는 라봐지에에게 오랜 사감을 갖고 있던 터였다. 그해에 징세회사가 해체되었다. 루이 16세(Louis XVI)는 도망치다가 잡혔고 의회는 해산되었다. 자코뱅(Jacobin) 파는 왕의 폐위를 주장했다. 마침내 왕은 재판에 회부되었고 기요틴형 선고를 받았다. 라봐지에는 수입이 줄어들고 점점 곤란한 상황이 되어 갔으나 과학아카데미 활동을 계속했다.

1979년 왕이 처형되었다. 프랑스는 왕을 지지한 영국과 전쟁상태에 들어갔다. 지롱드(Gironde) 파의 정부는 무력해졌고 자코뱅이 득세했다. 폭도들이 몰려가자 의회는 항복했고 자코뱅 독재가 시작되었다. 로베스피에르(Maximilien Robespierre)가 대표하는 공공안전위원회가 전권을 휘둘렀다. 가격이 동결되고 배급제가 실시되었다. 8월 8일 과학아카데미가 해체되었다. 라봐지에는 라카날과 함께 의회에 호소해 아카데미를 살리려 애썼으나 실패했다. 아카데미는 미터법 제정을 추진해 왔고 그 점에서 중요성이 강조되었다. 그것은 라봐지에 자신이 혁명 전 헌신적으로 일했던 사업이었다. 징세회사가 해체된 뒤 그것이 정부에 진 빚에 대한 논의가 분분했다. 9월 초 라봐지에의 집이 수색 당했으나 아무 혐의도 잡히지 않았다. 라봐지에는 여전히 도량형위원회에서 활동했고 예술학교에서 강의했다. 헌병이 잡으러 왔을 때 그는 회의에 참석하고 있었다. 소식을 듣고 루브르(Louvre)로 가니 뤼카스(Lucas)가 숨겨 주었다. 그는 의회의 여러 위원회에 구명을 청하는 편지를 보냈다. 장인이 붙잡힌 지 나흘 만에 라봐지에는 경찰에 자수했다.

1793년 가을에는 정치재판이 연달아 진행되었다. 왕비가 처형되었고 지롱드파 간부들, 초대 파리 혁명시장 바이이도 모두 같은 운명이었다. 로베스피에르는 경제정책에 실패했고 무산계급의 신임을 못 얻었으니 공포정치밖에 할 게 없었다. 혁명동지들은 하나씩 단두대에 보내졌다. 예비조사, 증인, 변호사 같은 것은 없었다. 사형 아니면 기각이 있을 뿐이었다. 11월에 체포된 라봐지에는 포르 리브르 감옥에 갇혔다. 도량형위원회에서 연구를 계속하게 해 달라는 탄원은 받아들여지지 않았다. 라그랑주

(Lagrange) 등 주위 사람들의 호소도 소용없었다. 징세회사의 부정을 폭로하는 보고서가 발표되었다.

이듬해 5월 4일 의회는 라봐지에를 혁명재판에 회부하라는 결정을 내렸다. 그날 밤 라봐지에는 부인에게 고별 편지를 썼다. 5월 8일 재판이 열렸다. 로베스피에르 광신자 코피날(Coffinhal) 재판장은 사형과 전 재산 몰수를 선고했다. 미터법 연구의 완성을 위해 처형을 연기해 달라는 탄원에 코피날은 짤막하게 답했다. "공화국에는 학자가 필요 없다. 정의가 제 갈 길을 가게 하라.(La République n'a pas besoin de savants ni de chimistes; le cours de la justice ne peut être suspendu.)

형은 그날로 집행되었다. 혁명광장(지금의 콩코르드〔Concorde〕광장)에 붉은 칠을 한 기요틴이 설치되었다. 라그랑주, 쿨롱(Coulomb), 들랑브르(Delambre) 등이 지켜보았다. 장인이 먼저 처형되고 라봐지에의 목이 떨어지자 라그랑주는 시계를 보고 중얼거렸다. "그의 머리를 베는 것은 순간이었지만 또 한 사람을 기르는 데는 백 년이 넘게 더 걸릴 것이다." (Il ne leur a fallu qu'un moment pour faire tomber cette tête, et cent années peut-être ne suffiront pas pour en reproduire une semblable.) 이렇게 해서 라봐지에의 빛나는 생애는 51살에 끝났다. 그로부터 6주 뒤 자코뱅 정권은 무너졌다. 7월 4일 로베스피에르가 기요틴 형을 받았고 코피날도 같은 운명이었다.

1796년 라봐지에가 가르쳤던 예술학교에서 이 세기의 화학자의 추도식이 열렸다. 1892년 마들렌성당 뒤에 라봐지에의 동상이 섰다. 덴마크계 미국 화학자 힌릭스(Gustavus Detlef Hinrichs, 1836-1923)가 모금을 주도했는데 돈을 가장 많이 내놓은 것은 러시아의 차르였다. 제2차 세계대전 중

독일이 파리를 점령했을 때 놋쇠 부분을 가져가 지금은 화강암 대좌만 남아 있다.

프랑스 과학아카데미는 뉴튼 과학을 대표했고 라봐지에는 뉴튼 물리학을 화학에 성공적으로 적용했다고 할 수 있다. 프랑스혁명의 과격파에게 무미건조하고 학문적, 귀족적인 뉴튼과학은 맞지 않았다. 계몽에서 감성으로 넘어간 자코뱅파는 과학아카데미를 탄압한 대신 왕립식물원을 자연사박물관으로 확대, 강화했다. 그러나 뉴튼에 대한 반감이 과학 자체에 반영된 것은 아니라고 한다. 라봐지에의 희생은 정치적인 것이었지 과학에 대한 적의 때문은 아니라는 것이다. 1994년은 라봐지에 200주기였다. 라봐지에와 혁명의 관계를 다시 생각해 볼 기회였다.

12

돌튼의 화학적 원자론

원자론의 뿌리는 그리스 자연철학으로 거슬러 올라간다. B.C. 5세기에 레우키포스(Leukippos)와 데모크리토스(Demokritos)는 우주의 근본실재가 원자라 불리는 알갱이라는 원자론을 제창했다. 원자론은 물질뿐 아니라 감각, 영혼, 신까지 원자로 이루어졌다고 함으로써 포괄적인 우주상을 보여 주었다.

원자론에서 우리는 철저한 기계론, 유물론을 보게 된다. 거기에는 신이 발붙일 곳이 없었다. 원자론의 무신론적인 성격은 뒷날 두고두고 불리하게 작용했다. 고대과학의 세 줄기에서 플라톤과 아리스토텔레스가 주류였다면 원자론은 오랫동안 거의 잊혀질 수밖에 없었다.

원자론은 과학혁명 때 다시 나타났다. 가상디(Pierre Gassendi, 1592-1655)는 무신론적인 원자론에 그리스도교라는 옷을 입혔다. 17세기에 유럽을 휩쓴 기계적 철학에는 원자론이 그 밑에 깔려 있었다. 화학에서는 보일이 기계적 철학을 처음 도입했고 라봐지에도 그 연장선상에 있었지만 화학적 원자론을 확립한 것은 돌튼(John Dalton, 1766-1844)이었다.

돌튼은 영국 캄벌런드(Cumberland) 이글스필드(Eaglesfield)의 퀘이커 집안에 태어났다. 그는 사립학교에서 로빈슨(Elihu Robinson)에게 수학과 기상학을 배웠다. 그는 켄돌(Kendall)의 학교에서 가르치다가 만체스터(Manchester)의 뉴 콜리지(New College) 교수가 되었고 그만둔 뒤에는 가정교사를 하면서 연구에 몰두했다. 돌튼은 뉴튼의 영향을 받아 일정성분비의 법칙을 의미 있게 한 정량적 원자론을 발전시켰다.

돌튼에 앞서 히긴즈(William Higgins, 1766-1844)가 1789년 원자결합의 개념과 배수비례의 법칙을 담은 책을 출판했으나 화학계의 주목을 끌지 못했다. 돌튼은 히긴즈의 작업을 알지 못하고 연구를 진행했다. 그는 기체의 물리적 성질에 관한 사색을 바탕으로 원자론에 도달했고 그것을 확인하기 위해 배수비례에 관한 실험을 했다. 오랫동안 믿어진 대로 그 반대는 아니었다.

돌튼은 1802년 만테스터철학회에서 "대기를 구성하는 몇 가지 기체 또는 탄성유체의 비에 관한 실험적 연구"라는 논문을 발표했다. 그 논문에는 좁은 관과 넓은 단지에서 물 위에 산화질소와 공기를 섞는 실험에 관한 서술이 있다. 관에서는 100의 공기가 산화질소 36과 혼합해 질소 80을 남겼고 단지에서는 공기 100이 산화질소 72와 섞여 질소 80을 남겼다. 따라서 돌튼은 산소는 산화질소 기체의 일정량 또는 그 곱절과 결합하며 그 중간의 양은 아니라고 결론을 내렸다.

돌튼은 기상학을 공부했으므로 대기의 조성에 관심이 많았다. 그는 기체의 성질을 설명할 때 처음에는 서로 다른 물질들의 원자가 같은 크기라고 가정했다. 그러나 이것으로 기체의 행동을 설명할 수 없게 되자 원자의 크기가 다르다고 고쳤다. 그는 당시의 정량적 사고방식에 따라 크기, 정확히 말해 무게의 차이를 수치로 나타내려 했다. 그러기 위해서는 화학결합의 본질에 관한 가정을 하지 않을 수 없었다.

돌튼의 생각은 화학적 성질보다는 물리적 성질을 바탕으로 하고 있었기 때문에 화학결합을 최대한 간단하게 만들었다. 이렇게 해서 '단순성의 규칙'(rules of simplicity)이 나왔다. 다르게 생각할 이유가 없는 한 2성분화합물(binary compound)은 두 성분의 원자 하나씩을 포함한다는 것이다. 곧 물은 수소와 산소 하나씩(HO), 암모니아는 질소와 수소가 하나씩(NH)이다. 이 가정이 맞는다면 화학분석의 결과는 바로 원자의 상대적 무게를 결정하는 방법을 줄 것이다. 물의 분석에서 산소가 85⅔ 부분, 수소가 14⅓이므로 수소의 무게를 1이라 하면 산소의 상대적 무게는 6이다. 암모니아의 분석에서 질소가 80, 질소가 20이므로 질소의 상대적 무게는 4가 된다.

1803년 돌튼은 만체스터철학회에서 "물에 의한 기체의 흡수에 관하여"라는 논문을 읽었다. 여기서 그는 처음으로 원자량표를 제시했다. 그는 액체가 흡수하는 기체의 양은 압력에 비례한다는 헨리(William Henry)의 발견을 언급한 다음 자신의 분압의 법칙(law of partial pressures)에 따라 그것을 기체 혼합물에 적용하는 일반화를 했다. 원자량표는 1803년 노트북에 기호와 함께 나오나 1805년 논문 부록으로 출판되었다. 그는 표를 구한 방법은 말하지 않았고 원자량의 값은 뒤에 달라졌다.

스코틀런드 출신 톰슨(Thomas Thomson)은 화학의 대중화에 적극적인 사람이었다. 그는 1804년 돌튼을 만체스터로 찾아가 원자론에 대해 배우고 깊은 인상을 받아 열렬한 지지자가 되었다. 그는 1807년에 나온 《화학의 체계》(*System of Chemistry*)에 원자론을 소개해 널리 알리는 데 크게 기여했으나 히긴즈를 무시했다는 비난을 받았다. 돌튼은 《화학철학의 새 체계》(*A New System of Chemical Philosophy*, 1808)에서 원자론을 상세하게 발전시키고 그 응용에 언급했다.

돌튼은 아직도 대다수의 화학물이 2성분이라고 믿었다. 그러나 어떤 원소는 하나 이상의 화합물이 있음을 알았다. 그래서 간단한 3성분(ternary) 화합물을 가정했다. 한 원소의 한 원자가 다른 원소의 두 원자와 결합한 것이다. 이렇게 화학조성의 차이가 설명되기는 했지만 베르톨레(Berthollet)의 연속적 차이는 아니었다. 돌튼의 경우에는 불연속의 낡은 철학적 개념이 정량적·이론적 기초를 받았으며 배수비례의 법칙이 나왔다. 이 법칙은 돌튼의 설의 당연한 결과이므로 특별히 원리라고 하지도 않았다. 그의 원자론의 명백한 일부로 썼을 뿐이다.

돌튼의 원자론은 자의적 가정 때문에 틀린 것이 많지만 화학자들에게 많은 새로운 개념을 주었다. 곧 그것은 원자에 대한 낡은 모호한 생각에 정확한 정량적 기초를 제공했다. 또한 원소의 개념이 전에 없던 특이성을 띠게 했다. 원자론은 화합물에서 원소의 비의 불연속성을 설명했다. 뿐만 아니라 원자론은 화합물에서 원자의 배열이 화합물의 실제 구조를 나타내도록 도식적으로 표시될 수 있음을 암시했다.

19세기의 많은 화학적 발전은 이 개념들을 확장한 것이다. 원자론은 원자량을 결정하는 단일의 기준을 보여 주지 못했다. 곧 화합물에 따라 원자의 상대적 무게는 달랐다. 현대적 의미의 원자와 분자의 구별도 없었다. 어쨌든 1808년 톰슨(Thomson)과 월래스튼(W. H. Wollaston)은 옥살산이 수산화칼륨, 수산화스트른튬과 결합해 두 가지 염을 만드는 것을 보여 주어 배수비례의 법칙을 확인했다.

13

뵐러, 리비히, 케쿨레 - 유기화학의 탄생

인류가 불을 사용한 이래 물질을 타는 것과 안 타는 것으로 나누는 분류법이 생겼다. 나무와 기름 같은 주요연료는 식물 또는 동물의 산물이다. 물, 모래 등 광물성 물질은 대부분 타지 않는다. 따라서 석탄, 황 같은 예외가 있기는 하지만 타는 물질은 생물에서 온 것이고 타지 않는 물질은 무기물이라는 구분이 통용되었다.

18세기에 이르러 타느냐로 유기물, 무기물을 가리기는 어렵다는 것을 알게 되었다. 그 대신 거칠게 다루었을 때 무기물은 견딜 수 있는데 유기물은 견딜 수 없으며 이 차이는 근본적임이 판명되었다. 가열하면 물, 쇠, 소금은 증발하거나 녹을 뿐, 본질은 그대로지만 기름이나 설탕은 타버리는 것이다.

스웨덴의 화학자 베르첼리우스(Jöns Jakob Berzelius, 1779-1848)는 1807년 유기물은 생물의 산물이고 무기물은 생물 아닌 환경에서 나온 것으로 구별하자고 제안했다. 유기물을 무기물로 바꾸려면 가열 같은 거친 처리로 간단히 된다. 그러나 무기물을 유기물로 만드는 것은 불가능하다고 믿었다. 그것은 생명이 무기물에 적용되는 법칙에 따르지 않는 특별한 현상이라는 생각에서 온 것이었다. 생기론에 따르면 생물은 활력(vital force)을 갖고 있는 데서 무기물과 구별된다. 그러므로 무기물은 아무데나 있지만 유기물은 생물에서만 나온다.

이 절대적인 구분을 깨뜨린 것이 뵐러(Friedrich Wöhler, 1800-82)이다. 뵐러는 부인과를 전공한 의사로서 괴팅엔대 화학교수였다. 그는 그멜린(Leopold Gmelin)의 추천으로 스톡홀름에 가서 베르첼리우스에게 1년 동안 광물분석 훈련을 철저히 받았다. 1828년 뵐러는 시안산암모늄을 가열했을 때 바늘 모양의 흰 결정을 얻었다. 요소(urea)였다. 그것은 도저히 믿어지지 않는 일이었다. 요소는 동물

뵐러

체내에서만 만들어지는 유기물이었기 때문이다. 그는 반복실험 끝에 의심할 여지가 없음을 확인하고 사람이나 개의 신장 없이도 요소를 만들 수 있다는 놀라운 사실을 베르첼리우스에게 보고했다.

완고한 베르첼리우스도 요소 합성을 인정하지 않을 도리가 없었다. 그는 유기물, 무기물의 경계는 그렇게 철저하지 않다고 후퇴했다. 그러나 이 발견을 과대평가해서는 안 된다. 시안산암모늄이 무기물이 아니라는 주장이 있었고 변화는 분자 안의 원자의 치환에 지나지 않았기 때문이다. 완전히 다른 물질에서 새 물질이 만들어진 것은 아니었다. 하지만 잇달아 많은 유기물이 합성되자 시비는 더 이상 있을 수 없었다. 이렇게 해서 유기물, 무기물의 금단의 경계는 깨지고 관례적인 구별로 되었다.

뵐러의 요소 합성이 생기론의 몰락을 가져왔다고 주장하는 사람들이 있다. 이것은 과장된 해석이다. 무기물에서 유기물이 나왔다고 해서 생물에 활력이 없다는 결정적인 반증은 되지 못한다. 그러나 그것은 생기론에 어느 정도 타격을 가하기는 했다고 볼 수 있다.

유기물합성의 길은 이렇게 열렸다. 무궁무진한 유기화학의 세계는 어디까지 갈 것인지 짐작도 할 수 없었다. 1835년 뵐러는 베르첼리우스에게 보낸 편지에서 이렇게 썼다. "유기화학이 바야흐로 우리를 미치게 합니다. 그것은 마치 경이로운 물건들로 가득한 원시열대림, 도망갈 곳도 없고 들어가기는 두려운 거대하고 끝없는 수풀 같은 인상을 줍니다."

독일에서 뵐러와 함께 유기화학 건설의 주역을 맡은 사람이 리비히(Justus von Liebig, 1803-73)였다. 리비히는 본과 에얼랑엔에서 화학을 공부한 다음 파리에 2년 동안 유학했다. 그는 에콜 폴리테크니크(Ecole Polytechnique)

리비히

에서 당시 베르첼리우스와 함께 유럽 화학계의 쌍벽을 이루고 있던 게이-뤼삭(Joseph Louis Gay-Lussac)에게도 배웠다. 파리에서 그는 독일 과학계의 거물 훔볼트(Alexander von Humbold, 1769-1859)의 도움을 받았다.

리비히는 기센(Giessen)대학의 화학교수에 취임했다. 그는 약학연구소를 세우려다 뜻을 이루지 못했으나 철거된 군대 막사에 실험실을 짓고 일을 시작했다. 한가운데 화로가 있고 통풍도 안 되는 방이었다. 그는 자기 돈을 들여 실험 장치를 사들였고 조수의 월급도 얼마 안 되는 자신의 봉급에서 떼어주었다. 리비히는 훈련계획을 잘 짜서 학생들을 지도했다. 그는 분석에 비상한 재능을 보였을 뿐 아니라 교수로서 자석의 힘과 같은 매력을 지녔다.

그는 모든 화학자들이 본받아야 할 모범이었다. 이렇게 리비히의 기센대학 실험실에서 유기화학은 태어났다. 온 유럽에서 새 과학을 배우러 젊은이들이 기센으로 몰려왔다. "화학은 프랑스과학"이라고 큰소리쳐 왔던 뷔르츠(Charles Adolphe Wurtz, 1817-84)도 별 수 없이 리비히의 제자가 되었다. 2대 제자들부터 받기 시작한 노벨 화학상 수상자는 반세기 동안 반 이상이 '리비히 가족'(Liebig Familie)에서 나왔다.

후진 독일의 공업과 농업은 유기화학을 활용할 만한 수준이 되지 못했기 때문에 리비히는 영국이 그 일을 맡아 주기를 바랐다. 그는 영국에 초청 받아 큰 환영을 받았다. 그는 필(Piel) 수상에게 왕립화학대학을 세울 것을 권했다. 드디어 1845년 빅토리아 여왕의 독일인 부군 콘소트공(Prince Consort)을 학장으로 왕립화학대학(Royal College of Chemistry)이 발족했다. 리비히는 제자 호프만(August von Hofmann, 1818-92)을 교수로 파견했다.

호프만은 리비히의 실험실교육의 전통을 이어받아 영국의 유기화학을 정착시키고 공업에 응용하는 데 공헌했다. 그는 런던에서 20년 봉사한 뒤 1866년 귀국해 영국화학회를 본 따 독일화학회를 만드는 데 큰 몫을 했다. 호프만에게는 퍼킨(William Perkin)이라는 제자가 있었는데 그가 19살 되던 1856년 퀴닌을 합성하려다 우연히 아닐린 퍼플이라는 자주빛 용액을 만들었다. 그 무렵 프랑스 왕후 외제니(Eugenie)가 자주 비치 드레스를 입었고 그 색이 영국 귀부인들 사이에 크게 유행했다. 프랑스 사람들이 그 색을 모브(mauve)라 불렀는데 퍼킨은 이 인공염료를 모브라 명명했다.

그때 영국은 동양에서 비싼 천연염료를 수입하는 데 막대한 외화를 썼다. 따라서 염료는 특권층만이 쓸 수 있는 것이었는데 값싼 인공염료를 합성한 것은 혁명적인 사건이었다. 퍼킨은 아버지와 형의 도움을 받아 석탄 타르에서 염료를 만드는 공장을 건설했다. 영국은 곧 염료를 생산해 수출하는 나라로 떠올랐다. 호프만은 귀국 후 독일의 염료공업 건설을 도왔다. 영국에 취직해 있던 그의 제자들이 돌아와 작은 공장을 세우고 영국 제품을 크게 개량했다. 마침내 독일은 화학공업에서 영국을 넘어섰다. 독일이 제1차 세계대전까지 열강의 대열에 끼게 된 것은 화학공업의 덕이었다. 그리고 독일의 성공은 영국, 미국, 러시아의 화학공업의 발전을 자극했다.

리비히에게는 호프만 말고도 케쿨레(August Kekulé, 1829-96)라는 중요한 제자가 있었다. 호프만이 법학 출신이라면 케쿨레는 건축을 버리고 유기화학자가 된 사람이다. 케쿨레는 원자가 문제를 공격해 유기화합물의 구

케쿨레

조식을 창안했다. 그런데 구조식을 만들게 된 경위가 기막히다. 케쿨레는 외국생활을 많이 했다. 그가 런던에 살 때 친구 집에 갔다가 막 차를 타고 집으로 돌아가는 길이었다. 깜빡 잠이 들었는데 꿈을 꾸었다. 원자들이 춤을 추고 있었다. 큰 것과 작은 것이 짝을 이루어 사슬 모양으로 빙빙 돌았다. 그는 "클래펌 로드!"라고 차장이 소리 지르는 데 잠이 깨서 내렸다. 그날 밤 꿈에 본 원자의 모습을 종이에 스케치한 것이 사슬모양 화합물의 구조식이다.

이번에는 케쿨레가 벨기에의 헨트(Ghent)에 있을 때였다. 불 옆에서 화학 교과서를 쓰다가 또 꿈을 꾸었다. 원자들이 춤을 추는데 뱀처럼 비비 꼬는 것이었다. 뱀 한 마리가 제 꼬리를 물고 있는 것이 눈앞에 지나갔다. 그는 소스라쳐 놀라 깨었다. 여기서 오래 고심했던 벤젠의 구조식이 나왔다. 이 희한한 얘기는 1890년 독일화학회가 벤젠의 화학구조 이론 출판 25주년을 기념하는 자리에서 케쿨레가 실토한 것이다. 그는 일화를 공개하면서 이렇게 말했다. "여러분 꿈을 꾸도록 합시다. 그러면 아마도 진리를 발견할 것입니다." (Lernen wir träumen, meine Herren, dann finden wir vielleicht die Wahrheit.)

리비히가 건설한 유기화학은 케쿨레의 구조이론으로 탄탄한 기초 위에 서게 되었다. 케쿨레는 이렇게 유기화학 이론을 연구하면서 공장 설계도 아울러 했다. 그 성과가 곧 바로 공업화될 수 있다는 점에서 유기화학은 과학과 기술이 가장 잘 협조할 수 있는 분야였고 케쿨레는 오늘날의 '과학자 겸 기술자'의 선구자였다.

14

멘델레프의 주기율표

오늘날과 비슷한 뜻의 원소란 개념이 확립된 것은 18세기 후반이지만 그때는 이미 적지 않은 수의 원소들이 알려져 있었다. 금(Au), 구리(Cu), 철(Fe) 등 9개의 원소가 고대부터 내려왔고 중세 연금술사들이 연구한 4개의 원소가 있다. 산소(O), 수소(H), 질소(N) 같은 기체 원소들은 대부분 18세기에 발견되었다. 코발트(Co), 니켈(Ni), 텅스텐(W) 따위가 확인된 것도 이 무렵이다.

19세기의 첫 10년 동안에 14개의 새 원소가 추가되었다. 데이비(H. Davy)는 전기분해에 의해 6개의 원소를 분리해 냈고 베르첼리우스(J. J. Berzelius)는 4개를 더 발견했다. 1830년까지는 55개의 원소가 공인되었다. 화학자들은 불안해지기 시작했다. 원소의 종류는 너무 많았고 성질이 모두 달라 질서가 없는 것 같았기 때문이다. 원소는 왜 그렇게 많은가? 얼마나 더 발견될까? 무진장인가? 의문이 꼬리를 물었다.

차츰 여러 원소들 사이에 어떤 관계가 있는 것은 분명한 듯했으나 일반화의 가능성은 얼른 보이지 않았다. 그러나 경험적 사실들이 축적된 결과, 체계화의 길이 열렸다. 많은 원소들 가운데 비슷한 반응을 보이는 할로겐, 알칼리금속, 백금속 등이 나타났다.

처음으로 희미한 질서를 찾아낸 것은 되버라이너(J. W. Döbereiner, 1780-1849)였다. 1829년 그는 브로민(Br)이 염소(Cl)와 아이오딘(I)의 꼭 중간쯤 되는 성질을 갖고 있음을 발견했다. 빛깔과 반응성뿐만 아니라, 원자량도 중간이었다. 칼슘(Ca), 스트론튬(Sr), 바륨(Ba), 황(S), 셀레늄(Se), 텔루륨(Te), 철, 코발트, 망가니즈(Mn)에서 가운데 원소의 원자량은 다른 둘의 평균값과 비슷했다. 이게 우연일 수 있을까?

이런 예는 더 나오지 않았다. 원소의 4/5가 여기에 해당하지 않는다는 사실에 비추어 화학자들은 되버라이너의 발견을 우연의 일치로 보았다. 당시 원자량은 별로 중요하게 여겨지지 않았다. 그것은 화학 계산을 하는 데 편리했는데, 사람에 따라서는 원자량, 분자량을 구별하지 않아 문제가 일어났다.

유기화학자 케쿨레(F. A. Kekulé)는 구조식을 만든 직후 화학자들이 화학식에 합의를 보지 못한다면 자기의 업적이 쓸모없는 것이 됨을 깨달았다. 그의 제안으로 이 문제를 토론할 최초의 화학 국제회의가 1860년 카를스루에(Karlsruhe)에서 열렸다. 140명이 모인 이 회의에서 카니차로(Stanislao Cannizzaro)는 아보가드로(Amedeo Avogadro)의 가설이 기체 원소의 원자량과 분자량을 구분하는 데 쓰일 수 있다고 보고 그것을 받아들일 것을 역설했다. 그의 주장은 지지를 얻었고 그때부터 원자량의 중요성이 인정되기 시작했다. 이제 원소를 배열할 수 있는 합리적인 질서가 생긴 것이다.

그 뒤 원자량을 체계화의 기초로 쓰려는 시도가 몇 번 있었다. 지질학자 샹쿠르투아(A. E. B. de Chancourtois, 1820-86)는 1862년 원소들을 원자량이 늘어가는 순서로 원통 주위에 나선형으로 배열했다. 그의 논문은 아무의 주목도 끌지 못했다. 1864년에 뉼런즈(J. A. R. Newlands, 1837-98)는 원자량에 따라 원소들을 세로 7개씩 배열한 결과 비슷한 것들이 가로줄에 나타났다. 칼륨(K)은 나트륨(Na) 다음에, 셀레늄은 황과 같은 줄에, 칼슘과 마그네슘(Mg)은 옆으로 나란히 있었다. 음악에 조예가 깊은 그는 이것을 '옥타브의 법칙'이라 불렀다. 음악에서 한 옥타브에는 7개의 음부가 있고 8번째 음부에서 새 옥타브가 시작된다. 그러나 어떤 줄의 원소들은 서로 퍽 달랐다. 결국 그의 배열은 비웃음을 샀고 유사성은 우연의 일치로 돌려졌다.

얼마 안 가 주기율은 독일의 마이어(J. L. Meyer, 1830-95)와 러시아의 멘델레프(Dmitri Ivanovich Mendeléev, 1834-1907)에 의해 발표되었고 그것은 성공적이었다. 이른바 동시발견이었다. 과학사에는 이런 일이 가끔 있다. 뉴튼과 라이프니츠의 미적분법 발명, 다윈과 월러스의 자연선택설 발견이 그 대표적인 보기다. 마이어와 멘델레프는 분젠(R. W. Bunsen)과 키르히호프(G. R. Kirchhoff) 밑에서 공부했고, 똑같이 교과서를 준비하다가 주기율을 발전시켰다. 마이어는 1868년에 마지막 도표를 완성했으나 멘델레프가 논문을 발표한 이듬해인 1870년에 발표했다. 두 사람은 서로의 논문을 보고 자기의 표를 조금 수정했을지도 모른다. 둘은 서로의 발견을 인정했고 자기가 먼저 했다고 우기지 않았다.

마이어는 여러 원소들의 일정한 무게가 차지하는 부피를 고려했다. 이때 각 무게는 그 원소의 같은 수의 원자들을 포함한다. 여러 원소들의 부피의 비는 그것들의 한 원자는 부피의 비와 같다는 얘기가 된다. 따라서 '원자 부피'를 말할 수 있다. 원소들의 원자 부피와 원자량을 가지고 그라프를 그렸을 때 일련의 파(wave)가 생겼는데, 알칼리금속(나트륨, 칼륨,

루비듐[Rb], 세슘 [Cs])에서 뾰족한 결정을 이루었다. 정상으로 오르고 떨어짐이 원소표에서의 주기에 해당했다. 각 주기에서 많은 물리적 성질이 오르고 떨어졌다. 원소표에서 첫 번째인 수소는 특별한 경우로서 그것만으로 제1주기를 이룬다고 할 수 있다. 두 번째 및 세 번째 주기는 각각 7개의 원소를 포함하고 뉼런즈의 '옥타브의 법칙'과 중복된다. 그러나 그 다음 두 파는 7개 이상의 원소를 포함하며, 이것은 옥타브의 법칙이 이 원소표 전부에 적용되지 않음을 보여 준다.

시베리아의 토볼스크(Tobolsk)에서 태어난 멘델레프는 페체르부르그사범대학을 거쳐 독일에 유학한 동안 카를스루에학회(Karlsruhe Conference)에 참석했다. 그는 원자량에 관한 카니차로의 견해를 듣고 영향을 받아 귀국 후 주기율표를 구상하게 되었다.

멘델레프는 원자가의 방향에서 문제를 공격했다. 그는 목록에서 앞의 원소들은 원자가가 점차 변하는 사실에 주목했다. 수소(H)1, 리튬(Li)1, 베릴륨(Be)2, 붕소(B)3, 탄소(C)4, 질소(N)3, 황(S)2, 플루오린(F)1, 나트륨(Na)1, 마그네슘(Mg)2, 알루미늄(Al)3, 규소(Si)4, 인(P)3, 산소(O)2, 염소(Cl)1 등, 원자가는 오르락내리락하면서 주기를 만들었다. 수소로만 된 첫째 주기, 각각 7원소로 된 두 주기, 그 다음은 7개 이상의 원소로 된 주기들이었다.

멘델레프는 1869년까지 분리된 63개 원소의 이름과 성질을 카드에 적어 벽에 핀으로 꽂고 비슷한 것들을 조사하고 한데 모으는 작업을 했다. 그는 그라프뿐만 아니라 표도 만들었다. 그러나 그는 내내 같은 주기를 주장한 뉼런즈의 과오를 피했다. 마이어가 물리적 성질에 관심을 둔 데 견주어 멘델레프는 화학적 성질에 주목했다.

멘델레프가 훌륭한 것은 주기율표를 극적으로 이용한 데 있으며 그는 마이어보다 대담했다. 만일 어떤 원소의 원자량이 그것을 잘못된 족에 놓이게 하면 그 값은 부정확한 것이라고 그는 주장했다. 특정 기둥에 있는 원소들은 모두 원자가가 같아야 된다는 요구에 맞추기 위해 그는 높은 원자량의 원소를 낮은 것보다 앞에 놓기도 했다. 그래서 원자량 127.6, 원자가 2인 텔루륨은 원자량 126.9, 원자가 1인 아이오딘 앞에 왔다. 멘델레프가 옳았음은 곧 밝혀졌다.

자신만만한 멘델레프는 표에서 빈 칸을 남겨놓고 그것들을 채울 원소들의 물리적·화학적 성질을 예측하기도 했다. 1871년 그는 주기율표에서 붕소, 알루미늄, 규소 다음의 빈 칸을 집어내 거기에 들어갈 아직 발견되지 않은 원소들을 에카붕소, 에카알루미늄, 에카규소로 명명했다. '에카'(eka)란 산스크리트말로 하나를 뜻한다. 그는 또한 이 원소들의 원자량, 원자가, 화합물의 유형 등을 점쳤다.

화학자들은 멘델레프의 대담한 억측에 대해 회의적이었다. 그것이 극적으로 증명되지 않았던들 멘델레프는 빛을 못 보았을 것이다. 그리고 이 증명에는 분광기(spectroscope)가 큰 몫을 했다. 분광기는 분젠과 키르히호프에 의해 발전되었고 원소를 분석하는 데 이용되었다. 알칼리금속 세슘과 루비듐은 분광기술의 도움으로 발견된 것이다. 1875년 봐보드랑(P. E. de Boisbaudran)은 분광기를 써서 아연광에서 새 원소를 발견했고 갈륨(Ga)이라 이름 지었다. 멘델레프는 이 소식을 듣고 즉각 그것이 에카알루미늄이라고 했다. 연구 결과, 그가 예언한 에카알루미늄의 성질은 갈륨과 하나하나 맞아 떨어졌다. 1879년 닐슨(L. F. Nilson)이 스칸듐(Sc)을 발견했고 1885년에는 빙클러(C. A. Winkler)가 저마늄(Ge)을 분리했다. 이것들은 각각 에카붕소와 에카규소라는 것이 판명되었다. 멘델레프가 예언한 지 15년도 안 되어 세 개의 빈 칸이 채워진 것이다. 이 결정적 증명 이후 아무도 주기율을 의심할 수 없었다.

멘델레프의 주기율표는 안전한 것이 못 되었다. 처음에는 모든 족이 논리적으로 배열되었기 때문에 새 원소가 들어갈 자리는 없는 것 같았다. 따라서 새 원소들이 발견되었을 때 놀라움은 컸다. 14개나 되는 희토류 원소들의 처리가 어려웠다. 이 문제는 1920년대에야 해결되었다. 더욱 곤란했던 것은 전혀 뜻하지 않았던 불활성원소의 출현이었다. 1894년 램지(William Ramsay)는 화학적으로 불활성인 알코올(A)을 발견했다. 알코올은 원자량이 40이 채 못 되었고, 따라서 주기율표에서 황(원자량 32), 염소(35.5), 칼륨(39), 칼슘(40) 근처에 있어야 했다. 원자량 순서대로 하면 그것은 칼륨과 칼슘 사이에 와야 하지만 원자가를 더 중요시한 멘델레프로서는 0이라 할 수 있는 이 원소를 처리할 길이 난감했다. 황, 염소, 칼륨, 칼슘의 원자가는 각각 2, 1, 1, 2이므로 0은 1과 1 사이에 끼어 2, 1, 0, 1, 2가 될 수 있었다. 그래서 아르곤은 염소와 칼륨 사이에 넣어졌다. 그러나 주기율표에서 알코올은 홀로 있을 수 없는 것이었다. 램지는 나머지 불활성원소들을 찾기 시작했다.

램지는 우라늄광에서 기체를 얻었는데, 그것은 1868년 일식 때 태양 스펙트럼에서 천문학자 장상(P. J. C. Janssen)이 관찰한 것과 같았다. 로키어(J. N. Lockyer)가 명명했던 것을 받아들여 이제 지구상에서 발견된 이 원소는 헬륨(He)이었다. 램지는 이 두 원소가 0의 원자가를 갖는 0족이라고 제안했다. 이어서 1898년 램지는 액체공기를 조심스레 끓여 불활성원소 3개를 더 찾아냈다. 그들은 네온(Ne), 크립톤(Kr), 제논(Xe)이란 이름을 얻었다. 마지막으로 라돈(Rn)은 1900년에 라더퍼드(E. Rutherford)가 발견했다. 이렇게 해서 0족이 모두 채워졌다.

멘델레프의 주기율은 보일의 법칙에서 시작된 물리화학의 주요 법칙들 가운데 절정을 이룬 것이었다. 멘델레프가 한 세대 일찍 태어났더라면 그는 주기율을 완성할 수 없었을 것이다. 그는 충분히 많은 수의 원소가 알려졌을 요즘 나타나서 행운을 잡았다. 그에게는 적지 않은 선구자들이 있었으나 날카로운 통찰력과 과감한 상상력을 가졌기에 성공을 거둔 것이다. 오늘날 주기율이 그의 이름과 함께 기억되는 것은 우연이 아니다. 멘델레프는 과학사상 보기 드문 멋진 예언자였다.

15

다윈과 철학, 종교, 사회과학

2009년은 과학사에서 특별한 해다. 갈릴레오(Galileo Galilei, 1564-1642)가 망원경을 만들어 달을 관측하고 케플러(Johannes Kepler, 1571-1630)가 《새 천

문학》(*Astronomia Nova*)을 출판한 지 400년이 된다. 이 해는 또한 다윈(Charles Robert Darwin, 1809-82) 탄생 200돌에 《종의 기원》(*On the Origin of Species*) 출판 150돌이기도 하다. 2009년은 '다윈의 해'가 되고 말았다. 세계 곳곳에서 기념행사가 한 해 내내 열렸다. 국내에서도 학계와 언론의 관심이 뜨거워 풍성한 논의가 펼쳐졌다.

1859년은 매우 재미있는 해다. 이 해에는 다윈의 《종의 기원》, 마륵스(Karl Marx, 1818-83)의 《정치경제학 비판》(*Kritik der politischen Ökonomie*), 바그너(Richard Wagner, 1813-83)의 《트리스탄과 이졸데》(*Tristan und Isolde*)가 한꺼번에 나왔다. 이 세 책은 각각 생물학혁명, 사회혁명, 예술혁명을 일으킨 책들이다. 이 가운데서도 다윈의 책은 인문·사회·자연과학에 광범하고도 충격적인 영향을 준 것으로 길이 기억될 것이다. 이런 뜻에서 당대의 대표적인 물리학자 볼츠만(Ludwig Boltzmann, 1844-1906)이 19세기를 '다윈의 세기'라고 부른 것은 지나친 평가라고 할 수 없다.

모든 발명, 발견에는 선구자가 있는 법이다. 다윈의 경우에도 선구자는 무수히 많다. 인간이 동물에서 유래했다는 생각은 일찍부터 야만인들 사이에 널리 퍼져 있었고 그리스 초기의 헤라클레이토스(Herakleitos), 엠페도클레스(Empedokles)도 명백한 진화의 개념을 갖고 있었다. 그러나 진화사상이 본격적으로 자란 것은 18세기의 일이었다. 생물과 무생물을 인간을 정점으로 한 연속적 계열에 놓은 아리스토텔레스의 '자연의 사다리'(scala naturae) 개념이 프랑스 과학자들 사이에 크게 유행했다. 이 개념이 동적인 생각과 결합했을 때 진화론이 나온 것은 불가피했던 것이다.

린네(Carl von Linne, 1707-78)가 종의 불변을 고수했다면 같은 시대의 뷔퐁(Georges Buffon, 1707-88)은 초기 진화론의 대표자였다. 뷔퐁의 생각은 36권으로 된 《자연사》(*Histoire naturelle*, 1749-1804)에 흩어져 있다. 그는 생물이 유기분자로 이루어졌다고 하면서 무생물로부터 생물로의 진화를 주장함으로써 뒷날 '뉴튼적 생물학자'라는 별명을 얻기도 했다. 다윈이 "뷔퐁의 책 전체가 우스꽝스럽게도 나를 닮았다."고 말할 정도로 그는 다윈 진화론의 거의 한 측면을 언급했다. 특히 두 생물은 교접해서 생식 가능한 후손을 생산할 때 같은 종이라는 정의는 다윈의 종의 개념과 완전히 일치하는 것이다. 한편, 영국에서는 이래즈머스 다윈(Erasmus Darwin, 1731-1802)이 자연에 관한 시 《조노미아》(*Zoonomia*)에서 진화사상, 특히 자웅선택을 주장했다. 그의 손자 찰즈 다윈은 어렸을 때 할아버지의 책을 두 번 읽었다고 하는데 영향을 받지 않았다고 하나 실제로는 그 반대였을 것이라고 보아야 할 것 같다.

포괄적인 진화론을 만든 첫 사람은 라마르크(Jean Baptiste Lamarck, 1744-1829)였다. 그는 생물의 모든 다양성을 더 간단한 형태의 생물에서 유래한 것으로 보려 했다. 그러나 그는 그것을 증명할 수 없었다. 《동물철학》(*Philosophie zoologique*, 1809)에서 그가 내놓은 가설은 너무 복잡했다. 그는 환경에 의해 일어난 동물기관의 구조 및 기능의 변화가 후손에 전해진다는 획득형질의 유전을 주장했다. 또한 그는 모든 생물이 간단한 것에서 복잡한 것으로 진화하는 내적 경향을 가졌다고 했다. 그러나 자연철학의 영향을 받은 라마르크는 그의 진화론을 뒷받침할 과학적 메커니즘을 갖지 못했으므로 퀴비에(George Cuvier, 1769-1832)까지도 그의 주장을 가치 없는 비과학적 사변이라고 빈정댔다. 그는 사변적인 점에서 마지막 계몽철학자로 불리기도 한다.

퀴비에는 파리분지의 풍부한 화석을 연구했는데, 다른 지층들에서 발견되는 화석들이 서로 다르다는 사실에 주목했다. 이것을 설명하기 어려웠던 그는 세계에는 엄청난 변화가 갑자기 일어났다는 격변설(catastrophisme)을 내놓았다. 곧 격변에 의해 모든 생물이 절멸했고 신은 새 종들을 다시 창조했다는 연속재창조설이었다. 라이엘(Charles Lyell, 1797-1875)은 격변설을 발전시킨 버클런드(William Buckland, 1784-1856)의 제자로서 하튼(James Hutton, 1726-97)의 동일과정설(Uniformitarianism)을 가지고 지질학적 격변설을 격파했다. 그러나 그는 생물학적 격변설을 공격할 진화론을 갖고 있지는 못했다. 그래도 다윈을 위해 길을 열어 준 것은 라이엘이었다. 왜냐하면 그는 지구의 육지와 바다에서 일어났을 변화가 모두 오늘날 지구 위에서 진행되는 자연적 원인에 의해 일어난다는 것을 보여 주었기 때문이다. 그의 발견들은 사람들이 진화에 대해 좀 더 생각하기 쉽게 만들었다.

다윈은 라마르크의 《동물철학》이 나온 1809년 2월 12일 영국 슈루즈베리(Shrewsbury)에서 태어났다. 그는 에딘버러대학에서 의학을 공부하다가 피를 볼 수 없어 포기했다. 케임브리지대학으로 옮긴 그는 전공인 신학을 제쳐놓고 세지윅(Adam Sedgewick, 1785-1873)과 헨슬로우(John Stevens Henslow)에게 각각 지질학과 식물학을 배우는 데 열중했다. 그의 나이 22살 되던 1831년 남태평양 탐험선 비글호(H. M. S. *Beagle*)를 타고 4년 반 동안 세계일주를 하도록 교수들의 추천을 받은 것은 다윈의 생애를 결정하는 계기가 되었다. 떠날 때 헨슬로우는 막 나온 라이엘의 《지질학원리》(*Principles of*

Geology) 제1권을 다윈에게 주면서 항해 중 읽어 보라고 했다. 우편으로 보내온 제2권은 몬테비데오(Montevideo)에 가니 그를 기다리고 있었다. 이 책을 읽지 않았다면 아마도 진화론은 나올 수 없었을 것이다. 다윈은 라이엘의 지구진화설을 생물에 적용했던 것이다.

출발할 때만 해도 다윈은 진화에 대해 호감을 갖지 않았다. 그러나 남아메리카를 일주하면서 그곳의 특이한 동물들과 놀라운 화석을 보고 종의 기원을 생각하기 시작했다. 그가 갈라파고스(Galapagos) 섬을 찾았을 때 영국 총독으로부터 여러 섬들의 거북이가 모두 다르다는 말을 듣고 믿지 않았으나 그것을 확인하고 크게 놀랬다. 그는 종이 기후 아닌 지리적 격리에 의해 달라졌음을 발견하고 진화를 확신하게 되었다.

영국에 돌아온 다윈은 경솔하게 자기 생각을 발표하지 않고 종의 진화를 증명하는 거창한 일을 시작했다. 이 작업은 20년 이상 계속되었다. 그는 수집해 온 방대한 자료를 정리하면서 널리 문헌을 찾아 보충하고 의문 나는 점을 전문가들에게 물어 해결했다. 1838년 다윈은 우연히 심심풀이로 맬서스(Thomas Robert Malthus, 1766-1834)의 《인구의 원리》(*An Essay on the Principles of Population*)를 읽고 진화론의 메커니즘이 될 수 있는 결정적인 힌트를 얻었다. 그동안 그는 지질학에 관한 3권의 책을 썼다. 본디 그는 학생 때부터 생물학보다는 지질학에 더 관심이 많았다. 1842년 다윈은 35쪽 되는 《종의 기원》의 요약을 썼고 2년 뒤 이것을 230쪽으로 늘렸다. 그러고는 8년 동안 따개비(barnacle)에 관한 연구에 골몰했다. 라이엘이 줄곧 연구결과를 발표하라고 권했지만 다윈은 계속 버텼다.

1858년 다윈은 모르는 청년 월러스(Alfred Russel Wallace, 1823-1913)로부터

논문을 받고 크게 놀랐다. 그가 그토록 오래 다듬어 온 진화론과 똑같은 내용이 그 속에 있지 않은가! 윌러스는 말레이군도에서 조금씩 다른 종들이 인접한 섬들에 살고 있음을 발견했고 다윈처럼 맬서스를 읽고 같은 결론에 도달했던 것이다. 그러나 라이엘 등 다윈의 친구들은 그가 먼저 진화론을 발전시켰음을 잘 알고 있었다. 그들의 주선으로 다윈과 월러스의 논문은 린네학회(The Linnean Society of London)에서 공동으로 발표되었다. 그들의 경우에는 뉴튼, 라이프니츠와 같은 추잡한 선후논쟁은 없었고 오히려 월러스가 진화론에 다윈주의(Darwinism)라는 이름을 붙이자고 제안했다.

이 뜻하지 않은 사건이 그렇지 않았다면 좀 더 지연되었을《종의 기원》의 집필을 서두르게 했다. 책은 이듬해 예정보다 적은 분량으로 완성되어 1250부가 나왔고 발간 당일 존 마리(John Murray) 출판사 창고가 비는 이변이 일어났다. 일반 독자가 다 산 것은 아니고 한 서점이 잘 팔릴 것을 예상해 매점했기 때문이다. 그러나 1844년에 이미 진화론을 옹호한 체임버즈(Robert Chambers, 1802-71)의 책《창조의 자연사의 흔적》(*Vestiges of the Natural History of Creation*)이 나왔기 때문에 대단한 소동은 아니었다.

《종의 기원》은 진화에 관한 이전의 책들과는 전혀 달랐다. 이 책들은 모호하게 진화를 암시하는 동물들의 구조와 분류로부터 환경적 증거에 주로 관심을 가졌으나 그것을 입증하지는 못했었다. 다윈은 해결의 열쇠가 변이의 연구에 있다는 것을 알았다. 그래서 그는 우선 당시에 크게 발달된 인위선택과의 유추에서 시작해 진화의 증거를 끌어냈다. 그리고 그는 지질학과 고생물학에서 수집한 화석화된 동물들의 층서적 진행과 자신의 비글호 항해 및 훔볼트(Alexander von Humboldt, 1769-1859) 등 지리학자들에게서 얻은 지리학적 분포를 증거로 들었다. 또한 폰 배어(Karl Ernst von Baer, 1792-1876)의 발견에서 빌려온 발생학적 증거도 포함했다.

1859년 출간된 《종의 기원》은 두 가지 점에서 이전의 진화론과 확연히 달랐다. 첫째, 다윈은 처음으로 자연선택(natural selection)이라는 믿을 만한 진화의 메커니즘을 내놓았다. 그는 세 가지 사실과 그로부터의 두 가지 연역에 의해 이 가설을 만들어냈다. 곧 생물은 기하급수적으로 수를 늘여가는 데도 개체의 수는 놀랍게도 일정하다는 두 사실로부터 생존경쟁(struggle for existence)을 연역했고, 모든 생물은 다르다는 변이(variation)와 생존경쟁으로부터 자연선택을 끌어냈다. 여기서 늘어가려는 경향의 인구가 질병이나 기아에 의해 억제된다는 맬서스의 논법이 적용된 것이다. 환경에 더 잘 적응하는 변이가 살아남고 그것이 유전되어 새로운 종으로 진화한다는 것이다. 다윈이 라마르크의 획득형질의 유전을 그대로 받아들이고 있음을 알 수 있다.

둘째, 다윈의 종의 개념은 전에 없이 새로운 것이었다. 플라톤에서 라마르크에 이르기까지 형상(eidos, form)은 실재하나 변이는 환상이었다. 다윈은 이를 뒤집어 타입(type)은 추상에 지나지 않으며 변이만이 실재하는 것이라고 보았다. 이것은 종에 관한 타입(typological) 개념과 과감히 절연하고 개체군(population) 개념을 택한 것이다. 다윈의 견해는 유전자 풀(gene pool)에 의해 정의되는 현대의 종의 개념과 완전히 일치한다. 이 두 가지야말로 수많은 선구자들 가운데 다윈을 우뚝하게 만드는 그의 독창이라고 보아야 한다.

《종의 기원》은 열광적으로 받아들여지지 않았다. 오히려 많은 과학 외적 요인들 때문에 진화론은 과학자사회에서도 매우 느리게 인정받아갔다. 과학계의 반발은 거셌고 다윈은 변이의 원인을 몰라 고민에 빠졌다. 《종의 기원》은 판을 거듭할수록 후퇴해 점점 라마르크를 닮아갔으며 나중에는 팬제너시스(pangenesis) 같은 다윈답지 않은 사변적 가설을 만드는 추태를 보이기도 했다.

다윈의 자연선택설은 라마르크를 낳은 프랑스에서 별로 지지를 받지 못했다. 보몽(Elie de Beaumont, 1798-1874) 등 퀴비에의 추종자들이 반대했을 뿐 아니라 베르나르(Claude Bernard, 1813-78), 파스퇴르(Louis Pasteur, 1822-85)도 호의를 보이지 않았다. 독일에서는 자연철학의 영향 아래 있던 늙은 과학자들 대다수가 진화론을 거부했다. 그 대표자가 폰 배어였다. 그러나 세포설을 창시한 슐라이든(Mathias Jakob Schleiden, 1804-81)은 지지했고 많은 젊은 과학자들이 동정적이었다. 미국에서는 그레이(Asa Gray, 1810-88) 같은 지지자도 나왔지만 종의 창조와 불변을 믿은 아가시(Louis Agassiz, 1807-73)의 반대가 훨씬 영향력이 컸다.

19세기 영국에는 세 사람의 과학철학의 거장 허셸(John Herschel, 1792-1871), 휴월(William Whewell, 1794-1866), 밀(John Stewart Mill, 1806-73)이 있었다. 허셸과 밀은 경험론 전통을 이어가고 있었고 휴월은 칸트의 영향을 강하게 받았다. 그러나 과학의 문제에서는 모두 베이컨(Francis Bacon, 1561-1626)과 뉴튼(Isaac Newton, 1641-1727)의 영향 아래 있었다. 그들은 과학방법의 일반적 특성을 확신하고 있었다. 그것은 아리스토텔레스의 연역법이 아니라 베이컨이 제창했고 대표적 과학자들이 실천한 귀납법이었다. 그들의 책들은 《종의 기원》이 나오기 전에 나와 있었다. 따라서 다윈은 제대로 된 과학방법을 잘 알고 과학이론을 발전시켰고 그 이론은 그 기준에 따라 평가될 수 있었다. 다윈은 그의 《종의 기원》이 참된 베이컨의 방법을 따랐다고 썼다. 휴월은 즉각 《종의 기원》을 거부했다. 허셸과 밀은 종의 진화 가능성을 받아들였으나 다윈의 메커니즘에는 반대했다. 밀이 《종의 기원》은 논리의 엄격한 원칙에 잘 따랐다고 했을 때 다윈은 크게 기뻐했다. 그러나 그는 다윈이 귀납의 규칙을 어기지는 않았지만 가설의 규칙에 얽매어 있는데 가설의 방법은 발견의 방법이지 정당화의 방법은 아니라고 했다. 이렇게 과학철학자들은 진화론의 수용에 부정적인 몫을 했다. 다윈은 과학철학의 주요 근본문제에 관한 큰 논쟁, 곧 연역과 귀납, 발견과 정당회의 사이에 갇혀 있게 된 것이다.

방법의 문제와 더불어 강력하게 대두한 것이 '설계의 논증'(argument from design)이었다. 서양철학에서 사물을 재료 아닌 기능에 의해 파악하는 목적론(teleology)은 소크라테스, 플라톤, 아리스토텔레스 이래 2천 년 동안 과학을 지배해 왔다. 과학혁명의 결과 목적론은 물리세계에서는 사라졌으나 생물계에서는 끈질기게 남아 있었다. 목적론을 믿는 사람들은 자연의 오묘한 구조와 진행은 우연일 수 없으며 신의 설계에 의한 것이라는 믿음을 가지고 있었다. 이제 그들은 진화론이 설계의 논증을 뒷받침하는 것이라는 데로 논리를 발전시켰다. 다윈 자신도 이 문제 때문에 몹시 괴로워했던 듯하다. 그러나 그는 자연에 목적의 개념을 투입하는 것은 자연선택과 어긋난다는 점을 명백히 하고 있다. 《종의 기원》이 나온 해에 태어난 두 위대한 철학자 듀위(John Dewey, 1859-1952)와 베르크손(Henri Bergson,

1859-1944)은 이에 대해 상반된 견해를 갖고 있었다. 베르크손이 진화를 목적적으로 보는 데 견주어 듀위는 다윈주의의 철학에 대한 공헌은 생물계에 남아 있던 목적론을 추방한 데 있다고 단정한다. 듀위에 따르면 모든 생물의 적응이 단순히 계속적인 변이와 과잉생식에 의해 일어나는 생존투쟁에서 유해한 변이의 제거 때문이라면 이전의 예지적인 인과적 힘이 그것을 설계하고 예정할 필요가 없다. 듀위의 주장이 점점 득세한 것은 사실이나 이 논쟁은 철학과 신학에서 오래도록 계속했다.

다윈주의에 대한 가장 격렬한 공격은 교회 쪽에서 왔다. 빗발치는 욕설에도 불구하고 다윈은 침묵을 지켰다. 겸손하고 신중한 성격의 다윈을 위해 앞장서서 진화론을 옹호한 투사가 학슬리(Thomas Henry Huxley, 1825-95)와 해켈(Ernst Haeckel, 1834-1919)이었다. 학슬리는 '다윈의 불도그'라는 별명이 붙어 있었고 해켈은 독일에서 '다윈주의'(Darwinismus)를 만들었다는 말이 나올 정도였다. 두 사람은 다윈에게 인간의 기원에 대한 책을 쓰라고 졸라댔다. 고등생물이 하등생물로부터 진화했다면 인간도 예외가 될 수 없음은 당연했다. 그러나 다윈은 머뭇거렸다. 참다못해 두 사람이 이 문제에 관한 책을 쓴 다음에야 그는 《인간의 유래》(*The Decent of Man*, 1871)를 내놓았다. 이 책에서 다윈은 인간과 원숭이가 같은 조상에서 나왔다고 했다.

1860년 영국과학진흥협회(British Association for the Advancement of Science)의 연회에서 큰 싸움이 붙었다. 옥스퍼드 주교 윌버포스(Samuel Wilberforce, 1805-73)가 《종의 기원》을 맹렬히 공격하고 학슬리에게 대놓고 인간이 유인원에서 유래했다는데, 할아버지 쪽인가 할머니 쪽인가 물음으로써 모욕을 주었다. 학슬리는 "자기의 문화와 웅변의 재능을 편견과 오류를 위해 쓰는 교양인보다는 차라리 유인원의 후손이 되고 싶다."고 대꾸했다. 관전평은 학슬리의 결정적 승리로 나왔다. 이제 우주에서 인간의 위치는 심각히 재고되지 않을 수 없었다. 태양중심설이 지구를 행성의 지위로 격하시켰다면 진화론은 인간을 동물로 떨어뜨렸던 것이다. 창조설에 매달리고 있는 교회는 치명적인 타격을 받았다. 그리스도교 신학은 다윈주의를 둘러싸고 둘로 갈라졌다. 성서를 글자대로 해석하는 사람들은 진화론을 무조건 거부하고 성서는 절대로 오류가 없다고 고집했다. 그러나 소수의 자유주의적인 신학자들은 진화가 과학적 사실임을 인정하지 않을 도리가 없다고 하면서 타협을 모색했다. 그들은 생물이 신에 의해 창조되었고 신의 뜻에 따라 진화한다고 주장했다. 이 타협안은 교회 안에서는 소수 의견이었지만 진화론의 과격한 내용 때문에 난처했던 많은 과학자들의 지지를 받았다. 라이엘과 그레이는 그 가운데 중요한 사람들이었다.

다윈은 종교적으로 자유주의적인 유니테리언 집안에서 자라나 한때 신학을 공부했고 비글호에 탔을 때만 해도 경건한 그리스도교 신도였다. 그러나 그는 진화에 확신을 가지면서 신앙을 잃어버렸다. 그는 내놓고 종교를 반대하지는 않았지만, '예의바른 무신론'(courteous atheism)이라 할 수 있는 불가지론자(agnostic)로 일관했다. 다윈이 죽었을 때 가족은 가족장으로 다운에 묻으려 했는데 위대한 과학자에 대한 대접이 아니라는 여론이 나와 국장으로 웨스트민스터성당에 묻혔다. 그리고 다윈 기념사업을 위한 모금위원회에는 캔터베리와 요크의 대주교, 그리고 런던의 주교가 포함되었다. 이것은 20년이 지나는 동안 진화론에 대한 교회의 태도가 크게 달라졌음을 뜻한다.

다윈주의의 충격은 인간의 존엄이 손상되었다는 데 끝나는 것이 아니었다. 신령감응의 교의 전체가 뿌리부터 흔들렸다는 것이 더 문제였다. 성서의 신령감응에 대한 믿음은 오래며, 거기서 성서는 절대 오류가 없다는 결론이 나왔었다. 가톨릭교회는 16세기 트렌토 종교회의부터 기회 있을 때마다 거듭 이것을 확인했다. 성서에만 의존하는 프로테스탄트들도 성서의 절대무류에 집착하고 있었다. 다윈주의의 충격은 인간의 존엄이 손상되었다는 데 끝나는 것이 아니었다. 신령감응의 교의 전체가 뿌리부터 흔들렸다는 것이 더 문제였다.

교회의 강경한 태도는 세기가 바뀐 뒤에도 계속되었으나 낡은 교의를 재정의하라는 신학자들의 요구가 효과를 나타내기 시작했다. 가톨릭의 경우, 1920년대에 보수주의 쪽에서 진화론을 단죄하려는 움직임이 있었는데, 진화론자들이 교황 비오 11세에게 연구보고를 제출해 무사하게 되었다. 비오 12세는 회장에서 성서해석에 언어학적·문법적 연구 이상의 것이 필요하다고 하면서 역사학, 고고학, 인종학 등의 발달에 주의를 환기했다. 한편, 신교에서는 성서에 대한 견해가 다양했다. 성서축자해석주의와 현대주의의 싸움은 치열했으나 성서를 종교적 도덕적 진리를 추구하는 인간 노력의 기록으로 보는 현대주의가 차츰 강해졌고 성서와 과학의 양립 가능성이 이해되기 시작했다. 아이러니클하게도 다윈주의가 촉매 역할을 해서 성서가 절대무류라는 교의는 천천히 고개를 숙여갔다.

그런데 난데없이 20세기 미국에서 진화론과 창조론이 정면충돌하는 사태가 벌어졌다. 때는 1925년, 곳은 신교 보수주의의 아성 테네시 주였다. 주의회에서 제정된 반진화론법은 성서에 있는 대로 신이 인간을 창조했다는 것을 부인하고 인간이 하등동물에서 진화했다고 가르치는 것을 불법으로 규정했다. 데이튼(Dayton)의 리(Rhea)고등학교 과학교사 스콥스(John Scopes, 1900-70)는 이 법을 시험하기 위해 수업에서 진화론이 옳음을 넌지시 암시했다. 스콥스는 체포되어 이른바 '원숭이 재판'(Monkey Trial)이 시작되었고 데이튼에 세계의 이목이 집중되었다.

스콥스 재판에서는 전형적인 광신자 브라이언(Jennings Bryan, 1860-1925) 검사와 미국시민자유연맹(ACLU)의 지원을 받은 대로우(Clarence Darrow, 1857-1938) 등 변호사들이 불을 뿜는 공방전을 벌였다. 브라이언은 다윈주의가 추측, 다시 말해 가설에 지나지 않으며, 따라서 과학이 아니라고 단정했다. 끝내 100달러 벌금형을 받은 스콥스는 앞으로도 계속 이 법에 반대하겠다고 선언했다. 스콥스 재판은 대심원까지 올라가 1967년에야 반진화론법의 폐기를 보았다. 무려 42년을 끈 세기의 재판이 된 것이다.

프로테스탄트 신학자 니부어(Reinhold Niebuhr, 1892-1971)는 스콥스 재판을 가리켜 '과학의 진군에 무지한 경건이 도전한 극의 마지막 장'이라고 했다. 그러나 그것은 마지막이 아니었다. 1859년에 죽은 아담이 1960년대 이후 미국에서 또다시 살아난 것이다. 창조론운동의 중심지는 캘리포니어 주다. 그곳에는 석사 또는 박사학위를 가진 과학자들을 정회원으로 하는 창조연구회와 샌디에고의 크리스천 헤리티지 칼리지(Christian Heritage College)의 부속기관인 창조연구소가 있다. 이 모임의 회원들은 다음과 같은 것을 믿는다. 첫째, 성서는 신의 말씀이므로 역사적·과학적으로 진리이고, 둘째, 인간을 포함한 모든 생물의 기본형은 창세기의 창조주간에 신에 의해 창조되었으며, 셋째, 대홍수도 역사적 사건이라는 것이다.

1920년대의 창조론운동은 진화론을 학교에서 내쫓는 것이 목표였는데, 이제는 전략적인 후퇴를 해 창조론에도 진화론과 똑같은 시간과 비중이 주어져야 한다고 요구했다.

미국에서는 진화론에 반대하는 여론의 압력 때문에 오랫동안 생물 교과서에 진화론이 소홀히 다루어지고 교사들이 문제를 회피하거나 얼버무리는 경향이 있었다. 1960년대에 BSCS(생물과학 교과과정 연구) 교과서가 나오면서 비로소 진화론이 떳떳이 다루어지기 시작했다. 그러나 진화론의 승리는 곧 반전되었다. 1963년 캘리포니아 주에서는 보수적인 교육위원회가 진화론은 과학적 사실 아닌 학설로서 가르쳐져야 한다고 결정했다. 나아가 창조론자들은 과학교육자문회의의 반대에도 불구하고 그들의 주장을 '과학의 틀'에 포함시키는 데 성공했다. 주 교육위원회는 교과과정 위원회의 위원들을 갈아치우고 창조론을 교과서에 삽입했다.

그러자 과학자들이 들고 일어났다. 미국과학진흥협회(AAAS), 국립과학아카데미(NAS), 미국화학회, 미국생물교사협회 등의 항의가 빗발쳤고 캘리포니아에 사는 19명의 노벨상 수상자들이 성명을 발표했다. 그리스도교, 유대교, 불교 등 여러 종교 지도자들도 창조론을 과학으로 가르치는 데 반대했다. 그 뒤 엎치락뒤치락이 거듭된 끝에 1981년 창조연구소 소장 시그레이브즈(Seagraves)는 학교교육이 진화론과 창조론에 대해 중립을 지키라는 소송을 제기했다. 당시 14개 주에서 창조론을 학교 교육에 반영하라는 법이 통과되었다. 캘리포니아 주지사 때부터 창조론을 적극 옹호해 온 레이건(Reagan)을 대통령으로 뽑은 보수주의의 물결에 힘입어 창조론자들은 기세를 올렸다. 교과서 출판업자들도 슬금슬금 진화론을 빼거나 줄이는 경향이 다시 생겼다.

1981년 아컨소 주의회는 다음 해부터 진화론이나 창조론을 학교에서 가르칠 때 다른 견해도 똑같이 다루어야 한다는 법을 압도적으로 통과시켰다. 이에 오래 창조론과 싸워 온 미국시민자유연맹이 뉴욕연방법원에 제소했다. 이를 맡은 오버튼 판사는 1982년 초 아컨소 주법이 헌법상 종교교육의 의무화를 금지한 대심원 판례에 저촉한다고 판결했다. 그는 판결문에서 "창조론은 사실을 은폐하려는 기도가 곁들인 종교적 십자군 이론"이라는 극단적인 표현을 썼다.

대부분 물리과학자나 공학자로 되어 있는(생물학자, 지질학자는 거의 없다) 창조론자들은 진화론의 문제점을 들추어내고 열역학, 확률이론까지 동원해 창조론이 과학임을 강조한다. 그러나 그것은 과학적이라기보다 창조적이라는 인상을 풍긴다. 진화학자 굴드(Stephen Gould)는 창조론이 과학이 아니며, 따라서 그 주장은 무의미하고 자가당착이라고 주장한다. 그에 따르면 진화론은 물론 학설이지만 동시에 사실이라는 것이 중요하다. 학자들이 경쟁 설을 가지고 싸워도 사실은 사라지지 않는다. 다윈은 일찍이 진화의 사실을 확립했고 그 메커니즘을 설명하는 자연선택설을 임시적으로 제안했음을 강조한 바 있다. 진화 가설은 백 년 이상 가혹한 시험을 거쳐 현재로는 생물학계의 정설로 정착했다. 이 가설은 문제를 내포하고 있고 최악의 경우, 뒤집힐 가능성도 인정해야지만 진화의 사실은 확고한 증거의 뒷받침을 받고 있다.

창조과학운동은 1980년대에 '지적 설계'(Intelligent Design)라는 새로운 간판을 내걸고 등장했다. '지적 설계'는 생물학적 실재의 자연주의적 설명은 불가능하며 그것은 지적 원인에 의해서만 설명될 수 있다고 주장한다. '지적 설계'의 옹호자들은 그들의 믿음이 과학적이며 신의 존재에 대한 경험적 증명을 준다고 우긴다. 그들은 또한 '지적 설계'가 고등학교 과학시간에 진화론의 대안으로 가르쳐져야 한다고 주장한다. '지적 설계'란 말은 1987년 미국 대법원이 에드워즈 대 아길라드(Edwards vs. Aguillard) 사건에서 진화론과 함께 창조과학을 가르치게 한 것이 종교에 대한 국가의 지원을 금지하는 미국 헌법에 위반한 것이라는 판결을 한 뒤부터 쓰이기 시작했다. 창조과학 교과서 《판다와 사람들》(*Of Pandas and People*)의 원고에서 '창조론' 같은 '창조'의 모든 파생어들은 '지적 설계'라는 말로 바뀌었다. 이 책은 1989년에 출판되었고 교과서 사용을 촉진하는 풀뿌리운동이 뒤따랐다. 캘리포니아대학(버클리) 법학교수 출신 필립 잔슨(Phillip Johnson)이 1991년 저서 《재판 받는 다윈》(*Darwin on Trial*)에서 과학의 재정의를 주장했고 비히(Michael Behe), 마이어(Stephen Meyer), 뎀브스키(William Dembski) 등 과학자들이 가담해 발견연구소(Discovery Institute)와 협력해 과학과 문화 경신센터(Center for Renewal of Science and Culture)를 건립했다. 2005년 연방판사 존즈 3세(John Jones III)는 '지적 설계'가 1987년 당한 것과 같은 운명이라는 판결을 했다. '지적 설계'는 유럽과 이슬람 나라 터키까지 진출했으나 창조과학의 재판이며 사이비과학이라는 점에서는 창조과학과 다를 바가 없다.

다윈과 같은 시대에 스펜서(Herbert Spencer, 1820-1903)는 일종의 사회진화론을 주창했거니와 진화론은 특히 미국과 유럽에서 사회다윈주의(social Darwinism)로 발전해 동아시아에까지 큰 파문을 던졌다. 사회다윈주의는 개인, 집단, 나라 또는 사상들 사이의 경쟁이 인간사회의 사회진화를 가져온다는 개념에 바탕을 둔 여러 가지 이데올로기를 뜻한다. 그것은 다윈의 자연선택 이론을 사회에 적용한 것으로 다윈 자신이 만든 것은 결코 아니다. 이 말은 1879년 유럽에서 슈미트(Oscar Schmidt)가 처음 썼고 1944년 호프스태터(Richard Hofstadter)의 책 《미국의 사회진화론》(*Social Darwinism in America*)을 통해 유명해졌는데 주로 옹호자들보다는 비판자들에 의해 나쁜 뜻으로 쓰였다. 이렇게 다윈과 관계없는 사회다윈주의는 제국주의, 인종주의 등과 연결되어 다윈에 대한 온갖 오해를 불러일으켰고 종교를 포함한 반대자들에게 다윈을 공격하는 호재로 악용되었다.

다윈의 4촌 골튼(Francis Galton, 1822-1911)이 만든 우생학(eugenics)도 같은 경우다. 다윈은 우생학에 관심을 보였지만 유전적 개선이라는 생각에 찬성하지 않았다. 우생학은 '좋은 탄생'(good in birth)이라는 그 어원에도 불구하고 더러운 말이 되었다. 우생학운동의 전개는 과학의 대표적인 악용 사례들을 기록했다. 미국의 국적별 이민 할당법은 비 앵글로색슨에 대한 명백한 차별이었다. 1930년대 유럽과 미국의 거세법은 무서운 인권 유린이었다. 나치 독일은 1934-39년에 사회부적자와 정신박약자들 40만을 거세했다. 같은 때 나치와 일본 관동군 731부대의 잔인한 인간 생체실험 만행도 이와 무관하지 않다. 20세기 후반의 생명공학 붐도 그 연장선상에 있다. 한동안 자취를 감추었던 우생학이 새 우생학으로 다시 주목을 끌고 있다.

진화론은 자유방임주의 경제의 반영이라고 보는 견해가 있다. 그러나 마르크스가 그의 《자본론》(*Das Kapital*)을 다윈에게 증정하려 했다는 부정확한 얘기에서 보이듯이 사회주의 쪽으로부터도 환영을 받았다. 비슷하게 다윈주의는 인종차별주의자와 인종차별 반대론자들에게 똑같이 이용되기도 했다. 그 밖에도 다윈주의는 해켈의 일원론(Monismus)과 줄리언 학슬리(Julian Huxley, 1887-1975)의 진화론적 휴머니즘(evolutionary humanism) 같은 특이한 사상체계로 발전하기도 했다. 다윈은 '생물학의 뉴튼'으로 불리기도 하지만 그는 인간의 문제를 다루었기 때문에 그 영향은 뉴튼을 크게 넘어서고 있다.

20세기 초 바이스만(August Waismann, 1834-1914)은 생식질 이론을 가지고 라마르크를 거부하고 새 다윈주의를 발전시켰으며 종합적 진화론을 거쳐 이제 다윈의 진화론은 분자생물학의 뒷받침을 받은 확고한 과학으로 자리 잡았다. 20세기 후반 이후 다윈에 대한 열광은 걷잡을 수 없이 번져 '다윈산업'(Darwin industry)이란 말이 나올 정도로 엄청난 양의 연구 성과가 쌓이고 있다. 문학, 철학, 정치학, 심리학, 의학 등 거의 모든 분야에서 다윈은 새로이 읽히고 평가되고 활용되고 있다. 이런 특별한 상황을 '다윈 현상'(Darwin phenomena)이라고나 불러야 할까.

3장

역사 속의 명의들

1

갈레노스

히포크라테스에서 과학으로 자리 잡은 서양의학은 7백 년 만에 또 하나의 거인을 내놓게 된다. 이미 로마제국이 출범한 뒤지만 갈레노스(Galenos, 130-201)는 그리스의학의 마지막을 장식한다.

갈레노스는 지중해와 흑해 사이에 낀 소아시아의 페르가몬(Pergamon)에서 태어났다. 아버지 니콘(Nicon)은 건축가, 수학자였는데 훌륭한 인격을 갖추어 아들의 존경을 받았다. 어려서부터 아버지에게 과학하는 태도를 익힌 그는 14살 때 학교에 보내져 철학을 배웠고 2년 뒤부터는 사티루스(Satyrus) 밑에서 의학을 공부하기 시작했다. 아버지가 죽은 뒤에도 그는 스미르나에 가서 펠롭스(Pelops)에게, 코린트(Corinth)에서는 누미시아누스(Numisianus)에게 배웠다.

그 뒤 갈레노스는 알렉산드리아에 몇 해 동안 머물며 연구했다. 거기서 인체의 골격을 다룰 기회가 있었는데 이것은 그의 해부학의 기초를 이루었다. 페르가몬에 돌아온 그는 검투 시합의 입회의사로 일했다. 머리가 갈라지고 뼈가 부러지고 팔이 찢어지는 선수들을 치료하면서 그는 인체의 구조를 이해해 갔다.

갈레노스는 서른이 넘어 로마로 갔다. 그는 어느 학파에도 속하지 않았기 때문에 차가운 눈초리 속에서 외로웠다. 그러나 그는 로마 의사들이 손을 든 철학자 에우데모스(Eudemos)의 중병을 고쳐 유명해졌다. 집정관 플라비우스(Flavius)는 부인의 병을 고쳐 준 갈레노스에게 해부학실험실을 차려 주고 출판과 강의를 주선해 주기도 했다. 갈레노스는 마르쿠스 아우렐리우스(Marcus Aurelius) 황제의 시의로 총애를 받았다. 로마에서의 연구 · 집필생활은 30년이나 계속되었다.

그리스의학은 기원전 4세기 헤로필로스(Herophilos), 에라시스트라토스(Erasistratos)가 처형된 중범들의 시체를 해부함으로써 큰 전기를 이룩했었다. 끊어졌던 해부학의 전통이 갈레노스와 함께 되살아났다. 그러나 로마가 받아들인 그리스도교는 인체해부를 금했다. 갈레노스는 돼지, 고양이, 개, 말, 사자 등을 해부했고 특히 인체와 닮은 유인원을 가지고 연구했다.

갈레노스는 신경과 내장에 대해서는 잘 몰랐지만 뼈와 근육에 대해서는 큰 진전을 보였다. 그의 근육계 연구는 선구적이어서 가장 정확한 서술로 평가된다. 그는 인체의 근육이 짧아지거나 수축되는 행동만 한다는 것을 발견했다. 팔을 구부리면 이두근은 수축하나 팔을 펼 때는 다른 근육, 곧 팔 뒤의 삼두근이 짧아지고 이두근은 느슨해진다. 그는 근육이 수축하는 이유를 생각해 보았다. 수축에는 어떤 힘이 관여하며 그것은 몸 안의 어디서 오는가가 의문이었다.

갈레노스는 뇌나 척추가 상했을 때 전신 또는 부분마비가 오는 것을 관찰했다. 이것을 확인하기 위해 당시로서는 놀라운 일련의 실험을 했다. 실험동물의 척추를 목에서 아래등까지 여러 수준에서 잘라 보았다. 첫째와 둘째 척추 사이를 잘랐을 때 동물은 호흡장애가 일어나 질식사했다.

여섯 번째와 일곱 번째 사이를 자르니 가슴, 앞발과 하체가 마비되었다. 맨 아래 둘 사이를 잘랐을 때는 그 아래 몸만 마비되고 상처 부분과 뇌 사이의 상체는 영향을 받지 않았다. 여기서 인체 부분의 운동은 중앙신경계의 통제를 받으며 근육수축을 일으키는 힘은 뇌에서 나온다는 결론을 얻었다.

이 실험을 하는 가운데서 하반신불수의 상태를 완전히 서술할 수 있었다. 그는 척추의 반만 파괴되면 몸의 한쪽만 마비됨을 발견했다. 또한 척추의 치유나 재생은 불가능하며 목이나 등이 부러지는 데서 오는 마비는 영구적임을 알게 되었다.

갈레노스가 후두신경을 우연히 잘랐을 때 한 중요한 발견은 지능의 위치에 대한 고대의 오랜 논쟁을 해결했다. 히포크라테스는 지능이 뇌에 있다고 했고 아리스토텔레스는 심장에 있다고 했다. 아리스토텔레스의 주장의 근거는 목소리가 심장이 있는 가슴의 공동에서 나온다는 것이었는데 갈레노스는 말을 통제하는 신경을 추적해 뇌라는 결론을 내렸다.

갈레노스의 해부학이 관찰의 성과라면 그의 생리학은 사변적인 체계라 할 수 있다. 생리학에서 중요한 것은 피의 운동이다. 갈레노스에 따르면 음식물은 대장에서 유미가 되어 간문맥을 통해 간으로 운반되고 거기서 자연 정기라는 프네우마(pneuma)에 의해 피가 된다. 피는 대정맥을 통해 말초로 가고 남은 정맥피는 심장의 우심실로 들어가 폐동맥을 거쳐 폐로 간다. 우심실에 남은 소량의 피는 격막의 구멍을 통해 좌심실로 간다. 그것은 폐정맥으로 들어온 공기와 섞여 동맥피를 만드는데 거기서 생명정기를 받는다. 동맥피는 뇌에 이르러 동물정기를 받아 신경을 통해 몸에 분산된다.

로마에 페스트가 크게 퍼졌을 때 갈레노스는 페르가몬으로 돌아가 여생을 보냈다. 그는 백여 편의 논문을 썼으나 불에 타고 22편만이 남아 있다. 갈레노스 의학은 고대, 중세를 지배한 권위였고 그의 책은 오랫동안 교과 과정의 주요부분을 차지했다. 갈레노스의학은 르내상스 때 도전을 받았지만 치명적이지는 않았고 많은 부분이 계속 남았다.

2

이븐 시나

반유목민인 아랍사람들은 이슬람교의 깃발 아래 통일에 성공한 뒤 7세기에서 8세기 사이에 피레네 산맥에서 중국 국경에 이르는 방대한 제국을 건설했다. 서구가 캄캄했던 중세 초기에 그들은 그리스과학을 보존, 소화하고 발전시켜 서구에 넘겨주는 중요한 몫을 했다.

아랍과학은 수학, 천문학, 광학, 화학, 의학 분야에서 볼 만한 성과를 거두었다. 아랍의학에서 독창적인 업적을 낸 첫 사람은 알 라지(Al-Razi, 865-925)였다. 그는 그리스, 인도, 중동의 의학을 포괄한 의학 책을 썼고 중국의학과도 접촉한 증거가 있다. 알 라지에 이어 아랍의학을 크게 발전시킨 사람이 이븐 시나(Abu Ali ibn Sina, 980-1037)이다.

이븐 시나는 라틴 이름 아비케나(Avicenna)로 더 많이 알려져 있다. 이븐 시나는 페르샤 사람으로서 지금은 우즈벡공화국에 속하는 부하라(Bukhara) 근처 아프샤나(Afshana)에서 태어났다. 그는 영리해서 쿠란, 시, 수학, 법학, 논리학을 여러 사람에게 배우고 16살에 의사가 되었다. 그의 의술은 기성 의사들이 와서 배울 정도였고 17살에 술탄의 의사가 되었다.

이븐 시나는 법률가, 과학교사로 일했고 고위 공무원을 지냈다. 그는 문학, 철학, 과학, 의학에 관한 270여 권의 방대한 저서를 남겨 '아랍의 아리스토텔레스'라는 명예로운 호칭을 얻었으며 중세 유럽에서 전설적 영웅이었다. 그는 쿠란과 지구중심설, 4원소설 등 과학과 아리스토텔레스, 신플라톤주의 철학을 독창적으로 종합했다. 이븐 시나는 배앓이 비슷한 이상한 병에 걸려 죽었는데 하인이 독살했다는 설도 있다. 이란 정부는 건국 천년 축전에서 하마단에 있는 그의 무덤을 능으로 만들었다.

의사로서 이븐 시나는 40여 권의 의학 저술을 냈는데 대부분은 원고로 남아 있다. 가장 중요한 것은 의학백과사전 《알 카눈》(*Al-Quanun*)이다. 그는 고르간에서 《알 카눈》을 쓰기 시작해 라비(테헤란 근처)를 거쳐 하마단에서 탈고했다. 《알 카눈》은 100만 단어에 이르는 방대한 책인데 5책으로 이루어져 있다.

1책은 총론으로 4편의 논문을 담고 있다. 첫째 논문은 4원소설과 4체액설을 논한 것이다. 끝 부분에서는 힘을 설명하고 있다. 정신적 힘은 뇌가 중심이다. 자연적 힘은 인간의 보존에 관여하는데 간과 고환에 있다. 심장에 중심을 두고 있는 동물 힘은 감각과 운동에 영향을 주는 정기(pneuma)를 조절한다.

둘째 논문은 병인학과 증후를 다루고 있다. 셋째 논문에는 위생, 건강과 질병이 원인, 죽음의 불가피성이 논의된다.

넷째 논문에는 치료 방법의 분류, 섭생과 식이요법에 의한 처치, 설사약과 구토약의 관리, 배설 규칙을 다루고 있다. 그 밖에도 관장, 연고, 찜질, 흡각법, 뜸질, 방혈, 일반외과 처치 등이 소개된다.

2책은 약물학이다. 앞에는 효능, 보존법을 포함한 약의 물리적 성질을 설명하고 있다. 뒤에는 알파베트순으로 배열한 약의 목록이 실려 있다. 여기에는 마약, 아편, 독약 등 760종 이상의 약이 있다.

3책은 뇌의 병에서 시작해 신경, 눈, 귀의 병, 관절염, 좌골신경통을 거쳐 손톱, 발톱의 병으로 끝난다. 또한 이질적인 기관들의 해부학적 설명도 있다. 4책은 어떤 기관과 특별한 관계가 없는 병을 다룬다. 열병의 분류, 증상, 예후, 진단이 상세하게 나와 있다. 그 다음에는 종기, 농포, 정형외과수술, 유독생물 등이 설명된다. 마지막으로 5책은 알약, 연약, 하제, 연고, 환약을 설명하고 있다

이븐 시나는 《알 카눈》을 편찬할 때 알 라지의 《알 하위》(*al-Hawi*)에서 많이 빌려 왔지만 의사들은 《알 하위》나 갈레노스의 책보다 《알 카눈》을 더 좋아했다. 그는 '의사의 왕자'로 불렸고 '이슬람의 갈레노스'라는 호칭도 얻었다. 그러나 코르도바(Cordoba)에서는 그의 아들 이븐 주르(Ibn Zur)와 또 다른 이븐 주르(라틴 이름 아벤조아르 Avenzoar), 그리고 이븐 루시드(Ibn Lucid, 라틴 이름 아베로에스 Averroes)가 《알 카눈》을 신랄하게 비판하기도 했다.

많은 사람들은 《알 카눈》이 개선의 여지가 없을 정도로 완벽하다고 주장했다. 이 책의 권위에 대한 이런 태도가 아랍의학, 그리고 그에 의존한 중세 초기 유럽의학의 정체를 가져왔다. 그러나 그것은 이븐 시나의

탓이 아니라 비판정신이 없고 관찰, 실험보다 책의 권위와 논리의 사용을 좋아한 의사들의 책임이라 할 수 있다.

두 의사-철학자들에서 철학자로는 이븐 시나가 나았고 의사로서는 알 라지가 훌륭했다는 평가가 있다. 실험과 관찰을 존중하고 갈레노스 등 권위를 비판한 알 라지의 진보적 전통이 《알 카눈》의 그림자에 가린 셈이다. 그러나 이븐 시나도 모두 철석 같이 믿고 있던 금속변환의 가능성에 회의를 표함으로써 연금술에 도전한 날카로운 비판정신의 소유자였다.

《알 카눈》에 생리학, 해부학 지식은 없어도 임상사례의 관찰은 지금도 가치가 있을 만큼 우수한 것이었다. 《알 카눈》은 1473년 제라르도 다 크레모나(Gerardo da Cremona)가 라틴말로 번역했고 17세기 중엽까지 몽펠리에(Montpelier)와 루뱅(Louvin)에서 의학 교과서로 쓰였다. 19세기까지도 많은 주석서와 발췌가 나온 것을 보면 《알 카눈》의 가치를 알 수 있다.

3

파라켈수스

르네상스를 맞은 유럽에는 엄청난 변화가 일어나고 있었다. 아이슬레벤(Eisleben)에서는 루터가 종교개혁의 횃불을 높이 들었다. 마인츠(Mainz)에서는 구텐베르크(Gutenberg)가 활자를 만들었고 콜룸부스(Columbus)는 새 대륙을 발견했다. 코페르니쿠스(Copernicus)는 지구중심 우주 체계를 뒤집었고 베살리우스(Vesalius)는 생리학혁명의 불을 당겼다. 이런 배경에서 나온 파라켈수스도 누구 못지않은 행운아였다.

파라켈수스(Paracelsus, 1493-1541)의 본명은 테오프라스투스 봄바스투스 필리푸스 아우레올루스 폰 호엔하임(Theophrastus Bombastus Philippus Aureolus von Hohenheim)이다. 파라켈수스는 스스로 지은 이름으로서 로마시대의 명의 켈수스(Celsus)를 넘어선다는 뜻이다. 이 이름에서 그의 사람됨을 짐작할 수 있다.

파라켈수스는 뛰어난 재능을 가진 사람이었고 그만큼 자부심도 대단했다. 그는 과대망상증이란 말을 들을 정도로 자신에 차 있었다. 그는 모든 전통적인 권위를 무자비하게 공격하면서 새 시대를 여는 선구자로 자처했으나 자신은 매우 권위주의적인 데가 있었다.

파라켈수스는 스위스의 취리히(Zürich) 근방 아인지델른(Einsiedeln)에서 의사의 아들로 태어났다. 그는 필라흐(Villach)의 광산촌에서 자랐는데 연금술사의 작업장에서 일하며 화학조작법을 익혔다. 그는 빈(Wien)과 페라라(Ferrara)에서 의학을 공부한 뒤 8년 동안 유럽 전역을 떠돌아다니며 다양한 공부를 했다. 그는 파리에서 외과의 파레(Paré)와 교류했고 몽펠리에(Montpelier)에서는 이슬람의학을 배웠다. 그는 볼로냐, 파도바에 머물렀고 스페인, 포르투갈을 거쳐 영국까지 갔다. 그는 베네치아군의 외과의로 일했고 스웨덴에서는 광산병을 연구했으며 러시아에 가서 동물병의 치료에 몰두하기도 했다.

파라켈수스는 콘스탄티노플, 이집트까지 여행하며 집시, 사기꾼, 강도, 죄수, 피난민과 거침없이 어울렸다. 그런 가운데 그는 풍부한 경험을 쌓았다. 집에서는 대가가 될 수 없으며 병을 이해하려면 돌아다녀야 한다는 것이 그의 생각이었다. 그는 잘츠부르크(Salzburg)와 스트라스부르(Strasbourg)에서 개업했다. 우연히 바젤(Basel)의 인쇄업자 프로베니우스(Frobenius)의 병을 고친 것이 인연이 되어 그의 친구들의 추천으로 파라켈수스는 바젤(Basel)대학 의학교수가 되었다.

바젤대학 앞에서는 학생들이 성 요한의 축제를 지내려고 모닥불을 피우고 있었다. 갑자기 파라켈수스가 나타났다. 그는 아랍 최고의 의학자 이븐 시나의 책 《알 카눈》을 옆에 끼고 있었다. 그는 학생들에게 연금술과 의학의 거장들의 책을 다 가져오라고 했다. "갈레노스, 알 라지, 이븐 시나…파리, 쾰른, 빈의 신사들…그대들보다는 내 구두 끝이 더 잘 교육을 받았다. 모든 대학, 모든 옛 학자들을 다 합쳐도 내 수염이나 머리통만 못하다." 파라켈수스는 이렇게 외치며 책들을 타는 불 속에 넣었다.

파라켈수스는 의학이 낡은 가르침에 바탕을 둔 사이비과학으로 남아 있다고 믿었다. 그는 자기야말로 갈레노스와 이븐 시나의 의학을 거부하고 순수한 히포크라테스의학을 되살릴 사명을 띠고 세상에 나왔다고 자부했다. 이것은 마치 루터가 가톨릭교회를 거부하고 원시 그리스도교로 돌아간 것과 비교되었다. 그래서 그는 '의학의 루터'로 불린다.

라틴말을 경멸한 파라켈수스는 처음으로 독일말로 강의했고 강의에 파격적으로 이발사 겸 외과의사를 불러들였다. "의사는 환자를 고치는 것이지 약제사들을 살찌우는 것이 아니다." 그는 이렇게 의사들을 공격하며 자기가 만든 약을 무료로 나누어 주었다. 그러니 의사, 약제사들의 미움을 살 수밖에 없었다.

당국은 파라켈수스를 두려워했다. 그는 대학 의학부에 출두하라는 명령을 거부했고 환자를 둘러싼 공방은 재판정에까지 갔다. 마침내 파라켈수스는 바젤에서 못 견디고 1년 만에 도망치는 몸이 되었다. 학생들은 인기 있는 파라켈수스를 복직시키라고 폭동에 가까운 항의를 했다. 그는 강의도 못했고 책을 출판해 주는 곳도 없었지만 돌아다니며 계속 집필했다. 3백여 편이나 되는 그의 저작은 죽은 뒤에 출판되었다. 그는 잘츠부르크의 성 제바스찬병원에 묻혔다.

파라켈수스는 우주가 황, 수은, 염으로 이루어졌다는 3원리설을 주장했다. 이것은 3위 1체설에 맞추기 위한 것이었고 4원소설에서는 각각 불, 물, 흙에 해당한다. 인체도 3원리로 이루어진 화학적 계이다. 그는 3원리 사이의 균형이 깨질 때 병이 생기며 이 균형의 회복은 광물성 약에 의해 가능하다고 했다. 화학은 다름 아닌 광물성 약을 만들기 위해 하는 것이며 여기서 의화학(Jatrochemie)이 비롯되었다.

파라켈수스는 해부학에는 관심이 없었다. 그는 인체를 연금술사의 부엌이라고 부르면서 화학적인 질병이론을 발전시켰다. 그 덕분에 납, 황, 철, 비소, 황산구리, 황산칼륨 등이 처음으로 약국방에 들어갔다. 그는 또한 점성술과 의학을 연결시키기도 했다. 지상의 생활을 결정하는 별자리가 계속 변화함에 따라 병과 치료도 변화한다는 것이다.

파라켈수스는 체제가 받아들이기를 거부했는데도 불구하고 당시 사람들에게는 의학의 상징이었다. 그의 영향은 의학과 화학에서 18세기 말까지 2백 년 이상 계속되었다.

4

베살리우스

15세기에서 16세기로 넘어갈 때 유럽에는 인체해부에 대한 관심이 크게 일어났다. 이런 변화는 교회의 영향력이 줄어듦에 따라 가능했다. 레오나르도 다 빈치를 비롯해 많은 해부학자가 나왔으나 '근대 해부학의 아버지'라는 명예로운 호칭은 베살리우스(Andreas Vesalius, 1514-64)에게 돌아갔다.

베살리우스는 브뤼셀에서 대대로 의사를 지낸 집에 태어났다. 어릴 때부터 집에서 개구리, 쥐, 두더지를 해부한 그는 루뱅(Louvin)대학에 들어가 고전어를 공부했으나 해부를 금하는 데 실망했다. 19살에 파리대학으로 옮겨 실비우스(Jacobus Sylvius) 밑에서 고대의학 책을 읽고 해부학 강의를 들었다. 그는 실제로 해부를 해 본 결과 갈레노스의 책과 다른 점이 많음을 발견하고 갈레노스를 철저히 믿는 실비우스와 격렬한 논쟁을 벌였다. 베살리우스는 "이발사가 해부하고 교수는 멀리서 까치처럼 노래하는" 데 불만을 품고 학위 없이 루뱅으로 돌아갔다.

그는 동물해부를 열심히 하는 한편 공개처형이 끝나면 밤에 공동묘지에 가서 죄수의 시체를 파내어 연구했다. 어느 때는 새가 깨끗이 먹어치운 시체의 완전한 골격을 얻기도 했다. 루뱅시는 인체해부 금지를 완화하고 처형된 죄수의 시체를 대학에 넘겨주어 해부학 강의에 쓰게 했다.

베살리우스가 루뱅대학을 마치고 베네치아 도시국가의 진보적인 파도바(Padova)대학으로 간 것은 23살 때였다. 그는 이 대학에서 최우등으로 의학박사 학위를 받은 다음날 해부학 및 외과학 교수에 취임했다. 그는 직접 해부했고 학생들을 조수로 썼다. 포름 알데히드 방부제를 모르던 때라 해부는 단시간에 해야 했다. 베살리우스는 3주 동안 하루 8시간씩 쉬지 않고 해부를 하는 열정을 과시했다. 그의 강의는 기성 의사들도 청강할 만큼 인기가 있었다.

베살리우스는 강의에서 해부도를 활용했다. 1568년 출판된 그의 책에는 큰 해부도 6장이 들어 있다. 처음 3장은 베살리우스 자신이 그린 것으로 각각 문맥·정맥·동맥계를 나타낸다. 그 해부는 주로 갈레노스적이며 유인원의 기관들을 보여 준다. 나머지 3장은 플란더스 화가 칼카르(Calcar)가 그린 것이고 인체의 골격을 보인다. 이 책에는 그리스, 라틴, 아랍, 히브리 4개국어로 된 해부학 용어 색인이 붙어 있다.

베살리우스는 또한 해부학 지침서를 만들었다. 여기서 그는 생체해부를 근거로 심장의 수축이 정맥의 박동과 동시에 일어난다는 것을 주장했는데 이것은 갈레노스에 반대한다는 분명한 입장을 보인 것이다. 그의 활동은 교수와 학생들의 인정을 받았고 교수에 재임명되면서 봉급이 올랐다. 파도바 형사법정의 판사가 그의 연구에 관심을 가져 처형된 죄수의 시체를 충분히 공급했다. 자세한 비교해부의 되풀이가 가능해졌고 그는 갈레노스 해부학에 도전하는 데 자신이 생겼다. 베살리우스는 볼로냐대학에서 한 특강에서 해부는 인체의 해부에서 배워야 한다고 강조하고 갈레노스의 뼈에 대한 기술은 유인원을 가지고 한 것임을 증명했다.

베살리우스는 좋은 해부학 교과서가 필요함을 절감했다. 2년 걸려 탈고해서 1543년에 햇빛을 본 책이 《인체의 구조에 관하여》(*De human corporis fabrica*)이다. 이 책은 같은 해에 나온 코페르니쿠스의 《천구의 회전에 관하여》(*De revolutionibus orbium coelestium*)와 함께 각각 생명과학과 물리과학의 혁명을 몰고 온 불씨가 되었다.

베살리우스는 책을 최고로 잘 만들기 위해 바젤의 인쇄업자 오포리누스(Oporinus)에게 맡겼다. 그는 휴가를 내서 페라라를 거쳐 바젤에 가 책 만드는 일을 독려했다. 그림은 직접 그린 것도 있으나 대부분은 티치아노(Tiziano Vecelli)의 화실에 있는 학생들이 그린 것이고 목판을 만들어 인쇄소에 보내졌다.

《인체의 구조에 관하여》의 제1책은 뼈에 관한 서술로 시작된다. 제2책은 근육과 그 기능, 제3책은 혈관계, 제4책은 신경계, 제5책은 복부기관, 제6책은 흉곽기관, 제7책은 뇌의 해부를 서술하고 있다. 제3책은 만족스럽지 못하나 제5책은 상당히 정확하다는 평가를 받고 있다. 제7책은 인체 머리 모양의 변화를 잘 묘사해 체질인류학의 선구로 불리기도 한다. 1555년에 나온 개정판은 제5,6책이 많이 달라졌고 초판 이후의 해부 결과를 반영하고 있다.

베살리우스는 외과학에서 의학을 분리하는 것이 재난임을 보였고 해부를 육체노동으로 천시하는 위험을 경고했다. 그는 갈레노스의 오류를 많이 바로잡았고 동물해부와 인체해부를 비교하는 비교해부학의 위력을 보였다. 그는 보수파의 반대에 부딪쳤고 스승 실비우스에게는 미친놈 소리마저 들었다. 환멸을 느낀 베살리우스는 스페인의 카를로스 5세(Carlos

Ⅴ)의 초청을 수락해 시의로 부임했다. 그는 펠리페 2세(Felipe Ⅱ)까지 20년 동안 봉사했다. 파도바대학의 해부학교수 후계자 팔로피우스(Falopius)가 죽자 베살리우스가 돌아갈 수밖에 없었다. 베살리우스는 그에 앞서 예루살렘을 순례했는데 돌아오는 길에 폭풍을 만나 작은 섬에 좌초되었고 지쳐 그곳에서 죽었다.

5 하비

하비(William Harvey, 1578-1657)는 도버해협에 연한 포크스톤(Folkstone)에서 태어났다. 때는 일리저베스 1세(Elizabeth I) 여왕 치하였고 그의 아버지는 성공한 상인이었다. 그는 19살에 케임브리지대학의 의학 명문 곤빌 앤드 키스 콜리지(Gonville and Caius College)를 졸업했다. 하비는 크게 앓고 난 다음 1600년 파도바(Padova)로 갔다. 파도바대학은 베살리우스 이래 해부학의 중심이었다. 그리고 그곳에는 갈릴레오가 가르치고 있었다.

하비는 파브리키우스(Hieronymus Fabricius) 밑에서 공부했고, 1602년 의학박사 학위를 받자 귀국했다. 하비는 26살 때 일리저베스와 결혼했으나 아이는 없었다. 그는 런던에서 개업하고 있다가 1618년 왕립의과대학의 펠로우가 되었고 성 바솔로뮤(St. Batholomew)병원에서 의사로 일했다.

하비가 1628년에 내놓은 《심장과 피의 운동》(*De motu cordis et sanguinis*)은 근대 해부학의 결정판이다. 근대적인 의학은 이 책과 더불어 시작했다고 해도 지나친 말이 아니다. 그는 그의 책에 관찰에 의하지 않은 것은 하나도 없다고 단언한다. 또한 그는 해부를 책에서가 아니라 해부 자체에서 배웠다고 한다. 하비는 그의 환자인 베이컨(Francis Bacon)의 경험적 방법을 철저히 따른 사람이라 할 수 있다.

하비는 동물의 혈관계 실험을 하는 데 많은 시간을 보냈다. 그는 80여 종의 동물을 해부했다고 전하는데, 물고기, 개구리, 뱀 등 냉혈동물이 특히 유용함을 발견했다. 그는 심장의 근육적인 성질을 연구했다. 그 결과 맥박은 심장이 수축될 때마다 방출되는 피의 증가된 압력 때문임을 알게 되었다. 갈레노스는 심장의 확장에 관심을 가졌지만 하비는 수축에 주목했다. 심장이 수축될 때 피를 내보내는 일종의 펌프로 본 것이다. 갈레노스는 간에서 만들어진 피가 일방적으로 사지에 공급되는 것이라고 했으나 하비는 심장을 떠난 피가 혈관을 돌아 되돌아오는 순환을 생각했다. 그 순환과정은 다음과 같다. 우심실에서 나온 피는 폐동맥을 통해 폐로 가서 폐정맥을 통해 좌심방으로 간다. 그 다음 피는 좌심실로 들어가 대동맥을 통해 동맥과 사지로 간다. 다시 피는 정맥을 통해 우심방으로 가서 우심실을 통해 새로이 순환을 한다.

피의 순환을 뒷받침하기 위해 하비가 제시한 증거는 매우 흥미롭다. 우선 확장상태에서 좌심실이 갖고 있는 피의 양과 수축상태에서 심장이 갖고 있는 피의 양을 계산한다. 간단한 계산을 해 보아도 심장에서 동맥으로 나간 피의 양은 전신에서 발견되는 피의 양보다 훨씬 많음을 알 수 있다. 이만한 양의 피가 계속 먹은 것에서 만들어진다는 것은 있을 수 없다. 따라서 피는 순환해서 출발점으로 돌아와야 한다. 또 다른 증거는 해부할 때 피는 정맥에 많이 있으나 동맥이나 좌심실에 조금 있다는 사실이다. 그것은 폐의 운동이 끝난 뒤에도 심장이 계속 움직여 피를 보내지만 폐는 피를 보내지 못하기 때문이다.

하비의 결찰실험은 유명하다. 팔에 꼭 조이는 결찰을 했을 때 그 위의 동맥은 부풀지만 아래는 그대로 있다. 약간 느슨한 결찰을 하면 아래 정맥이 부풀어 오르나 위는 변화가 없다. 이것은 피가 순환함을 보여 준다. 화학자 보일이 피의 순환을 생각하게 된 동기를 물었을 때 하비는 정맥 속의 판막이라고 대답했고 한 판막은 그의 스승 파브리키우스가 많이 연구한 것인데 하비는 그것이 대정맥으로부터 정맥으로 피가 거꾸로 흐르는 것을 막는 장치로 보았다.

마지막으로 추리에 의한 증거가 있다. 피가 사지로 감에 따라 식고 탁해져서 다시 더워지고 생기를 얻기 위해서는 심장으로 돌아와야 한다는 것이다. 이것은 심장에 생명력이 있다는 전통적인 믿음을 청산하지 못한 탓으로 관찰, 실험에 철저한 하비의 한계를 드러낸 것이다.

13세기에 아랍의 이븐 안 나피스(Ibn al Nafis)가 폐순환을 발견했고 스페인의 신학자 세르베투스(Servetus)와 파도바학파 안에서도 콜룸부스(Columbus), 케잘피누스(Cesalpinus)가 폐순환을 알아냈지만 거기서 나아가 피의 순환을 증명한 것은 하비였다. 그는 동맥에서 정맥으로 가는 길을 알지 못했으나 이것은 뒤에 말피기(Malpighi)가 현미경으로 모세혈관을 발견해 해결했다. 그는 폐에서 어떤 일이 일어나는지도 몰랐으나 이것도 로워(Lower)의 호흡생리 연구까지 기다려야 했다.

남은 생애에 하비는 동물의 생식을 연구했다. 그는 아리스토텔레스의 발생학을 기초로 배가 형성되어 기관과 사지로 분화하는 과정을 다루었다. 그 결정이 1651년에 나온 《동물의 발생에 관하여》(*Exercitationes de generatione animalium*)이다. 하비는 나중에 내란에서 처형된 찰즈 1세(Charles I)의 시의로 봉사했다. 1642년에는 왕과 함께 런던을 탈출했고 그 사이 폭도들이 집에 들어와 연구노트와 표본을 파괴하는 불행을 당했다. 하비는 왕당파였지만 작위는 받지 못했고 크롬웰의 섭정기에 죽어 웨스트민스터 성당에 묻히지도 못했다.

6

라메트리

유물론의 역사는 오래되었다. 기원전 5세기에 나온 데모크리토스의 원자론은 유물론, 기계론, 무신론을 담은 포괄적인 세계상을 체계화한 것이다. 뉴튼이 과학혁명을 마무리한 뒤를 이은 프랑스 계몽사상도 이 전통의 후예라 할 수 있다. 그 절정을 이룬 라메트리(Julien Offray de la Mettrie,

1709-51)는 '인간은 기계'라고 선언해 세상을 놀라게 했다.

라메트리는 브르타뉴 지방 생-말로(Saint-Malo)에서 직물상인의 아들로 태어났다. 아버지는 그를 성직자로 만들고 싶어 했고 고교시절 잠시 얀센(Jansen)주의자가 되기도 했다. 그는 문학에 탐닉했으며 콜레주 다르쿠르(college d'Harcourt)에서 철학과 과학을 공부했다. 고향에 돌아왔을 때 집안과 가까운 해부학자 위노(Hunauld)가 의학공부를 권했다.

라메트리는 파리대학 의학부에서 5년 동안 공부했다. 그는 곧 의학의 최고명문 레이든(Leiden)대학으로 가 부르하브(Herman Boerhaave)의 제자가 되었다. 두 사람의 만남은 짧았지만 그 영향은 컸다. 그는 스승의 의학, 화학에 관한 여러 책을 번역했고 생리학 주석서도 냈다.

라메트리는 30살에 미망인 드로노(Droneau)와 결혼했는데 성격이 안 맞아 불행했다. 1녀 1남을 얻었으나 아들은 어려서 죽었다. 파리로 간 라메트리는 그라몽 백작의 주치의가 되었고 그가 이끄는 수비대의 군의관으로 오스트리아 계승전쟁에 참전했다. 그는 프라이부르크(Freiburg) 전투에서 심한 열병을 앓았는데 그 체험을 통해 사고가 기계의 조직의 결과임을 확신하게 되었다. 그는 이 믿음을 《영혼의 자연사》(*Histoire naturelle de l'âme*, 1745)에 썼고 신학자들의 분노를 사 군의관을 그만두지 않을 수 없었다.

라메트리는 프랑스 의학계의 거물들을 풍자한 《마키아벨리의 의학정치》(*Politique du médecin de Machiavel*)를 냈다가 의사들의 미움을 사 네덜란드로 도피했다. 그러나 그는 거기서도 돌팔이의사를 꼬집는 희곡을 썼다. 1747년 라메트리는 문제작 《인간기계론》(*L'Homme machine*)을 썼다. 이 책은 격렬한 생각을 급히 적은 것으로 나중에 다시 쓸 생각이었던 듯하다.

《인간기계론》은 지성의 자유를 믿는 출판업자 뤼작(Elie Luzac)의 도움으로 이듬해 햇빛을 보게 됐으나 거센 분노를 몰고 왔다. 뤼작은 교회당국에 불려가 책을 모두 폐기처분하고 사과하라는 명령을 받았다. 그는 지은이의 이름을 밝히라는 요구를 거부했으나 누가 쓴 지는 곧 드러났고 신·구교의 일치단결한 박해를 못 견뎌 네덜란드에서도 떠나야 했다.

《인간기계론》은 영혼의 본질을 형이상학적으로 설명하려 한 과거의 철학자들에 대한 비판으로 시작한다. 특히 데카르트(Descartes)의 심신이원론은 이 책의 출발점이었다. 데카르트는 몸과 마음이 평행선을 가는 것이라고 보았으나 라메트리는 둘을 하나로 보았다.

데카르트는 하등동물을 자동기계라고 불렀으면서도 인간은 영혼을 갖고 있다 해서 특별한 위치에 놓았다. 라메트리는 인간과 동물 사이에 정도의 차이는 있을지언정 근본적으로 다른 것은 아니라고 한다. 동물기계는 자연스럽게 인간기계로 발전한다. 인간기계를 뒷받침하는 10가지 실험도 소개된다. 가장 중요한 증거는 작은 수생동물 폴립(polyp)의 잘려진 부분이 증식하는 것이다.

심신의 상호의존과 인간기계에 관한 라메트리의 주장은 당시의 비교해부학, 신경생리학, 병리학 분야의 광범한 연구성과에 근거를 두고 있다. 그는 자극감응(irritabilité)을 생물의 일반적 성질로 보았는데 이것은 물질이 아니므로 라메트리는 기계론자가 아니라 생기론자라 할 수 있다.

인간은 시계장치, 자동기계라는 되풀이되는 주장은 라메트리가 골수유물론자라는 인상을 풍긴다. 그러나 자세히 보면 부드러운 모습이 분명히 있다. 신의 존재 문제만 하더라도 그는 무신론보다는 불가지론에 가깝다. 따라서 라메트리는 독단적 유물론보다는 '예의바른 유물론'이라 불리는 일원론적 자연주의(monistic naturalism)의 전통에 넣는 것이 옳을 듯하다.

라메트리는 프로이센의 프리드리히 2세(Friedrich Ⅱ)의 초청을 받아 베를린에 도착했다. 이 반종교적인 계몽군주는 신학적 박해를 받는 철학자를 도와주는 것을 영광으로 생각했다. 라메트리는 고향이 같은 모페르튀(Maupertuis)가 원장으로 있는 베를린과학아카데미의 회원이 되었고 프리드리히의 시의와 왕사를 겸했다.

라메트리는 포츠담의 상 수시(San Souoi)궁에서 최상의 대접을 받으며 많은 저작을 남겼다. 《식물인간》(1748), 《행복론》(1748), 《동물과 기계》(1750), 《에피쿠로스의 세계》(1750)가 그것이다. 그러나 그는 처세가 서툴러 동료들에게 인기가 없었고 손해를 많이 보았다. 그는 궁정생활에 지쳐 볼태르(Voltaire)에게 영향력 있는 사람을 통해 파리에 돌아가게 해달라고 부탁하기도 했다.

1751년 라메트리는 프랑스 대사 티르코넬(Tirconnel)의 집에서 꿩고기 파테를 먹고 급한 병을 얻어 며칠 뒤 죽었다. 그의 나이는 42살이었다. 그를 미워한 사람들은 천벌이니 '유물론철학의 실질적 반박'이니 하며 기뻐했다. 아카데미에서 열린 장례식에서는 왕이 추도사를 읽었고 라메트리는 프리드리히슈타트(Friedrichstadt)의 프랑스 가톨릭교회에 묻혔다.

7

베르나르

프랑스가 낳은 19세기 최대의 생리학자 베르나르(Claude Bernard, 1913-78)는 포도주로 유명한 보졸래(Beaujolais) 지방 생 쥘리앙(Saint Julien)에서 태어났다. 집이 가난해 18살에 리용 교외에서 약사 견습생으로 일했다. 근방 수의학교에 약을 배달하며 해부, 외과치료하는 것을 흥미 있게 구경했다. 그러나 베르나르의 뜻은 문학에 있었다. 그의 희곡은 지방극장에서 상영되기도 했다. 그는 "영국왕 아서"(Arthur de Bretagne)라는 희곡을 써 가지고 파리의 비평가 지라르댕(Saint-Marc Girardin)을 찾았으나 먹고 살 직업을 갖고 여가에 시를 쓰라는 충고를 들었다.

베르나르는 깨끗이 단념하고 파리대학 의학부에 입학했다. 그의 스승 마장디(François Magendie)는 강의 노트를 외우게 하는 전통적 교육법을 타파하고 실험실에서 실험동물의 반응을 관찰하게 했다. 그는 베르나르의 뛰어난 재능을 발견해 조교로 썼다. 두 사람의 끈끈한 관계는 사별할 때까지 계속되었다. 베르나르의 학위논문은 "위액과 그 소화기능"이었다. 그는 여러 가지 식품의 소화과정을 분석했다. 그는 췌장액이 지질을 글리세롤과 지방산으로 분해하는 물질을 갖고 있음을 확인했다. 간의 글리코겐 합성을 발견한 것은 빛나는 업적이다. 베르나르는 간에서 나온 포도당과

소장이 흡수한 포도당이 같은가라는 의문을 제기했다. 실험을 해 본 결과 탄수화물 없는 음식을 먹은 동물의 간이 피에 계속 포도당을 방출한다는 것을 알았다. 여기서 간으로 들어가는 포도당은 다른 물질로 바뀐다는 결론이 나왔는데 이것이 글리코겐(glycogen)이다.

베르나르가 천재임을 보여 주고 실험생리학의 창시자라는 호칭을 얻게 한 것은 그가 실험에서 연역한 넓은 기초생물학 개념이다. 그는 몸의 각 부분 내부와 부분들 사이의 동적 평형에 주목했다. 모든 생명기능은 아무리 다양해도 '내부환경'(milieu intérieur)에서 생명의 조건을 일정하게 보존하는 목적만을 갖는다는 것이다. 베르나르는 글리코겐 연구에서 내분비라는 말을 만들었으며 인슐린 분리에 의한 당뇨병 치료의 기초를 마련했다. 그는 또한 혈관운동신경계의 기능과 본질을 밝혔다.

마장디에 이어 콜레주 드 프랑스(Collège de France)의 실험의학 교수가 된 베르나르는 첫 강의에서 내가 가르칠 실험의학은 존재하지 않는다고 했다. 그러나 그는 15년 뒤 실험의학의 여명이 과학의 지평선에 보인다고 말했다. 베르나르는 프랑스 과학아카데미 회장, 프랑스 아카데미 회원, 상원의원과 같은 최고의 영예를 누렸고 죽어서는 과학자로서 처음 국장을 받았다.

베르나르는 많은 논문을 남겼으나 건강을 해쳐 고향으로 내려갔다. 거기서 그는 깊은 철학적 사색에 잠겼다. 처음에는 끝내 못나온 책의 서문으로 썼던 것을 차츰 확장해 가다가 책이 된 것이 《실험의학연구입문》(*Introduction à l'étude de la médecine expérimentale*, 1865)이다. 이 책은 프랑스 아카데미에서 새로운 문체를 만들었다는 평을 받았을 정도로 문학적 향기가 높았으며 졸라(Emil Zola)의 자연주의에도 영향을 주었다고 한다.

《실험의학연구입문》은 과학 연구의 기본원리를 제시하고 있는데 자신이 연구한 사례사를 최대한 활용한 것이 특징이다. 1부는 실험적 추론, 2부는 생물실험, 3부는 생명현상 연구에 대한 실험적 방법의 응용으로 되어 있다.

베르나르에 따르면 실험적 방법은 관찰, 가설, 실험의 3단계로 진행한다. 여기서 실험은 가설의 검증을 위해 어떤 조건 아래서 행해지는 관찰이다. 수동적인 관찰의 과학은 실험의 과학과는 다르다. 그의 목표는 의학을 실험과학(정복과학)으로 변형하는 것이다. 훌륭한 실험가는 동시에 이론가이고 실천가여야 한다. 방향을 잡을 머리가 없는 재주 있는 손은 맹목적 도구이며 관념을 실행할 손이 없는 머리는 무능이다.

강한 생기론을 배경으로 나온 베르나르는 생명현상도 불확정 물질을 지배하는 결정론의 지배를 받는다는 것을 강조한다. 엄밀한 물리·화학적 결정론은 고전적 생기론을 거부한다. 그러나 베르나르는 유물론에도 반대한다. 생명에 방향을 주는 창조적인 요소를 인정하기 때문이다. 베르나르는 생기론과 결정론의 충돌을 극복하기 위해 '내부환경' 개념을 도입한다. 생명이 외부조건 변화의 영향을 받지 않고 자유롭고 독립적일 수 있는 근거가 마련된 것이다. 베르나르의 입장은 '생물학적 수준의 생기론'이라 부를 수 있다. 형이상학적인 활력을 도입하지 않고 '내부환경'을 가지고 문제를 유보하기 때문이다.

베르나르의 책은 같은 시대의 생물학자 파스퇴르(Pasteur)의 극찬을 받았다. 흔히 고전은 받들어지고 인용되지만 읽히지는 않는 책이라고 한다.

그런데 《실험의학 연구입문》은 오늘날도 프랑스 고등학교의 철학교재이고 의과대학 앞 서점에서 잘 팔리는 책이다.

8

비르효브

의사로서 비르효브 만큼 다채롭고도 성공적인 삶을 이끈 사람은 찾아보기 어렵다. 비르효브(Rudolph Virchow, 1821-1902)는 포메라니아(Pomerania)의 가난한 작은 도시 시벨바인(Schiebelbein)에서 태어났다. 그는 베를린대학의 프리드리히 빌헬름연구소(Friedrich Wilhelm Institut)에서 거물 생리학자 뮐러(Johannes Müller)의 지도 아래 엄격한 실험실 훈련을 받았다.

비르효브는 대학을 나와 자선병원에서 외과의로 근무하며 혈전증, 색전증의 미생물학적 연구를 했다. 그는 프로이센 정부 파견으로 프라하(Praha)와 빈(Wien)의 병리학 프로그램을 평가하기도 했다. 또한 그는 《병리해부학 · 생리학 · 임상의학잡지》를 창간해 죽을 때까지 50년 동안 편집인으로 있었다.

비르효브는 오버질레지엔(Obersilesien)의 티푸스 전염지역을 3주 동안 방문한 일이 있다. 그는 가난한 폴란드 소수민족을 보았고 그 인상이 그의 자유주의적인 사회·정치신조를 만들었다. 그는 의학보고서 대신 정부에 정치적 자유와 교육·경제개혁을 건의했다. 정치적으로 과격해진 비르효브는 1848년 베를린 봉기에 가담해 바리케이드를 치고 싸웠다. 그는 베를린 민주의회 의원으로 뽑혔고 주간지 《의학개혁》(*Die Medicinische Reform*)의 편집인이 되었다. 그러나 승리는 오래가지 않았다. 자유주의가 패배하자 그는 자선병원에서 쫓겨났고 1849년 베를린을 떠났다.

비르효브는 뷔르츠부르크(Würzburg)대학 병리해부학 교수로 부임했는데 이것은 독일에서 처음 생긴 강좌였다. 그는 잠시 정치에서 떠나 의학 연구에 전념했다. 그는 세포생리학의 개념을 확립했고 해켈(Ernst Haeckel), 클렙스(Edwin Klebs) 등 제자들을 길러냈다. 그가 뷔르츠부르크에 머물렀던 7년은 가장 생산적인 기간이었다. 그는 6권으로 된 《독수병리학 및 치료 핸드북》을 내기 시작했고 의학의 진보를 개관하는 《연보》의 편집도 맡았다.

1856년 비르효브는 베를린대학 병리해부학 교수로 부임했고 신설된 병리학연구소장을 겸했다. 거기서 호페-자일러(Hope-Seiler), 레클링하우젠(Recklinghausen), 콘하임(Kohnheim) 등 제자들이 나왔다. 그는 자선병원의 임상과를 맡아 일찍이 학생시절에 세웠던 의학발전계획을 실천했다. 병리학자로서 비르효브에는 두 가지 측면이 있다. 그것은 과학방법론과 세포병리학 분야의 활동이다. 그는 관찰과 실험의 중요성을 강조했고 사변적인 이전의 학자들을 비난했다. 그러나 그는 의학지식의 종합과 제1원리의 수립에 미련을 가져 함정에 빠졌다. 상상적이고 직관적인 그는 귀납적 비약을 곧잘 했다. 비르효브의 관심은 처음부터 병리생리학에 있었다. 따라서 그는 질병과정에 대한 동적 견해를 가졌고 정적 구조변화라 할 수 있는 병리해부학은 잇따르는 것으로 보았다. 그는 현미경과 생화학적 기법의 도움으로 병리학적 과정을 세포수준으로 환원하는 데 성공했다.

1858년에 나온 《세포병리학》(*Die Cellularpathologie*)에서 비르효브는 건강할 때나 병일 때나 세포를 기본 생명단위로 보았다. 여기서 "모든 세포는 세포에서"(Omnis cellula e cellula.)라는 유명한 명제가 나왔다. 비르효브의 세포병리학 개념은 모든 병이 생세포의 교환이라는 것을 함축했다. 한편 세포기능은 형태학에 반영되는 세포 간 물리·화학적 변화에 의존한다고 했다. 세포병리학은 체액 및 신경 생리병리학을 파괴했다.

1859년에 비르효브는 베를린 시의원이 되어 공중보건 문제에 관여했다. 당시 베를린의 위생상태는 엉망이었다. 그는 팽창하는 도시의 하수·상수체계 개선에 한몫을 했다. 1861년에 그는 프로이센 하원의원이 되었고 독일진보당의 창당대표였다. 그는 비스마르크의 재무장, 무력 통일정책에 반대했다가 결투신청을 받고 피한 일이 있다. 그는 프로이센-프랑스 전쟁 때는 군의로 활약하기도 했다.

비르효브는 질병의 정치·사회·경제적 요인을 강조했다. 전염병은 사회봉기와 비교되었다. 질병은 인공적인 것이므로 사회변화로 제거될 수 있다는 것이 그의 믿음이었다. 모든 사람은 건강해질 헌법적 권리를 갖고 있으며 사회는 그 구성원이 자유로이 발전할 수 있는 위생조건을 제공할 책임이 있다고 했다. 그는 시청과 의회활동을 통해 개혁을 몸소 실천했다.

비르효브는 의학이 인간 통찰력의 가장 높은 형태이며 모든 과학의 어머니라고 주장했는데 이것은 프랑스 사회사상과 독일 자연철학

(Naturphilosophie)을 따른 것이다. 의학을 통일된 인간과학으로 만들려는 유토피아적인 희망은 실현되지 않았으나 그의 노력은 무섭게 발전하는 과학을 의학과 관련시키는 일을 도왔다.

비르효브는 말년에 세균학에 회의를 품었다. 그는 병에 단일의 원인이란 없다고 보고 세균은 전염병에서 여러 환경적·사회적 요인 가운데 하나라고 주장했다. 그가 제멜바이스(Ignaz Semmelweis)의 산욕열 방지소독에 반대한 것은 이런 생각과 관련된 실수라 할 수 있다.

1870년 이후 비르효브는 인류학에 관심이 많아 독일인류학·인종학·태고사학회(Deutsche Gesellschaft für Anthropologie, Ethnologie und Urgeschichte)를 만들었다. 전국의 학생들을 상대로 신체적 특징을 연구해 순수한 독일인은 없다는 결론을 내기도 했다. 그는 또한 고고학에도 관심이 있어 원정 발굴에 참여했고 인종박물관, 민속박물관을 만드는 데도 주동이었다.

4장

전환기의 과학자들

1

전자기학의 신데렐라 패러데이

과학사는 많은 예측할 수 없는 경이로 차 있다. 어린 패러데이가 굶어죽기를 면할 수 있었더라도 평범한 점원이나 직공 이상이 되기를 기대한 사람은 없었을 것이다. 그가 과학자가 된다는 것은 터무니없는 얘기이고 더구나 물리학 이론의 근본적 변화를 일으키리라고 보는 사람은 미치광이임에 틀림없었다. 왜냐하면 그는 과학이나 수학 훈련을 받은 일이 없고 학교에서도 천재의 징조는 안 보였기 때문이다.

마이클 패러데이(Michael Faraday, 1791-1867)는 런던 근처 시골의 대장장이의 아들로 세상에 나왔다. 그의 집은 찢어지게 가난했는데 그나마 아버지가 마이클이 태어난 직후 병으로 죽었다. 어쩔 수 없이 일찍 학교를 그만두고 생활전선에 나서야 했다. 13살 때 시골 책방의 심부름꾼으로 취직한 패러데이는 착실하게 보여 제본소의 견습공으로 옮기게 되었다.

그는 주인의 호의로 책의 겉만 아니라 속까지 알게 되었다. 소년은 남는 시간에 제본소를 거치는 책을 탐독했다. 《브리태니커 백과사전》(*Encyclopedia Britannica*)의 전기에 관한 항목과 마시트(Jane Marcet)의 《화학대화》(*Conversations on Chemistry*)가 특히 그의 관심을 끌었다.

패러데이는 저축한 돈으로 실험기구를 사서 홀로 실험했고 밤에 열리는 과학강의에 나가 열심히 노트해서 제본하곤 했다. 어느 날 한 손님이 저명한 과학자 함프리 데이비(Humphry Davy)의 과학공개강의 입장권을 갖다 주었을 때 패러데이는 뛸 듯이 기뻤다. 데이비는 그때 왕립연구소(Royal Institution)에서 알기 쉽고 재미있는 화학강의를 해서 상류사회의 청중을 매혹시키고 있었다. 패러데이는 강의를 듣고 나서 데이비에게 취직을 부탁하는 편지와 함께 깨끗이 제본된 노트를 부쳤다.

마침 빈 자리가 없어 기다린 끝에 패러데이는 왕립연구소의 데이비 실험실에서 병 닦고 청소하는 조수로 채용되었다. 그는 신이 나서 열심히 일했고 곧 주위 사람들의 인정을 받았다. 그는 순조롭게 승진을 거듭해 12년 뒤에는 데이비를 이어 실험실장이 되었다. 데이비가 "나의 가장 위대한 발견은 패러데이였다."고 말할 정도로 패러데이는 그의 눈에 들었던 것이다.

1813년 데이비가 유럽의 주요 도시에 강연여행을 갔을 때 패러데이도 따라가 견문을 넓혔다. 이탈리아에서는 볼타(Alessandro Volta)를 만났다. 그의 연구에 자극을 받아 패러데이는 전기화학에 몰두하게 되었다. 물에 전기를 통하면 산소와 수소로 분해된다는 것은 이미 밝혀져 있었고 데이비는 수산화칼륨을 전기분해해서 칼륨을 얻은 바 있다. 패러데이는 물질에 흐르는 일정량의 전기는 언제나 그 물질의 구성 분자의 일정량을 분해한다는 것을 증명했다. 이것이 전기분해의 법칙이다.

패러데이는 화학과 금속학도 연구했다. 그는 벤젠을 발견했고 스테인레스강도 만들었다. 또한 그는 여러 가지 기체를 액화했다. 왕실에서 거액의 연구비를 제의했으나 그는 자유로운 연구를 위해 이를 거절했다.

1821년 패러데이는 은방집 주인 딸과 결혼했다. 그녀는 매우 영리하고 다정한 여자였다. 그해 크리스마스에 그는 아내를 실험실로 데리고 갔다. 아내는 그가 어떤 선물을 줄지 몹시 궁금했다. 실험실 안에 마련된 선물은 그녀만을 위한 것이 아니라 온 인류를 위한 값진 선물이었다. 그것은 처음으로 전류를 써서 기계가 계속 움직이게 만든 전기모터였다.

패러데이는 과학계에서 혜성과 같은 존재로 떠올랐다. 1824년 그는 왕립학회(Royal Society) 회원으로 선출되었다. 패러데이를 키워 준 데이비는 회장으로 있었는데 이 선거에서 반대투표했다. 패러데이가 자신이 개발을 도왔던 데이비의 광부용 안전등의 안전성에 의문을 표시했기 때문이었던 것 같다. 그는 지나치게 솔직한 것이 탈이었다. 그러나 그는 조금도 반감을 품지 않았고 끝까지 데이비를 옹호했다.

외르스테드(Hans Christian Oersted)와 앙페르(André Marie Ampère)가 전기가 자기효과를 낼 수 있음을 발견했을 때 패러데이는 반대현상을 생각했다. "자기를 전기로 바꿔라!" 1822년 노트의 첫머리에 써 놓은 이 말은 패러데이의 머리를 떠날 날이 없었다. 9년 뒤 드디어 그는 자기를 전기로 바꾸는 데 성공했다.

그는 판지로 만든 원통에 구리줄을 감고 줄 끝에 검류계를 연결했다. 막대자석을 원통 속에 넣었더니 전류가 있음을 나타냈다. 자석을 뺐을 때 검류계의 바늘은 반대로 움직였다. 이것이 바로 전자기유도였다. 그는 구리 원반을 놋쇠 굴대 위에 놓고 강력한 자석의 양극 사이에 두었다.

구리 조각이 원반에 접촉하게 하고 거기에 검류계를 연결했다. 원반을 돌렸을 때 전기가 계속 발생했다. 이렇게 해서 발전기가 만들어졌다. 패러데이는 이 실험 결과를 왕립학회에 보고했다.

패러데이가 전기모터의 기본원리를 발견했을 때 월래스튼(William Hyde Wollaston)과 데이비는 그들의 아이디어를 훔쳤다고 비난했다. 그는 자기가 독창적임을 증명했지만 잡음이 싫어 한동안 전기 연구에서 떠났다. 발전기를 건조한 패러데이는 전자기유도가 일어나는 이유를 연구한 끝에 전자기장의 이론을 발전시켰다. 패러데이의 연구가 바탕이 되어 맥스웰(James Clerk Maxwell)은 전자기방정식을 만들 수 있었다.

전기학에 관한 패러데이의 연구는 발전기를 만든 뒤에도 20년 동안 계속되었다. 그가 그동안 발표한 8편의 논문들은 《전기학의 실험적 연구》(*Experimental Researches in Electricity*)라는 책에 실려 있다. 그가 마지막으로 한 실험은 1862년 자기가 빛스펙트럼에 미치는 효과에 관한 문제였다.

패러데이는 온 누리에서 존경을 받았고 여러 대학에서 갖가지 학위를 주려고 했다. 그러나 그는 이 모든 것을 사절했다. 런던대학의 교수 초빙을 거절했고 가장 명예스런 왕립학회 회장 자리도 물리쳤다. 작위도 받기를 거부했다. 다만 연금을 조금 받았을 뿐, 더 이상 아무것도 바라지 않았다. 그에게는 그저 연구하는 것만이 즐거움이었다. 패러데이는 돈을 벌려는 생각도 없었다. 그래서 그는 상업적인 목적을 위해 자신의 아이디어를 개발하지 않았다. 그는 일단 과학적인 문제를 해결하고 나면 또 다른 과학으로 옮아갔다.

패러데이는 영국사회의 밑바닥에서 상류층으로 떠오른 신데렐라였다. 천재와 노력, 그리고 운이 성공의 비결이었다. 그리고 그가 이룩한 업적은 20세기의 전기 문명을 빨리 가져오는 데 중요한 몫을 했다. 그의 이름은 farad라는 전기용량의 단위로 통용된다.

2

전자공학시대의 문을 연 맥스웰

때는 1846년이었다. 에딘버러 왕립학회에서 에딘버러대학의 포브즈(James Forbes) 교수가 달걀꼴 곡선과 빛의 굴절에 관한 논문을 읽었다. 그런데 그 논문은 포브즈 교수가 쓴 것이 아니었다. 그것은 14살 난 소년 맥스웰의 작품이었다. 그러나 어린이를 이 권위 있는 연단에 세울 수 없다 해서 교수가 대독한 것이다.

제임즈 클러크 맥스웰(James Clerk Maxwell)은 스코틀런드의 아름다운 도시 에딘버러(Edinburgh)에서 1831년 태어났다. 그가 자란 인디어가(India Street)는 오늘날도 그 모습이 그대로 남아 있다. 그곳은 에딘버러 구시가의 전형적인 회색 돌로 지은 건물들이 늘어선 곳이다.

맥스웰의 조상에는 두 가족이 섞여 있다. 그의 할아버지는 동인도회사의 선장인 제임즈 클러크였다. 그의 형 존 클러크경(준남작)이 죽자 선장의 아들들이 땅을 물려받게 되었다. 큰 아들은 준남작 위를 이어받아 조지 클러크경(준남작)이 되었으나 남부 미들바이(Middlebie)의 작은 땅을 차지한 작은 아들 존은 작위를 받지 못했다. 미들바이는 본디 맥스웰 집안에서 클러크 집안으로 왔으므로 작은 아들은 그 땅을 받으면서 맥스웰이라는 성을 붙여 존 클러크 맥스웰이 되었다. 그가 바로 제임즈의 아버지다.

따라서 맥스웰은 때로는 클러크 맥스웰로 불리기도 한다.

맥스웰의 아버지는 법학을 공부했으나 변호사 개업은 하지 않았다. 그는 결혼 후 시골생활에 맛을 들여 미들바이에 글렌레어(Glenlair)라는 집을 지어 놓고 재산을 관리하며 아들의 교육에 정열을 쏟았다. 이곳은 맥스웰이 만년에 은퇴생활을 즐긴 곳인데 그가 묻힌 파튼(Parton)교회는 여기서 2.3 km 떨어져 있다.

맥스웰은 어려서부터 비상한 호기심을 가져 3살 때 이미 자물쇠 같은 기구들이 어떻게 작동하는가를 물었고 동식물을 모았다. 아버지는 아들의 기계장치에 대한 관심을 고무했다. 맥스웰은 뉴튼, 아인슈타인과 함께 3대 수리물리학자로 꼽히지만 다른 두 천재가 그랬듯이 학교성적은 별로 좋지 않았다. 산술도 잘 못했다. 다만, 기계에 대한 소질이 유별났을 뿐이다. 그가 11살 때 패러데이(Michael Faraday)가 자기장에서 전류를 얻는 방법을 발견했는데, 이 발전기에서 받은 인상이 아주 깊었다.

맥스웰은 16살에 에딘버러대학에 입학했다. 그는 교수에게 뛰어난 재능을 인정받아 실험실을 맘대로 쓸 수 있는 특전을 받았다. 3년 뒤 케임브리지로 옮긴 맥스웰은 수학시험에서 2등을 했다. 그곳에서 그는 하루를 둘로 나누어 자는 괴상한 버릇을 붙여 유명해졌다. 곧 그는 오후 5시에서 3시간 반 자고 일어나 공부한 다음 새벽 2시에 일어나 30분 동안 계단을 뛰어 오르내리는 운동을 하고 나서 다시 7시까지 잤다.

맥스웰은 색팽이(colour top)를 발견했는데 이것은 원색 적·녹·청을 적당히 결합함으로써 거의 모든 색을 만들 수 있음을 보여 주었다. 이 연구를 기술한 논문은 칼러 TV의 기초가 되었다. 칼러 TV의 모든 빛깔은 이

셋의 결합이다. 이 연구로 그는 왕립학회의 람퍼드 메달(Rumford Medal)을 얻었다.

맥스웰은 23살에 대학을 졸업하고 트리니티 콜리지의 펠로우에 선출되어 계속 연구했다. 그는 포브즈 교수의 알선으로 1856년 애버딘(Aberdeen)의 마리샬 콜리지(Marischal College) 물리학 교수에 취임했다. 아버지와 가까이 있으려고 고향 가까이 간 것인데 그는 취임 며칠 전에 돌아갔다. 그 대신 맥스웰은 여기서 학장의 딸과 결혼하는 행운을 땄다. 그는 아내에 대해 이렇게 말한 일이 있다. "그녀는 수학적은 아니지만 수학 말고도 중요한 것은 많으며 적어도 수학에 방해는 되지 않을 것이다." 아닌 게 아니라 부인은 맥스웰의 실험을 돕는 등 착실한 내조를 했다.

맥스웰은 토성의 고리를 수학적으로 분석했고 기체운동론을 연구했다. 그러나 그의 업적 가운데 가장 중요한 것은 전자기이론이었다. 그는 패러데이의 전자기유도이론과 자기로부터 전기를 만든 데 매혹되어 자기장의 모형을 만들었다. 그것은 볼 베어링처럼 공들을 사이에 두고 도는 실린더들로 되어 있었다. 한 실린더가 돌면 그 운동이 공을 통해 전달되어 모든 실린더가 도는 구조였다.

그가 얻은 결론은 다음과 같았다. 첫째, 자력선은 닫힌 선으로서 끝없는 원을 이룬다. 둘째, 전력선도 닫힌 선이다. 셋째, 변하는 전기장은 자기장을 만든다. 패러데이는 변하는 자기장이 도체에 전류를 만든다고 했으나 맥스웰은 변하는 자기장이 공간에 전기를 만들고 그 반대도 마찬가지라는 연역을 했다. 또한 그는 전자기가 빛과 같은 속도로 여행함을 보여 주었다.

특정 조건 아래서 시공간에 전자기적으로 무엇이 일어나는가를 예측할 수 있도록 전기와 자기를 통일하는 이론이 필요했었는데 이것이 맥스웰의 방정식에서 이루어졌다. 이것은 뉴튼의 운동방정식에 견줄 수 있는 업적이었다. 패러데이는 맥스웰이 그의 이론을 훌륭하게 수학적으로 정식화한 것을 보고 감사의 편지를 냈다.

맥스웰이 죽은 지 8년 뒤인 1887년 헤르츠(Heinrich Rudolf Hertz)는 처음으로 라디오 송신기와 수신기를 발명함으로써 맥스웰의 전자기이론을 실험적으로 증명했다. 그리고 그가 죽은 뒤 75년 만에 전자공학자들은 맥스웰의 방정식이 레이다와 마이크로파를 이해하는 열쇠임을 알았다. 참으로 맥스웰은 현대의 찬란한 전자공학 시대를 연 위대한 선구자였다. 전기학은 1800년까지 거의 문제가 안 되었는데 1850년을 전후해서 폭발적인 발전을 했다. 이 무렵 태어난 맥스웰은 클라우지우스(Rudolf Calusius), 베르누이(Daniel Bernoulli), 줄(James Prescott Joule), 캐븐디시(Henry Cavendish), 패러데이 등의 발견을 더욱 발전시켜 종합하는 행운을 잡은 것이다.

맥스웰은 애버딘에 4년 있다가 런던의 킹즈 콜리지(King's College)로 옮겨 5년 만에 은퇴했다. 그의 나이 33살이었다. 그러나 말이 은퇴지 그는 글렌레어에 은거한 6년 동안 시를 쓰면서 연구와 집필에 온 힘을 쏟았다. 맥스웰은 1871년 새로 생긴 케임브리지대학 실험물리학 교수로 취임했다. 그는 여기서 마지막으로 캐븐디시연구소(Cavendish Laboratory)를 창설하는 어려운 일을 해 내고 1879년 암으로 세상을 떠났다. 한창 일할 48살의 나이에.

3

퀴리 가족

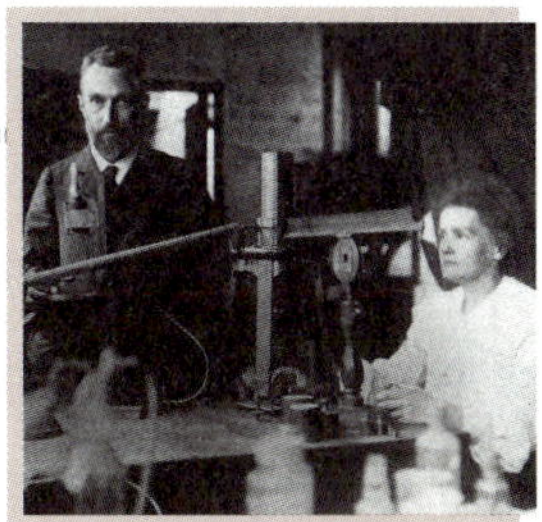

마리 퀴리와 피에르 퀴리

철모르는 과학 지망생이나 일가를 이룬 늙은 과학자를 똑같이 가슴 설레게 하는 말이 있다. 노벨상! 그것은 세계 최고의 권위를 자랑하는 상이다. 과학자에게 노벨상은 정상을 뜻한다. 이 정상에 오른 284명의 과학자 가운데 1973년까지 다섯 사람의 여성이 끼어 있다.

노벨상이 주어지기 시작한 지 3년째 되는 1903년 마리 퀴리(Marie Sklodowska Curie, 1867-1934)는 남편 피에르(Pierre Curie, 1859-1906), 베크렐(Henri Becquerel, 1852-1908)과 함께 물리학상을 받았고 8년 뒤에는 다시 화학상을 홀로 차지했다. 그녀의 딸 이렌 졸리오 퀴리(Irène Joliot-Curie, 1897-1956)는 남편 프레데릭(Frédéric Joliot-Curie, 1900-58)과 나란히 1935년 화학상을 받아 노벨가족을 이루었다. 세 번째 수상자는 거티 코리(Gerty Cori, 1896-1957)로서 역시 남편 칼(Carl Ferdinand Cori, 1896-1984)과 공동으로 1947년 생리·의학상을 받았다. 60년대에 들어와 단독연구로 두 차례나 여자에게 노벨상이 주어졌다. 마리아 괴퍼트 메이어(Maria Goeppert Mayer, 1906-72)는 1963년 물리학상을, 도러시 크로우풋 호지킨(Dorothy Crowfoot Hodgkin, 1910-94)은 1964년 화학상을 탔다.

모두 부러워하는 영예를 얻은 이들은 어떤 사람들일까? 그들은 모두 여자이고 뛰어난 과학자이다. 또 하나의 공통점은 결혼에 성공했다는 것이다. 그들은 예외 없이 어진 아내였고 훌륭한 어머니였다. 여류 과학자의 수는 적으며 일급 과학자는 극히 드물다. 아마도 여성은 과학에 적성이 아닌지도 모른다. 하나 그보다 여성은 가정이라는 방해물을 갖고 있다는 불리를 생각해야 될 것 같다.

어둑어둑해진 파리의 거리를 두 남녀가 걷고 있었다. 그들의 걸음은 느렸다. 피곤했기 때문이다. 4년이 넘도록 허구한 날 그들은 지붕 새는 실험실에서 지루한 작업을 계속했던 것이다. 두 사람이 결혼한 1895년 뢴트겐이 X선을 만들어내고 이듬해 베크렐이 방사선을 발견하자 그들의 긴 연구는 시작했다. 8톤이나 되는 피치블렌드를 끓이고 걸러서 정제하는 힘든 일이었다. 이 일이 마침내 끝난 것이다. 그동안 이들은 우라늄보다 방사능이 강한 폴로늄을 추출했고 이제 더욱 강한 라듐의 화합물을 정제하는 데 성공하고 말았다. 4년 전의 이들의 예언은 현실화되었다.

마리아 스클로도브스카(Maria Salomea Sklodowska)는 1867년 바르샤바에서 태어났다. 당시 폴란드는 러시아, 오스트리아, 독일에 분할 점령되고 있었다. 제정 러시아의 가혹한 통치 아래 마리아는 고등학교를 수석으로 졸업했다. 뛰어나게 총명한 그녀는 독립운동에 뛰어들만큼 애국심에 불타는 소녀였다. 마리아는 졸업 후 시골 친척 집에 가서 1년을 맘껏 쉬고 뛰놀며 몸을 단련했다. 여기서의 휴식은 후일 그녀의 무리한 연구생활을 지탱할 체력을 길러 주었다. 바르샤바에 돌아온 마리아는 어느 귀족의 가정교사로 취직했다. 언니 브로냐의 학비를 대기 위해서였다. 끔찍이도 우애가 좋은 자매였다. 마리아가 벌어서 보내 준 돈으로 브로냐는 파리에서

의과대학을 졸업하고 동창생과 결혼했다. 이제는 언니가 동생을 도와줄 차례였다. 마리아는 꿈에도 그리던 프랑스 유학의 길에 오르게 되었다.

파리에 도착한 마리아는 소르본 이학부에 마리란 이름으로 등록했다. 처음엔 언니 집에 있었지만 시간을 아끼려고 따로 나왔다. 넉넉지 못한 마리는 불기 없는 다락방에서 거의 빵, 버터, 차만 먹고 견뎠다. 영양실조로 쓰러지지 않은 게 기적이었다. 4년 동안 무섭게 공부한 결과 물리학 석사시험에 1등으로 통과하고 다음 해에는 2등으로 수학 석사시험에 합격했다.

스물입곱 살 난 금발의 아름다운 신데렐라는 일생을 과학에만 바치기로 결심하고 있었다. 그러자 어느 날 갑자기 왕자가 나타났다. 서른다섯 살의 피에르 퀴리.

두 사람은 파리에 와 있던 폴란드 물리학자 코발스키 교수 집에서 처음으로 만났다. 피에르는 대번에 깊은 인상을 받았다. 화제는 물론 과학이었는데 그렇게 얘기가 잘 통하는 여자는 본 적이 없었다. 더욱이 마리는 우아하고 아름다웠다. 그는 마리를 다시 만나고 싶어 하는 자기를 발견했다. 얼마 안 가 둘은 같은 실험실에서 연구하게 되었다.

피에르는 두 사람이 다 과학에 그렇게 헌신적이라면 서로 사랑해야 한다고 믿었다. 피에르에게서 사랑의 고백을 받은 마리는 처음에는 완강히 거부했다. 그녀에게는 과학과 가족과 조국이 있었고 그 어느 것도 결혼과 바꿀 수 없었다. 그녀의 폴란드인 특유의 고집은 고향에 다녀온 뒤 좀 누그러졌으나 계속 버티다가 이듬해에야 결혼에 동의했다. 시집올 때 갖고 온 자전거를 타고 그들은 신혼여행을 떠났다. 그들의 앞에는 위대한 세계가 기다리고 있었다.

퀴리 내외가 고심참담해서 분리하는 데 성공한 라듐은 놀라운 물질이었다. 그것은 에너지를 방출하면서 더 간단한 원자들로 붕괴되는 것이 아닌가! 이로써 물질의 조성과 구조에 관한 새로운 이론이 발전될 수 있는 길이 열렸다. 라듐의 발견은 낡은 과학과 새 과학을 잇는 분기점이 되었다.

또한 라듐은 즉각적으로 의학에 이용될 수 있음이 판명되었다. 라듐에서 나오는 방사선은 인체의 병든 세포를 파괴하는 힘을 가졌으므로 암치료에 쓰일 수 있었다. 전 세계로부터 상담이 빗발쳤지만 이상주의자인 퀴리 내외는 그들의 발견을 가지고 돈을 벌 생각이 없었다. 그들은 특허를 내라는 유혹을 물리치고 라듐 제법을 널리 공표했다.

그들의 빛나는 업적에 대한 반응은 지체 없이 왔다. 그들의 연구의 출발점을 마련해 준 베크렐과 함께 1903년 노벨 물리학상을 받게 된 것이다. 상금은 여러 해 피치블렌드를 정제하는 동안 진 빚을 갚는 데 썼다. 노벨상 덕분에 피에르는 소르본의 교수에 취임했고 새 실험실을 얻었다. 그들은 상보다 이것을 더욱 반가워했다.

결혼 이후 그들의 생활은 연구실과 집을 기계적으로 왔다 갔다 하는 일과의 연속이었다. 그들은 24시간 떨어지지 않고 완전무결한 협동연구를 했다. 외견상 단조로운 듯하면서도 늘 자극과 감격이 넘치는 부부생활이었다. 이런 생활은 노벨상 때문에 잠시 깨졌으나 그 뒤 4년은 보람 있는 연구가 계속된 기간이었다.

그동안 둘째 딸 에브가 태어나고 그들은 부러울 것 없는 행복한 가정이었다. 그러나 행복은 오래가지 않았다. 어느 봄날 깊은 생각에 잠겨 길을 건너고 있던 피에르는 거대한 마차에 치여 즉사했다. 타격은 너무나 컸다. 그러나 마리는 강한 여인이었다. 묵묵히 실험실에서 일함으로써 스스로의 아픈 마음을 달랬다. 밤이 되면 그날 한 일을 망부에게 보고하는 애절한 편지를 쓰곤 했다.

마리는 새로 설립된 라듐연구소의 소장으로 연구에 열중했다. 소르본은 전례를 깨뜨리고 그녀를 피에르의 후임으로 물리학 교수에 임명했다. 프랑스사상 최초의 여자 물리학 교수 임명은 말썽이 뒤따랐다. "여자가 교수가 되다니 있을 수 없는 일이다.", "위대했던 것은 피에르였고 마리는 조금 거들었을 뿐이다."

마리는 남편만큼이나 위대한 과학자임을 보여 주었다. 1910년 마리 퀴리는 라듐을 순수상태로 유리하는 데 성공했고 이 공로로 노벨 화학상을 받았다. 한 사람이 2개 부문의 과학상을 차지한 것은 처음이었다. 그뿐이랴. 그녀에게는 5개의 다른 상, 16개의 훈장이 주어졌고 19개 대학에서 명예박사 학위를 수여했다. 이 모든 명예는 그녀에게 고역이었다. 그러나 프랑스 과학아카데미의 회원이 여자라는 이유로 1표 차로 부결되었을 때 그녀는 개인적으로보다 여성의 한 사람으로서 모욕을 느꼈다.

마리는 프랑스 시민이 되고 영원히 폴란드에 돌아가지 않았지만 조국을 잊은 일은 결코 없다. 그녀가 발견한 폴로늄이 폴란드에서 이름을 땄다는 것은 유명한 이야기다. 그녀는 연구소에 적어도 한 사람 이상의 폴란드인 연구원을 늘 데리고 있었으며 죽는 날까지 고국의 산천과 동포들을 그리워했다.

한편 새 조국 프랑스에 대한 그녀의 충성심도 이에 못지않았다. 제1

차 세계대전이 일어나자 마리는 자기가 나라를 위해 할 수 있는 일이 무엇인가를 재빨리 생각해냈다. 그녀는 서둘러 군대에 X선과를 창설하고 딸 이렌과 함께 '작은 퀴리'라는 별명이 붙은 이동X선차를 손수 운전해서 전선을 전전하며 부상병 치료에 심혈을 기울였다.

만년에 들어서 마리의 건강은 계속 좋지 않았다. 1934년 5월을 마지막으로 그녀는 연구소에 나가지 못했다. 그 대신 집에서 9백 쪽이나 되는 방사선에 관한 책을 탈고했다. 일생동안 해 온 연구의 총결산이라고 할까. 그러자 그녀의 병은 악화되었다. 사봐의 요양소로 옮겨졌으나 둘째 딸 에브의 정성어린 간호에도 불구하고 숨을 거두었다. 딸과 사위의 노벨상 수상을 몇 달 앞두고. 병명은 백혈병. 그녀는 여러 해 동안 방사성 물질과 X선에 노출되어온 결과 주요한 기관이 파괴되어 왔었다. 그녀가 발견한 라듐은 결국 그녀를 정복하고야 만 것이다.

마리는 갔으나 그녀의 얘기는 이렌에게서 되풀이된다. 23년 전 이모의 손을 잡고 엄마의 수상식에 참석했던 이렌. 이번에는 자신이 남편과 나란히 같은 자리에서 같은 사람(구스타프 5세)에게 상을 받게 된 것이다. '엄마가 살았더라면 얼마나 기뻐하셨을까' 이제 그들은 빚 갚을 걱정을 하지 않아도 좋았다. 이렌은 상금을 가지고 부모가 묻힌 스코에 호화로운 집을 지었다.

이렌은 여섯 살 때 처음으로 세상에 알려지는 경험을 했다. 하루는 메(mé, 엄마)와 페(pé, 아빠)가 없는 낮에 신문기자들이 밀어 닥쳤다. 유모가 안 된다는데도 방으로 뛰어들어 가구들을 유심히 훑어보고 책을 빼 보며 법석을 떨었다. "어제 저녁은 뭘 먹었느냐?", "엄마가 저녁을 지었느냐?", "엄마, 아빠는 몇 시에 자고 몇 시에 일어났느냐?" 별 시시한 것을 다 물어보더니 사진을 몇 장 찍어가지고 가 버렸다. 이렌은 어찌된 일인지 영문을 알 수 없었다. 그러나 기자의 방문은 끝이 아니라 시작이었다. 하루 종일 초인종이 울리고 배달부는 산더미 같은 우편물을 갖고 왔다. 이윽고 저녁 때 메와 페가 상기된 얼굴로 들어왔다.

노벨상 발표가 있은 뒤 퀴리 일가의 생활은 일변했다. 메와 페는 집에 못 있고 저녁마다 나가서 밤늦게 돌아왔다. 강연회, 축하회, 또 무슨 회의 연속. 그들의 옷차림은 언제나 초라할 만큼 수수했었다. 그런데 파티에서 돌아오는 그들은 마치 장관과 같이 위풍 있고 공주와 같이 아름다웠다. 이렌의 불만은 커 갔다. 메가 옷을 차려입고 나설 때면 매달려 애원했다.

이렌이 초등학교를 마치자 메는 딸을 뤼세(lycée, 고등학교)에 보내고 싶지 않았다. 시설이 나쁘고 배울 것도 없는데 건강만 해친다는 것이었다. 근방에는 페랭(Jean Baptiste Perrin, 1926년 노벨 물리학상 수상), 랑주뱅(Langevin, 1872-1946, 아인슈타인의 에너지-질량 등가원리를 독립적으로 발견) 등 쟁쟁한 학자들이 살았다. 이들의 애들 10여 명을 모아 부모들이 몇 시간씩 나누어 가르치는 실험학교가 만들어졌다. 어린이들은 이집 저집으로, 실험실로 자리를 옮겨가며 강의를 들었다. 페랭에게는 화학, 페랭 부인에게는 불문학, 랑주뱅에게는 수학, 조각가 마그루에게는 공작, 샤반 부인에게는 영어와 독일어, 그리고 퀴리 부인에게는 물리학을 배웠다. 이렇게 일류 교사들에게 천재교육을 받은 학생들 중 이렌과 프랑시스(페랭), 앙드레(랑주뱅) 셋이 후일 과학자로 대성했다.

에브는 명랑하고 활발한 멋쟁이 파리지엔이었다. 그녀는 뒤에 신문기자가 되어 어머니의 전기를 썼지만, 어릴 때부터 달랐다. 나이 들자 모든 종류의 사람들과 사귀고 극장, 연주회, 파티에 뻔질나게 다니고 많은 구혼자가 나타났다. 그러나 언니 이렌은 어머니를 그대로 닮아 검소하고 이지적이었다. 그녀는 에브가 관심 두는 일들에는 도대체 흥미가 없었다. 타고난 어머니의 후계자였다. 대학을 졸업한 이렌은 연구소에 나와 일했다. 메는 동위원소에서 시작해 차례로 어려운 연구를 맡겨 딸을 훈련시켰다.

이렌은 나이 스물일곱. 메와 함께 일 한지도 벌써 6년이 되었다. 어느 날 이렌은 메의 연구실을 막 떠나는 키 큰 군인을 보았다. "지금 그 사람 누구죠?" "랑주뱅 씨 추천을 받고 온 졸리오 중위다. 제대하는 대로 우리와 함께 일하게 될 거야. 그런데 왜 묻니?" "아뇨, 그저 물은 거예요." 이렌은 어깨를 으쓱해 보이고 실험실로 돌아갔다.

건장한 체구의 프레데릭 졸리오가 들어온 다음부터 연구소의 분위기는 크게 달라졌다. 딱딱한 분위기가 가시고 웃음이 많아졌다. 프레데릭은 온후하고 재치 있고 매력을 풍기는 청년이었다. 새로운 일에 서투른 그는 일일이 이렌에게 물어서 익혔다. 곧 그는 실력을 발휘해서 연구실의 장치들을 모조리 개선하고 중요한 일들을 도맡았다.

1940년대 이렌 졸리오 퀴리와 남편 프레데릭 졸리오

이렌과 프레데릭은 퇴근 후 집으로 함께 걸으면서 토론하는 것이 일과였다. 처음에는 과학에 관한 얘기만 나누었으나 차츰 시, 등산 등 화제는 다채로워졌다. 날이 감에 따라 걷는 시간은 길어지고, 집에 바로 가는 대신 센 강변을 왔다 갔다 하는 날이 많아졌다. 일요일이면 함께 교외로 소풍도 갔다. 그들의 정은 깊어만 갔다. 이렌은 프레데릭이 늠름하고 쾌활한 이면에 정의감에 불타며 뛰어난 과학자의 재질을 가진 청년임을 확인했다.

어느 일요일 이렌은 프레데릭과 퐁탠블뢰의 숲속에서 일요일을 보내고 집에 와서 약혼을 발표했다. 에브는 남자에 무관심하던 언니가 미남을 구했다고 기뻐했으나 메는 좀 달랐다. 그녀는 딸의 행복을 바랐으나 가장 가까운 동료를 잃는다는 사실이 싫었던 것이다. 딸만 의지하고 살아온 미망인의 자연스러운 심리이리라. "너 잘했다고 자신 있게 말할 수 있니?" "네, 절대로!"

1926년 그들은 파리시청에서 결혼식을 올렸다. 이렌은 스물아홉, 프레데릭은 스물여섯이었다. 처음 몇 달은 메와 함께 살다가 아파트를 사주어 살림을 났다. 프레데릭은 처음에 회의적이던 장모의 마음에 들게 되었다. 메가 사위 프레데릭을 자랑하기 시작하자 이렌은 안심했다. 얼마 안 가 엘렌이 태어났다. 둘째는 아들 피에르. 이렌은 메가 그랬던 것처럼 과학자와 어머니로서의 일을 훌륭히 해냈다.

이 행복한 부부는 라듐연구소에서 메의 지도 아래 본격적인 연구를 해나갔다. 둘은 퀴리 내외처럼 방사성 원소를 연구했지만 프레데릭은 화학, 이렌은 물리학적 측면에 집중했다. 피에르를 낳은 1932년 핵과학에는 세 가지 중요한 일이 있었다. 유리(Urey)가 중수소를 발견했고, 로런스(Lawrence)가 사이클로트론을 만들었으며 앤더슨(Anderson)은 양전자의 존재를 예언했다. 졸리오 퀴리 내외는 이 일련의 발전을 주시하면서 베릴륨과 폴로늄을 알파선으로 때려 보았다. 사진까지 찍었지만 여기서 나오는 방사가 중성자라는 것은 미처 몰랐다.

1934년 양전자 연구를 계속하고 있던 두 사람은 폴로늄 알파선을 알루미늄 판에 때리는 실험을 했다. 양전자의 방출이 갑자기 증가했다가 15분 만에 정상으로 돌아갔다. 폴로늄을 치우고 그릇을 봉해 버려도 알루미늄은 양전자를 계속 방출했다. "아니 우리가 인공으로 방사능을 만든 것이 아닌가?" 프레데릭은 놀란 표정으로 이렌을 쳐다보았다. 분명히 인공 방사능이었다. 이 신기한 결과는 즉각 마리에게 보고되었고 연구소에서는 이를 축하하는 즉석 파티가 열렸다. 양전자, 중성자를 거의 발견하고도 아깝게 놓친 노벨상이 드디어 떨어졌다.

1936년 인민전선 내각이 성립하자 과학진흥을 내세운 블룸 총리의 간청으로 이렌은 과학연구담당 국무차관이 되었다. 그녀에게 관직이란 어울리지 않았다. 이렌은 사양했지만 그것이 프랑스 역사상 여성에게 이런 자리가 주어지는 선례를 만드는 것이란 말을 듣고 "그렇다면 받아들일 수밖에 없지." 여권에 관한 한 프랑스는 후진국이었다. 여성의 직업은 직공, 사무원, 초등학교 교사 등 극히 한정되어 있었고 참정권은 물론 없었다. 이렌은 중성자 충격실험계획을 중단하고 여권 신장을 위해 입각했다. 그녀는 직선적으로, 그리고 성실하게 일했다. 고지식했지만 서툴지는 않았다. 반 년 만에 그 자리를 물러났다. 자기가 소르본 교수 물망에 올랐는데 정부에 남아 있음으로써 교수 임명을 재가하는 교육부장관의 판단에 영향을 주고 싶지 않았기 때문이다.

이렌은 결국 소르본 교수가 되고 프레데릭은 콜레주 드 프랑스(Collège

de France)의 교수가 되어 공동연구는 끝나고 따로 일했다. 이렌은 중성자로 우라늄을 때리는 실험에 열을 올렸다. 그녀는 여기서 얻어진 이상한 동위원소가 원자번호 57번의 란타늄 비슷한 초우라늄 원소라고 생각했다. 이 실험을 되풀이한 독일의 오토 한(Otto Hahn)은 란타늄과 바륨의 붕괴 산물이라는 결론을 내렸다. 뒤이어 이 문제는 한의 조수였던 오스트리아 여성 리제 마이트너(Lise Meitner)에 의해 해결되었다. 우라늄의 핵분열로 얻어진 것은 바륨 56과 크립톤 36이었던 것이다. 이 중요한 발견은 이렌의 대담한 상상력에서 비롯된 것이라고 보아야 한다.

때마침 유럽에는 다시 전운이 감돌고 영국, 독일, 프랑스 과학자들은 핵에너지 개발을 향한 숨 가쁜 경쟁을 벌이고 있었다. 다음 단계는 말할 것도 없이 연쇄반응이었다. 핵분열에서 나오는 에너지는 엄청난 것이었다. 과학자들의 계산으로는 한 개의 원자가 분열할 때 2억 전자볼트가 발생한다는 것이었다. 다른 나라에서는 원자탄 개발에 혈안이 되었지만 평화주의자 졸리오 내외는 달랐다. 그들은 통제된 연쇄반응에 의한 원자로를 만들 것을 꿈꾸고 흥분했다. 프레데릭은 콜레주 드 프랑스에서 이 일에 착수했고 곧 다섯 개의 특허를 냈다. 퀴리 1세의 경우와는 반대로 이제 프레데릭은 이렌의 도움 없이도 위대한 과학자임을 증명한 셈이다.

대전이 터졌다. 1940년 독일군이 파리에 입성했을 때 프레데릭은 원자로용으로 준비해 두었던 중수를 안전하게 감추는 데 성공했다. 점령 중 이렌은 건강이 나빠 집에 머물었고 프레데릭은 대학에 나갔으나 사이클로트론을 보살폈고 무기와는 무관한 생물학 연구로 소일했다. 전쟁 말기에 위험을 느낀 프레데릭은 이렌을 애들과 함께 스위스로 탈출시킨 다음 자신은 지하로 잠적해 레지스탕스에 가담했다.

프랑스의 해방과 더불어 프레데릭은 원자력위원회를 창설하고 2년 뒤에는 미국과 영국의 도움 없이 소형 원자로를 완성, 가동하는 데 성공했다. 이렌은 소르본 교수에 재임명되고 라듐연구소 소장직을 맡았다. 그녀는 의학아카데미 회원이었으나 과학아카데미 회원은 끝내 못 되었다. 그래도 일부러 과학아카데미에 거듭 입회신청을 내서 아직도 여성에 대한 차별이 있음을 폭로했다. 명성은 무거운 짐을 지웠다. 여섯 살 때 깨달은 사실이 이제는 더욱 절실하게 느껴졌다. 회의, 강연, 외국여행이 줄을 이었다. 이렌은 정력적으로 평화운동 집회나 모금운동 등 어디서나 자기를 필요로 한다면 기꺼이 달려가 도왔다. 두 사람은 단순한 상아탑 속의 과학자가 아니었다. 그들은 사회의식이 강하고 참여할 줄 아는 과학자였다. 이렌이 미국을 찾았을 때 원자력을 평화적인 목적에만 이용하기 위해 어떻게 해야 하는가 라는 질문에 이렇게 답한 일이 있다. "싸워야 한다. 조직해야 한다. 이것만이 유일한 길이다."

생애의 절정에 오른 듯한 이들에게 충격적인 일이 일어났다. 1950년 프랑스 정부는 프레데릭을 원자력위원장직에서 파면했고 뒤이어 이렌의 위원직도 박탈했다. 정치적 이유를 내세웠는데 그들이 공산당원이라는 것이었다. 프레데릭은 레지스탕스에서 활약할 때 주위에 많았던 공산당원들의 용기와 신념에 감명 받아 입당했던 것이다. 퀴리 집안의 전통에 따르면 각자는 자기 양심에 따라 행동하게 되어 있었다. 이렌은 남편의 정치노선에 다분히 공감했지만 공산당에는 들어가지 않았다.

두 사람은 다른 일에 부름을 받았다. 오르세이(Orsay)의 핵물리학 및 방사성연구소를 건립하는 일이었다. 1954년 인공방사능 발견 20주년에 즈음해 과학아카데미는 두 사람에게 라봐지에 금메달을 수여했다. 그들의 사회활동은 계속되었다. 어느덧 이렌은 피로하다고 입버릇처럼 말하게 되었다. 어머니와 똑같은 백혈병이란 진단이 내려졌다. 원인은 알파선, 감마선 방사에의 지나친 노출. 이 병은 초기에는 졸리오 퀴리 내외가 시작한 동위원소산업의 산물인 인 32를 주사해서 고칠 수 있으나 이미 때는 늦었다. 1956년 봄 퀴리병원에서 그녀는 눈을 감았다. 이런 유언을 남기고. "나는 죽음을 두려워하지 않는다. 나는 아름다운 삶을 살아왔다."

프랑스 정부는 전례 없는 성대한 장례식으로 이 위대했던 여성을 보냈다. 프레데릭의 타격은 너무나 컸다. 그에게 이렌은 아내, 어머니, 누나, 동지, 친구를 합한 존재였기 때문이다. 역시 퀴리 1세의 경우와는 거꾸로 그는 아내를 이어 소르본 교수와 라듐연구소 소장이 되었다. 그의 고독은 오래가지는 않았다. 2년 뒤 프레데릭도 이렌의 뒤를 따랐다. 그의 사인도 백혈병이었다. 그들은 철두철미한 과학자였다. 과학을 위해 살았고 과학 때문에 죽었으니까.

그러나 퀴리 일가의 얘기는 이것으로 끝나지는 않는다. 이들의 딸 엘렌(Hélène Langevin-Joliot, 1927-)도 외할아버지가 가르쳤고 아버지가 학생이었던 물리화학대학을 졸업하고 물리학자가 되었다. 더욱이 그녀는 외할머니의 다정한 벗 랑주뱅의 손자 미셸(Michel Langevin)과 결혼했는데 그도 물리학자이다. 이렇게 해서 부부 과학자의 전통은 3대를 거쳐 계속되고 있다.

5장

20세기 과학의 별들

1

아인슈타인 대 코펜하겐 학파

아인슈타인과 보어

20세기의 첫 해인 1900년 플랑크(Max Planck, 1858-1947)는 양자가설을 내놓았다. 이 해 독일 물리학회에 보고된 플랑크의 가설은 "물체에 의한 빛의 방출과 흡수에 관한 고전적 파라독스는 복사에너지가 띄엄띄엄 떨어진 에너지 값을 가진 덩어리의 형식으로만 있을 수 있다고 가정함으로써 해결된다."는 내용이었다. 그러나 이것이 고전물리학을 뒤엎는 제2의 물리학혁명의 서곡이 될 줄은 그 자신 미처 깨닫지 못했다. 이보다 25년 전 그가 뮌헨대학 물리학과에 들어갈 때 교수는 "물리학은 이제 막 끝나가는 분야다. 중요한 발견은 다 됐으니 새로 시작할 가치가 없다."고 말했었다. 그런데 불과 한 세대 안에 물리학에는 새 천지가 전개되기 시작한 것이다.

베른의 특허국 임시직원 아인슈타인(Albert Einstein, 1879-1955)이 1905년 발표한 특수상대성이론과 10년 뒤에 나온 일반상대성이론은 뉴튼물리학의 시공개념을 근본적으로 바꿔 놓았다. 상대성이론이 아인슈타인 한 사람의 천재적 성취라면 양자론은 여러 과학자들의 창조적 연구가 종합된 성과라 할 수 있다. 플랑크의 에너지양자 개념의 도입에서 시작해 아인슈타인도 광양자에 의한 광전효과의 설명으로 크게 기여했지만 양자론의 영웅은 보어(Niels Bohr, 1885-1962)였다. 라더퍼드(Ernest Rutherford, 1871-1937)의 원자모형을 이론적으로 설명하는 양자론을 확립한 보어는 영국 유학에서 돌아와 1920년 코펜하겐대학에 이론물리학연구소를 세웠다. 이 연구소는 곧 '양자물리학의 메카'가 되었으며 소련과 일본, 중국을 포함한 온 세계의 뛰어난 젊은 이론물리학자들이 구름 같이 모여 들었다.

학파가 이루어지기 어려운 자연과학에서 보어를 정점으로 한 코펜하겐 학파(Copenhagen School)는 특이한 현상이다. 보어의 천재, 인간성, 그리고 리더십이 이것을 가능하게 했다. 오래 머무는 연구원들과 뻔질나게 찾아드는 학자들이 어울려 세미나, 콜로키엄을 열고 차분한, 때로는 불을 뿜는 토론을 계속했다. 이렇게 모범적인 협동연구를 통해 양자론의 뼈대가 형성된 것이다. 플랑크가 양자가설을 발표한 1900년부터 디랙(Paul Dirac, 1902-84)이 양전자를 예언한 1929년까지의 30년은 물리학을 온통 뒤흔든 기간이었거니와 특히 보어 학파의 전성기 1920년대는 오펜하이머(Robert Oppenheimer, 1904-67)가 이름 지은 것처럼 '영웅의 시대'였다. 그것은 바로 창조, 흥분, 희열, 고뇌로 엮어진 10년이었다.

1921년 보어가 괴팅엔(Göttingen)에 초청되어 강연을 했을 때 조머펠트(Arnold Sommerfeld, 1868-1951)는 제자 하이젠베르크(Werner Heisenberg, 1901-76)와 파울리(Wolfgang Pauli, 1900-58)를 데리고 왔다. 19살 난 하이젠베르크는 보어의 틀린 점을 지적하고 조리 있는 이론을 폈다. 크게 기뻐한 보어는 강연이 끝난 뒤 이 총명한 젊은이를 불러 함께 걸으면서 토론했다. 여기서 하이젠베르크는 코펜하겐으로 오라는 초청을 받았고 기꺼이 유괴당하기로 했다. 이튿날 환영오찬회에 경관으로 변장한 학생 둘이 보어에게 달려들어 "어린이를 유괴한 죄로 당신을 체포합니다."고 해서 사람들을 놀라게 했던 것이다.

1924년부터 보어의 문하에 들어온 하이젠베르크는 슈뢰딩어(Erwin Schrödinger, 1887-1961)가 만든 파동역학과 수학적 표현이 다를 뿐 물리적 내용은 똑같은 행렬역학을 발전시켰다. 파동역학에 따르면 엄밀히 말해서 어떤 전자도 주어진 집에 존재하지 않는다. 다만 그것을 거기에서 발견할 확률이 있을 뿐인데 이 확률이야말로 측정할 수 있는 유일한 것이다. 하이젠베르크는 이보다 더 추상적인 모형을 제안했다. 운동하는 물체의 궤도는 고전역학의 기본적 개념이었다. 그런데 그는 그 유물이라 할 수 있는 보어의 궤도를 거부하고 측정가능한 양만 씀으로써 새로운 물리학을 만드는 첫걸음을 내디뎠다. 하이젠베르크는 보어의 지도 아래 원자 이하의 현상에 대한 '코펜하겐 해석'(Copenhagen Interpretation)을 꾸미기 시작했다. 그는 보어와 밤늦도록 토론하고 절망 끝에 공원을 산책하며 '자연이 이토록 불합리할 수 있을까?' 하고 괴로워했다.

이렇게 해서 1927년 발표된 것이 불확정성원리(Uncertainty Principle)이다. 이 원리는 어떤 입자의 위치와 운동량(속도)에 관한 동시적 지식을 인정하지 않는 것이다. 곧 위치의 측정에서 정확도가 증가하면 속도의 측정값에 애매성이 늘어나고 그 반대도 참이다. 실제로 전자의 위치를 정확하게 측정하기 위해 진동수가 큰 복사선(밝은 빛)을 쓰면 전자의 운동량에 변화를 주며 반대로 운동량에 변화를 주지 않기 위해 진동수가 작은 복사선(밝지 않은 빛)을 쓰면 전자의 위치가 불명확하게 된다. 이것은 고전물리학에게는 충격이 아닐 수 없었다.

뉴튼 물리학에서 초기조건 위치(좌표)와 속도(운동량)가 주어지면 운동의 법칙으로부터 미래의 운동을 정확히 예측할 수 있다. 따라서 뉴튼의 우주는 합리적 결정론의 본거지였던 것이다. 결정론의 절정을 우리는 18세기의 수학자 라플라스(Pierre-Simon, Marquis de Laplace, 1749-1827)의 '확률론'에서 볼 수 있다. "어떤 주어진 순간 자연에 작용하는 모든 힘과 세계를 구성하는 만물의 위치를 아는 예지적 존재를 상상해 보자. 나아가서 이 예지가 모든 데이터를 수학적 분석에 걸 수 있다고 가정하자. 그러면 그것은 하나의 같은 식에 우주 안의 가장 큰 물질들과 가장 작은 원자들의 운동을 포괄할 결과를 도출할 수 있을 것이다. 이 예지에게는 아무것도 불확실한 것이 없을 것이다. 과거와 미래가 그 눈에 나타날 것이다." 라플라스의 고전적 우주모형에서 '주어진 순간의 세계'는 일정한 질량, 위치, 속도를 가진 소립자들의 거대한 순간적 배치로 정의될 수 있다. 이렇게 정의된 '세계의 상태'는 모든 과거와 미래의 배치와 속도를 포함하는 것이다. 그러나 불확정성원리에 따르면 정확한 위치나 속도의 개념이 의미를 잃는다. 따라서 어떤 순간의 세계의 상태란 개념도 결정성을 잃는다. 이 개념은 이미 떨어진 장소에서 잃어난 두 사건의 동시성에 대한 상대론적 비판에 의해 불신당한 바 있지만 하이젠베르크의 원리가 결정타를 가한 것이다.

보어는 불확정성원리를 확장한 상보성의 원리(Complementarity Principle)를 만들어냈다. 원자내전자의 행동에 관한 어떤 관찰도 원자의 상태의 변화를 수반하는 데 방해가 없으면 측정도 없다는 것이다. 입자-파동의 문제는 배타적이지만 상보적인 두 가지 성질이다. 상보적인 두 변수를 앎으로써 경험을 더 잘 기술할 수 있다. 그는 상보성을 자연법칙의 요청으로 보았으며 방해가 아니라 불가결의 도구라 했다. 보어는 상보성을 생명의 문제뿐 아니라 철학에서의 주관과 객관, 사랑과 정의에까지 적용했다.

1927년 이탈리아의 코모(Como)에서 열린 국제물리학회에서 코펜하겐 해석은 첫 시험대에 올랐다. 폰 라우에(Max von Laue, 1879-1960), 슈뢰딩어 등은 보어의 해석이 확신을 주지도, 결정적이지도 않다고 반대했다. 반대의 초점은 물리학이 불확정성, 비결정성, 확률 대신 분명한 실재를 추구해야 한다는 것이었다. 한 달 뒤 솔베이 학회(Solvay Conference)에는 아인슈타인이 참석해서 긴장의 도를 더했다. 보어가 발표한 다음 등단한 아인슈타인이 반박을 시작하자 장내는 걷잡을 수 없이 소란해졌고 곳곳에서 격론이 벌어졌다. 보어는 상보성이야말로 아인슈타인 자신이 제기한 아이디어를 실현한 것이라고 주장하면서 설득하려고 했다. 광자가 파동인 동시에 입자임을 보여 준 것도, 또 원자가 이전의 어떤 확률에 대응하는 속도로 방사선을 내놓음을 보여 주는 규칙을 정식화한 것도 바로 아인슈타인이었다고 역설했다.

이에 대해 아인슈타인은 실험을 잘하고 원자적 대상과 측정기구의 상호작용이 더 명확히 고려된다면 불확정성은 필연적인 것이 아니라고 했다. 양자론의 통계적 성격은 물리계에 관한 불완전한 기술 때문이라고 하면서 보어는 밑바닥까지 가지 않고도 불완전한 답을 최종적 해결로 보았다고 공격했다. 아인슈타인이 "당신은 신이 주사위 놀음을 한다고 정말 믿는가?"라고 한 데 대해 보어는 "신에게 일상용어로 속성을 부여하는 데 조심해야 하지 않느냐?"고 받아넘겼다. 아인슈타인이 칠판에 하이젠베르크의 불확정성원리를 반증하는 측정 예를 그려 놓고 설득력 있는 주장을 했을 때 보어는 아찔했었다. 밤잠을 못 자며 아인슈타인의 논의를 검토한 그는 이튿날 아침 그것이 일반상대성이론을 부인하는 모순을 내포하고 있음을 지적했다. 아인슈타인은 자신의 실수를 꼼짝없이 인정했지만 결코 항복은 하지 않았다.

이후 죽을 때까지 아인슈타인은 양자론에 반대하는 악마의 옹호자가 되었다. "하이젠베르크-보어의 진정제철학(또는 종교)은 매우 교묘하게 고안되어 있어 당분간 그것을 믿는 사람에게 쉽게 깰 수 없는 부드러운 베개를 제공할 것이다." 그는 슈뢰딩어에게 보낸 편지에 이렇게 썼다. 그 자신 양자론 초기에 중요한 역할을 했고 상대성이론을 만든 혁명가 아인슈타인이 이렇게 집요하게 코펜하겐 해석을 거부한 것은 흥미있는 일이다. 아인슈타인에게는 비록 소수이기는 하나 지지자들이 있다. 원래가 보수적인 플랑크를 비롯해서 드 브로이(Louis de Broglie, 1892-1987), 슈뢰딩어, 마르게나우(Henry Margenau, 1901-97), 그리고 철학자에는 브렁슈비크(Léon Brunschvicg, 1869-1944), 봄(David Bohm, 1917-92), 포퍼(Karl Popper, 1902-94), 네이글(Earnest Nagel, 1901-85) 등이 아인슈타인 진영에 속한다.

이 결정론적 해석의 옹호자들은 3세기의 과학적 전통과 25세기의 철학적 전통으로 굳어진 형이상학적 편견을 가지고 있다. 이들은 미시물리학의 실재 자체는 엄밀하게 결정될 수 있는데 모든 불확정성, 비결정성은 관찰자와 관찰기구의 간섭에서 오는 것에 불과하다고 믿는다. 그러므로 관찰현상의 모든 결정입자를 찾는다면 결정론은 유지될 수 있다고 보는 것이다. 한편 코펜하겐 학파를 지지하는 대다수의 물리학자들은 불확정성원리의 참된 의미가 관찰의 역할이 부당하게 강조됨으로써 흐려지고 있다고 하면서 비결정론의 성격은 양자론의 기본법칙이라고 주장한다. 다시 말해서 불확정성원리는 작용양자의 불가분성의 필연적인 논리적 귀결이라는 것이다.

물론 미래에 물리학의 발전이 불확정성원리를 반증할 가능성은 원리상으로는 배제될 수 없는 것이다. 과학사는 자연의 결정적, 궁극적 한계라고 생각했던 것이 당시의 연구가 도달한 임시 한계임이 드러난 예를 많이 보여 주고 있기 때문이다. 이것은 그러나 양자론을 전적으로 버리는 것, 곧 현대물리학의 기본구조의 혁명적인 변화를 전제로 한다. 자연현상의 겉보기 우연성 밑에 숨겨진 변수를 찾으려는 노력은 줄기차게 계속되고 있지만 50년이 지난 오늘날 그 실현가능성은 매우 희박하다는 것이 지배적인 의견이다.

오랜 싸움의 주역인 아인슈타인과 보어가 가고 하이젠베르크도 사라졌다. 그러나 문제는 아직도 남아 있다. 끈질긴 결정론에의 집념은 보상될 것인가? 아니면 하이젠베르크가 주장하듯이 낡은 개념의 근본적 수정이 필요한 것인가?

2

하이젠베르크-과학자의 양심

단순하고 융통성 없고 무감각한 사람. 사회문제에 관심을 두지 않고 철학 같은 것에는 담을 싼 사람. 이것이 얼핏 떠오르는 과학자의 판에 박힌 형이다. 평균적인 과학자의 절대 다수가 이런 사람들이라는 사실을 부인하기는 어렵다. 그러나 거물 과학자들은 좀 다르다. 베르너 하이젠베르크(Werner Heisenberg, 1901-76)는 이 많지 않은 별난 과학자 가운데 두드러진 사람이다.

하이젠베르크는 아인슈타인, 보어와 함께 20세기를 대표하는 물리학자이다. 뮌헨의 조머펠트 문하에서 물리학 공부를 시작한 하이젠베르크는 덴마크로 옮겨 가 보어와 함께 일한 지 얼마 안 된 1927년 불확정성원리를 발표했다. 그의 나이 26살 때였다. 양자역학을 세우는 데 주도적인 몫을 맡은 공로가 인정되어 4년 뒤에는 노벨 물리학상을 받았다.

그러나 이 천재 물리학자의 생애는 결코 평탄하지 못했다. 제1차 세계대전에서 패배한 독일에서 혼란 속에 어려운 청년시절을 보낸 그에게는 엄청난 시련이 기다리고 있었다. 히틀러가 집권하면서 지리한 암흑기가 시작된다. 사랑하는 선배·친구·제자들이 체포·추방되고 망명하는 소용돌이에서 하이젠베르크는 절박한 선택의 고민에 빠진다. 끝내 그는 병든 조국에 남아 동포들과 아픔을 함께하기로 결심한다.

나치 치하에서 하이젠베르크는 묵묵히 제자들을 키우며 연구에 몰두한다. 그는 악랄한 독재정권에 최소한의 협조를 하면서 버티는 동안 말할 수 없는 수모를 당한다. 빈민구제라는 허울 좋은 이름 아래 모금함을 메고 거리에 서는가 하면 몇 차례나 게슈타포에 끌려가 심문당하는 고초를 겪는다. 전쟁 말기 폭격으로 여러 번 사선을 넘긴 그는 점령 미군에게 체포된다.

영국에서의 오랜 연금에서 풀려난 하이젠베르크는 폐허가 된 고국으로 돌아간다. 패전 독일의 과학을 재건하는 정력적인 활동이 시작된다. 이 일을 떠맡기 위해 그는 망명을 하지 않았던 것이다. 그는 아데나워 수상과 대결해 서독이 핵무장하는 것을 막고 그의 오랜 꿈이었던 원자력의 평화적 이용을 위한 길을 닦는다.

《부분과 전체》(*Der Teil und das Ganze*, 1969)는 하이젠베르크가 죽기 7년 전에 낸 일종의 자서전이다. 이 책은 1920년에서 1968년까지 연대순으로 기술되어 있지만 생애 전체를 평범하게 서술한 회고록은 아니다. 개인에 관한 이야기는 될수록 줄이고 주제와 깊은 관련이 없는 기간은 과감하게 생략하는 기법을 쓰고 있다. 그리고 실제로 있었던 대화를 수시로 재현시킴으로써 생동감을 더해 준다.

이 책은 양자론의 발전과정에 초점이 모아져 반세기 동안의 비공식적 원자물리학사라 할 수 있다. 그러면서도 과학과 얽힌 인간적·철학적·정치적인 문제들이 깊이 있게 다루어져 있어 난해한 과학이론을 더듬어가는 피로를 씻어 준다. 《부분과 전체》는 슈타른베르크(Starnberg) 호반의 도보여행에서 시작해 거기서 멀지 않은 제비젠(Seewiesen)에서 베토벤의 세레나데 연주를 듣는 장면으로 끝난다. 알프스 기슭을 낀 바이에른(Bayern) 지방의 아름다운 자연 묘사, 거인들과 산책하면서 나누는 대화, 피아니스트이기도 했던 지은이의 깊은 음악 이해… 이 모든 것이 이 책의 문학성을 높인다.

20세기 물리학혁명을 가져온 두 이론에서 상대성이론이 아인슈타인 한 사람에 의해 만들어졌다면 양자론은 여러 사람들의 창조적 연구가 종합된 성과라 할 수 있다. 보어가 이끄는 코펜하겐의 이론물리학연구소에 모여든 전 세계의 젊은 물리학자들이 밤을 새우는 토론을 통해 양자론을 만들어갔다. 하이젠베르크는 이 과정을 생생하게 보여 준다. 완성품으로서의 과학만 배워온 사람들에게 과학이 태어나는 산고는 그렇게 감동적일 수가 없다.

양자론은 실재, 관찰과 이론, 인과율 등 까다로운 철학적인 문제들을 일으킨다. "사람이 무엇을 관찰할 수 있는가를 결정하는 것은 이론"이라는 아인슈타인의 말은 하이젠베르크에게 깊은 감명을 주었고 불확정성원리에 이른 돌파구가 되었다. 이렇게 그는 출발부터 독일관념론의 전통에서 실증주의를 거부했다. 그는 '이해'(Verstehen)의 중요성을 강조하며 '커다란 연관'을 고찰함으로써 실증주의를 극복할 것을 제안한다. 이 책의 마지막에서도 하이젠베르크는 소립자론에서 데모크리토스의 입자보다 플라톤의 대칭이 기본적임을 다시금 확인한다.

하이젠베르크가 미국을 방문했을 때 그곳 물리학자들과 나눈 실용주의 얘기도 흥미롭다. 물리학을 실용주의적으로 추구한다면 어떤 부분만을 문제 삼고 필요할 때 수정항을 추가해서 정확성을 기하게 된다. 이렇듯 '커다란 연관'을 문제 삼지 않고 자연법칙을 하나의 실용적인 처방으로 보는 데 따른 위험을 그는 단순성의 포기와 관련해 날카롭게 지적한다.

과학과 종교에 관한 대화에는 무신론을 역설하는 명석한 합리주의자인 영국 출신 디랙과 아인슈타인의 범신론을 옹호하는 파울리가 등장한다. 그러나 하이젠베르크는 철학에서 형이상학에 대한 미련을 버리지 못했듯이 종교에서도 정통 그리스도교의 입장을 고수한다. 이 논쟁에는 보어까지 뛰어들어 볼 만한 싸움을 벌인다. 하이젠베르크는 그의 제자 바이츠재커(Carl Friedrich von Weizsäcker, 1912-2007)와 함께 그리스도교가 할 수 있는 구실을 나침반 같은 것으로 본다.

무엇보다도 독자의 마음을 흔들어주는 것은 어두운 나치시대에 과학자의 양심을 버리지 않고 의연하게 버텨가는 하이젠베르크의 자세이다. 그는 파국이 끝난 뒤 재건을 위해 준비해야 한다는 플랑크의 충고를 받아들였다. 그래서 미국에 망명한 페르미(Enrico Fermi, 1901-54)의 강력한 권고를 물리치고 귀국했다. 먼 앞날을 생각해서 손쉬운 망명보다 가시밭길을 택했던 것이다. 히틀러 청년단(Hitler Jugend) 대원인 학생과 논쟁 끝에 피아노를 연주해 보내는 장면, 그토록 아끼던 공산주의자 제자가 소련의 폴란드 분할과 핀란드 침략에 환멸을 느껴 공군에 자원, 소련 상공에서 전사하는 얘기는 눈물겹다.

하이젠베르크는 원자 폭탄 개발에 참여하지 않은 것을 큰 자랑으로 여겼다. 그는 이 점에서, 미국에 망명해 원폭 연구를 도왔고 전후 죄의식에서 허우적거려야 했던 동료과학자들보다 운이 좋았다. 군비증강이 오히려 안보를 해친다는 평화주의자 하이젠베르크의 말은 동서의 모든 핵무장론자들이 귀 기울여야 할 말이다.

3

카피차 부자

P. L. 카피차

1974년 일본에서 열린 국제과학사회의에서 나를 흥분시킨 것은 소련 과학사학자들과 열흘 동안 교류했다는 사실이다. 토쿄 행을 준비하면서 공산권 학자들을 만날 생각을 하니 호기심과 긴장에 가슴이 뛰었다. 회의장에 나가 북한과 중공에서 아무도 오지 않았다는 것을 알았을 때 내 실망은 컸다. 그러나 마지막까지 참석 여부가 확실하지 않았던 소련이 50명이나 되는 대표단을 보냈다는 것이다.

그들을 처음 본 것은 첫날 저녁 일본학술회의 회장이 베푼 리셉숀에서였다. 여자들 다섯이 모여 있는 데 뛰어들어 인사를 청했다. 다 소련에서 왔다고 했다. 내가 한국인임을 밝히자 놀란 듯 저희끼리 쑥덕거린다. 영어가 퍽 서툴렀다. 하나씩 전공을 묻고 나서 이제 우리 두 나라는 편지도 할 수 있게 됐으니 잘 사귀어 보자고 일장연설을 하고 자리를 옮겼다. 한참 꽉 들어찬 사람들 사이를 누비다가 건장한 40대의 사나이와 마주쳤다. S. P. Kapitza라는 명찰이 눈에 번쩍 띄었다. 어쩌면 표트르 카피차(Pyotr Leonidovich Kapitsa, 1894-1984)와 이름이 똑같으냐고 했더니 내가 바로 그의 아들이라는 것이다. 아버지는 올해 80인데 최근 《과학과 사회》라는 책을 썼다고 한다. 러시아말은 못하지만 갖고 싶다고 했더니 회의장에서 소련의 과학사책 전시가 끝나면 주겠다고 약속했다. 자기는 원자핵물리학자로서 가속기 전문가인데 과학사는 취미로 한다고 했다.

며칠 후 회의장에서 카피차를 다시 만났다. 그는 소련 대표단장 미쿨린스키(S. R. Mikulinsky, 1919-91)의 초청강연 "과학사의 방법론적 문제"에 통역으로 나왔다. 완벽한 영국식 영어로 즉석통역을 훌륭히 해내는 것이었다. 영국에서 태어났다지만 다섯 살도 못 되어 소련으로 돌아간 것으로 아는데 감탄하지 않을 수 없었다. 강연이 끝나자 나는 첫 번째로 손을 들고 일어섰다. 까레야에서 온 아무개라고 자기소개를 한 다음 마륵스주의적 과학사 서술을 비판하는 질문을 했다. 카피차는 내 말을 동시통역하고 답변을 영어로 옮겨 주었다. 사회가 시간이 없다고 서둘러서 나는 반박을 단념했다. 그날 오후 코피 숍을 지나가는데 카피차가 인도학자 라흐만(Abdul Rahman)과 앉아 있는 것이 보였다. 반가워서 옆자리에 가 앉았다. 내 질문에 대한 얘기는 나오지 않았다. 나는 카피차에게 마침 갖고 있던 앤드레이드(Andrade)의 《라더퍼드와 원자의 본질》 국역판을 아버지에게 전하라고 주었다. 전시용으로 가져온 책인데 그 안에 표트르 카피차의 캐븐디쉬연구소에서의 활약이 소개되어 있었던 것이다. 그는 최근에 나왔다는 자기의 책 《과학의 생애》를 보여 주었다. 과학사상 고전의 서문을 모으고 약간의 해설을 붙인 특이한 책으로서 600쪽이나 되었다. 나는 아버지의 책 대신 그 책을 받고 싶다고 했으나 그는 여분이 없다고 난색을 보였다

토쿄 회의가 끝나갈 무렵 카피차의 발표가 있었다. "과학교육, 과학자의 훈련과 과학사"라는 제목이었다. 역사를 무시하고도 과학을 공부할 수 있다는 생각이 널리 퍼져 있는데 이것은 과학과 인문학을 분리시키고 '두 문화' 사이의 간극을 더 넓게 하며 중대한 결과를 초래할 것이라고 그는 주장했다. 그는 과학사를 과학교육에 효과적으로 도입하는 하나의 시도로서 자기의 책을 소개하면서 과학 고전의 서문을 통해 그 방법과 동기를 알 수 있고 과학의 인간적 이해가 가능하다고 결론을 내렸다. 그의 논문은 마륵스주의 냄새를 전혀 풍기지 않았을 뿐더러 그 내용도 내가 전적으로 동의할 수 있는 것이었다. 나 자신 비슷한 근거에서 과학도에게 과학사를 가르쳐야 한다고 늘 역설해 왔기 때문이다. 스노우(C. P, Snow)의 책에서 소련에서의 '두 문화' 문제는 영미보다 덜 심각하다는 구절을 읽은 것도 생각나서 같이 얘기하고 싶었으나 시간이 없었다.

그는 동독에서 강연을 할 예정 때문에 그날 밤 떠나야 한다고 했다. 다시 회의장에 나올 기회가 없으니까 아버지의 책을 인편에 보내겠다고 했다. 그러나 카피차는 약속을 지키지 않았다. 회의를 마치고 오사카까지 비행기의 옆자리에 앉아 간 소련의 일본사학자 푸미안초프(Fumiyanchev)에게도 물어보았으나 못 들었다는 대답이었다. 그런데 간 줄 알았던 카피차가 교토 회의에 나타났다. 어찌 된 일이냐고 물었더니 자기가 있는 교토 호텔로 같이 가자고 한다. 나는 주저 없이 그의 방으로 따라 들어갔다.

냉수를 권해 마시는 동안 그는 자기의 책에 서명을 해서 건넸다. 그리고 개인적인 선물이라면서 구르지아(Georgia) 토산품을 주었다. 여인과 사슴이 찍힌 둥근 철판이었는데 퍽 마음에 들었다. 이럴 줄 알았다면 숙소에 둔 인삼차라도 가지고 나올 걸 하고 후회했지만 때가 늦었다. 우리는 모스크바나 서울에서 다시 만나자고 하며 작별의 악수를 나누었다.

귀국한 지 얼마 안 되어 광화문의 헌 책방을 뒤지다가 표트르 카피차의 책을 발견하고 놀랐다. 물론 영어로 된 책이었다. 《표트르 카피차의 인생 및 과학론》(1968), 이 책을 편집, 번역, 주석자 앨버트 패리(Albert Parry)는 미국 콜게이트대학의 러시아어 교수로서 소련의 과학과 사회에 관한 전문가라고 소개되어 있다. 1부는 프랭클린, 로모노소프, 라더퍼드, 랑주뱅의 평전 6편, 2부는 "과학과 기술의 통일" 등 7편의 과학론으로 되어 있고, 3부에는 잡지 인터뷰 기사, 그리고 맨 앞에 꽤 긴 역사의 서론이 실려 있었다. 이제 생각하니 카피차는 아버지의 책이 미국에서 번역됐다는 말을 분명히 했었다. 특별한 계기가 있다면 몰라도 살아 있는 외국 과학자의 논설집이 미국에서 번역되는 일은 극히 드물다는 것을 나는 알고 있다. 일부러 구해 보기는 어려운 이 책을 내가 놓칠 리 없다. 선뜻 샀다. 동서를 막론하고 가장 알려진 소련 과학자 표트르 카피차는 불가사의한 인물이라는 말로 시작되는 이 책은 나에게 새로운 놀라움을 가져다주었다.

표트르 레오니도비치 카피차는 차르 치하 공병 중장의 아들로 태어나 1917년 혁명 당시 성 페체르부르그 공과대학의 우등생이었다. 1920년까지 뒤에 노벨 화학상을 받은 세묘노프(Nikolai Semenev)와 함께 원자의 자기적 성질을 연구했는데 유혈과 혼돈의 소용돌이에서 정부가 과학자들을 돌보지 못하자 견딜 수 없어 고국을 떠나기로 결심했다. 정부는 카피차를 내보내지 않으려 했으나 작가 고리키(Maxim Gorki)의 협조로 출국할 수 있었다.

1921년 영국에 도착한 카피차는 라더퍼드(Ernest Rutherford)가 소장으로 있는 케임브리지대학 캐븐디시연구소(Cavendish Laboratory)의 연구원으로 받아들여졌다. 여기서 그는 자기장의 영향 아래서의 물질의 행동을 연구했는데 뛰어난 분석력과 놀라운 실험기술로 영국사람들을 매혹시켰다. 대학에서 전기공학을 전공한 그는 기계설계를 할 수 있는 특기를 가지고 있었다. 카피차의 솔선에 의해 손으로 조립한 작은 실험장치는 큰 기계로 바뀌었고 공장 규모의 실험에 의한 연구가 시작되었다. 그는 늘 자신만만하고 명랑했다. 그의 강한 개성은 연구소 사람들에게 깊은 인상을 주었다.

라더퍼드는 카피차를 끔찍하게 아꼈고 과학부에서 많은 연구비를 얻어내 최대한의 지원을 아끼지 않았다. 두 사람의 상호 존경은 어느 틈엔가 우정으로 바뀌었으며 서로 크게 영향을 주게 되었다. 카피차는 라더퍼드에게 '크로코딜'(Krokodil, 악어)이라는 별명을 붙였다. 악어는 결코 후퇴하지 않고 항상 전진하는 동물로서 소련에서는 귀하게 여겨지며 라더퍼드의 과학적 통찰력을 상징하는 것이라 했다. 1923년 카피차는 케임브리지대학에서 박사학위를 얻었고 영예의 맥스웰상을 받았다. 3년 후에는 트리니티 콜리지의 펠로우로 선출되었고 1929년 왕립학회 회원에 뽑혔다. 외국인에게는 2세기 만에 주어진 영예였다. 마침내 그는 특별히 마련된 케임브리지대 정교수에 취임했다.

1929년 카피차는 저명한 과학자 크릴로프(Aleksey Krylov)의 딸 안나 크릴로바(Anna Krylova)와 재혼해서 두 아이를 얻었다. 1933년 왕립학회는 카피차를 위해 몬드 연구소(Mond Laboratory)를 세워 주었다. 개소식에는 볼드윈(Stanley Baldwin) 수상이 참석했으며 라더퍼드는 이 자리에서 새로운 분야의 연구를 가능하게 한 카피차 교수의 노력과 정열을 찬양했다. 이국에서 이례적으로 순탄한 출세가도를 달려 온 카피차는 생애의 절정에 달했으며 이제 그의 위치는 반석과 같은 것이었다. 그러나 그에게는 뜻밖의 불행이 다가오고 있었다.

1934년 가을 멘델레프 탄생 100주년을 기념하는 학회가 모스크바에서 열렸을 때 카피차는 보어(Niels Bohr)와 함께 귀국했다. 그리고 이것은 타의에 의한 영구귀국이 되고 말았다. 그의 귀국에 대해서는 두 가지 상반된 설이 있다. 하나는 카피차가 망명자가 아니라 사명을 띠고 파견된 과학자로 영국에 머물렀으며 1920년대에 주기적으로 귀국했었기 때문에 이번 귀국도 자연스런 것이라는 설이다. 또 하나는 프로코피에프(Sergei Prokofiev), 고리키, 에렌부르그(Ilya Ehrenburg) 등 유능한 망명자들을 귀국시킨 소련 정보부 일련의 공작에 걸려들었다는 설이다. 영국에 있는 소련 정보원들은 카피차가 아직 소련 국적을 갖고 있으며 그의 아내 안나가 고국에 있는 아버지를 그리워한다는 사실을 알고 있었다. 카피차가 영국 국적을 얻지 않은 것은 언젠가 귀국하겠다는 결심 때문이었지만 자유가 있을 때 가겠다고 꺼렸는데 안나의 압력에 못 이겨 정부초청을 수락했다는 것이다. 스탈린이 귀국했다가 다시 출국할 수 있도록 한다는 약속을 했고 이것을 보증한 고리키를 믿었다는 얘기도 있다.

어쨌든 귀국한 카피차는 처음 떠나온 14년 전에 견주어 조국이 몰라

볼 정도로 발전한 데 놀랐다. 보어가 덴마크로 돌아간 뒤 그는 안나와 함께 자동차를 몰아 남부 소련을 여행했다. 그들은 오래간만에 그리던 고향 산천을 마음껏 즐기며 마냥 행복하기만 했다. 그러나 영국으로 돌아가려고 레닌그라드에서 짐을 부치러 갔을 때 두 사람의 출국비자는 취소됐다는 통고를 받았다. 날벼락이었다. 아무리 항의해도 정부의 결정은 번복할 수 없다는 대답뿐이었다. 그들은 1년 동안 호텔에 살며 영국으로 가겠다고 버텼다. 카피차가 억류되었다는 소식에 캐븐디시연구소는 발칵 뒤집혔다. 라더퍼드는 크레믈린에 납치된 카피차를 돌려보내라고 항의했고 볼드윈 수상에게도 협조를 구했다. 보어를 비롯한 친구들도 소련 정부에 호소문을 보냈다. 그러나 카피차는 소련 국적을 가졌고 정부가 그를 원하니 어쩔 도리가 없었다. 결국 카피차의 귀국은 기정사실이 되어 버렸다.

체념한 카피차는 스탈린과 만나 연구하는 데 최대의 협조를 약속받았다. 소련 정부는 몬드연구소의 시설을 사들이기로 했다. 영국으로서는 카피차가 없는 마당에 이 시설이 필요 없게 되었고, 따라서 이것을 팔아 최초의 사이클러트론을 건설하는 데 쓰기로 했다. 라더퍼드는 디랙(Paul Dirac)을 소련에 보내 카피차 및 정부와 협상을 벌여 인도가격은 3만 파운드로 낙착되었으며 코크로프트(John Cockroft)가 시설을 보내는 책임을 맡았다.

카피차는 1935년 물리학문제연구소 소장에 임명되었고 1939년에는 과학아카데미 정회원이 되었다. 고국에서 그가 한 연구는 원자물리학이 아닌 저온물리학이었다. 이 기간 중 그는 공기의 액화와 그 응용에 큰 업적을 냈다. 그의 주위에는 차츰 새로운 동료와 제자들의 서클이 형성되어 갔다. 영국에 두고 온 두 아이들도 데려왔다. 정부는 카피차가 좋아하는 스코틀런드 양복지와 파이프 담배까지 수입해서 대 주는 등 갖은 특혜를 베풀었다. 그러나 그는 영국과 특히 흠모하는 은사 라더퍼드를 잊을 수 없었다. 라더퍼드는 두 달에 한 번 편지를 보내 그를 격려했다. 카피차는 그리운 영국에 못가는 현실을 러시아적인 숙명론으로 달랬다. "결국 우리는 운명이라 부르는 흐름 속에 떠다니는 물질의 작은 알맹이에 지나지 않습니다." 1936년 라더퍼드에게 보낸 편지에 이런 말이 쓰여 있다. 그 이듬해 라더퍼드는 뜻밖의 병을 얻어 영원히 눈을 감았다. 물론 그는 장례식에 참석할 수도 없었다.

스탈린의 피의 숙청이 시작되었을 때 그의 동료 레프 란다우(Lev Landau)가 유대인인데도 불구하고 친 나치 혐의로 체포되었다. 카피차는 크레믈린에 가서 란다우를 석방하지 않으면 연구소를 그만두겠다고 강경하게 나간 결과 뜻을 이루고 말았다. 이것은 당시로서는 대단한 용기를 필요로 하는 행동이었다. 전시인 1940년대에 카피차는 원자물리학에 관심을 기울였다. 그는 1943년 극적으로 코펜하겐을 탈출, 스웨덴을 거쳐 영국에 와 있던 보어에게 소련에 와서 함께 일하자는 간절한 편지를 보내기도 했다. 원자핵에너지의 무기화 가능성이 명백해진 이때 보어는 영국 정보당국과 협의해서 이 초청을 정중히 거절하느라고 진땀을 뺐다. 전쟁이 끝날 때까지 카피차가 무슨 일을 했는지 자세한 것은 알려져 있지 않으나 그는 두 차례의 1급 스탈린상(1941, 43), 프랭클린 메달(1944), 사회주의 노동영웅 칭호(1945) 등을 받았고 1946년에는 최고의 영예인 레닌상을 받았다.

전후 스탈린이 카피차를 못 마땅하게 여긴다는 풍문이 돌더니 1946년 말 카피차의 이름은 공식 뉴스에서 갑자기 자취를 감췄다. 이 기간 중 그가 핵폭탄 연구에 참여했는지 여부에 대해서는 양론이 있으나, 추측컨대 원수폭 개발에 협조하기를 거부한 까닭으로 자택연금 상태에 있었던 듯하다. 1957년 영국의 평화주의 잡지와의 전화 인터뷰에서 원수폭 연구를 거부했느냐는 질문을 받은 카피차는 사실이라고 확언했다. 이것은 오스트레일리어의 악명 높은 공산주의자 기자 버체트(Wilfred Burchett)와의 회견에서도 확인되었다.

1953년 스탈린이 죽자 카피차는 표면에 다시 등장했다. 그는 1955년 물리학문제연구소 소장에 재임명되었고 활발한 연구 활동을 시작했다. 1957년 스푸트니크를 쏘아 올린 우주개발 계획에서도 그는 중요한 몫을 한 것으로 알려지고 있다. 흐루시초프 치하에서도 그의 대담한 비판정신은 계속 문제를 일으켰다. 1962년에 발표한 논문 "이론, 실험, 실천"에서 카피차는 공명이론(폴링의), 상대성이론, 불확정성원리, 유전학(서방), 사이버네틱스에 대한 소련 철학자들의 부정적 태도를 비난했다. 그는 8년 전에 나온 철학사전에 사이버네틱스가 반동적 사이비과학이라고 규정되었음을 인용하면서 독단주의자들이 사이버네틱스가 자본주의적이라 해서 거부했지만 그것이 아니었다면 소련의 우주계획의 성공은 불가능했을 것이라고 했다. 또한 그는 상대성이론이 변증법적 유물론의 관점에서 틀렸다고 해서 원자핵물리학에 응용하기를 거부했다면 어떤 결과가 나왔겠느냐고 반문한다. 카피차는 철학자들이 물리학뿐 아니라 생물학 분야에서도 부정확한 일반화를 했다고 비난함으로써 이름은 명시하지 않았으나 분명히 리셍코(Lysenko) 유전학을 공격하고 있다. "자연과학 영역에서의 변증법의 응용은 실험적 사실과 이론적 일반화의 완전한 지식을 필요로 한다." 이 말을 변증법적 유물론을 과학의 절대적 지도 원리로 받드는 정통 마르크스주의에 대한 도전으로 보면 지나친 해석일까?

카피차는 타부로 되어 있는 추상파 미술을 노골적으로 옹호하기도 했다. 1962년 현대미술 규탄운동이 절정에 달했을 때 흐루시초프는 1급 미술가들을 불러 성토한 일이 있다. 다섯 시간이나 계속된 토론에서 추상파 조각가 네이즈베스트니(Ernst Neizvestny)가 반박에 나섰다. "흐루시초프 동무는 내 작품을 좋아하지 않을지 모르지만 위대한 과학자 카피차와 란다우는 좋아합니다." 흐루시초프의 답변은 솔직했다. "그러기에 우리가 그 두 사람을 찬양하지 않는 것 아니요." 3년 후 카피차는 부르좌 형식주의자라는 공식 비난을 받고 있는 실험화가 아니케요 노크의 그림을 얻어다 연구소의 홀에 걸어 놓았다.

1964년 말 카피차는 과학자에게 더 많은 자유를 요구하는 연설을 했다. 그는 정부의 간섭이 소련 과학을 비생산적인 것으로 만든다고 지적하고 미국식에서 본받을 점이 있다고 강조했다. 1965년에는 학자의 자유로운 외국여행을 주장했다. 1934년 이래 그는 한번도 국외로 나가 본 일이 없었다. 그런데 바로 그해 카피차는 원자력의 평화적 이용에 대한 공로로 닐스 보어 국제 금메달을 받게 되어 있었다. 이 상을 타기 위한 덴마크 방문은 허용되었다. 다음 해에는 라더퍼드 메달을 받기 위해 영국에 갔고 1969년에는 미국에 여행, 컬럼비어대학에서 명예학위를 받았다.

1966년 카피차는 드디어 사랑하는 영국에 돌아왔다. 꿈에도 그리던 케임브리지! 그곳의 옛집은 아직도 그의 소유로 되어 있었다. 트리니티 콜리지의 수위는 하이 테이블(High Table)에 참석하는 카피차의 가운을 꺼내다 주었다. 32년 만에 입어 보는 옷이었다. 그때까지 살아있는 몇 안 되는 옛 친구들을 만나고 캐븐디시와 몬드 연구소를 돌아보면서 그는 하염없는 추억에 잠겼다. 기자회견에서 카피차는 재치 있는 농을 했다. "지구상에 평화를 가져올 수 있는 가장 확실한 방법은 군사연구소의 과학자들을 서로 교환하는 것이다. 그러면 비밀은 없어질테니까." 그는 영국 과학자들이 미국으로 빠져나가는 것에 유감을 표하면서 이렇게 말하기도 했다. "소련은 두뇌유출 문제를 갖고 있지 않다. 우리는 유출할 사람이 없기 때문이다." 뼈 있는 말이었다. 1934년 스탈린에 의해 억류됐던 일에 대해 묻자 그는 "낭만적인 질문"이라고 익살스럽게 받아넘겼다.

카피차는 왕립학회에서 라더퍼드를 회상하는 긴 강연을 했다. 이것은 29년 전 라더퍼드가 죽은 직후 그가 물리화학연구소에서 했던 추모강연의 속편이라 할 수 있다. 여기서 그는 라더퍼드의 과학적 업적을 추가하고 그의 사람됨과 일화들을 소개했다. 강연 전문은 영국의 과학지 《네이처》(*Nature*)에 실렸는데 소련의 《노보이 미르》(*Novi Mir*)에 나온 텍스트에는 다음과 같은 마지막 구절이 삭제되어 있다. "1921년 라더퍼드는 나에게 자기 연구소에서 공산주의 선전을 하지 말라고 경고했다. 그러나 바로 그때 그는 제자들과 함께 과학기술혁명의 기초를 놓고 있었던 것이다." 이 부분이 왜 소련인들의 비위에 거슬렸을까? 흥미 있는 문제이다.

결국 나는 카피차 부자를 다 우연히 만난 셈이다. 아들은 직접, 그리고 아버지는 책을 통해서. 나는 표트르 카피차에게 비상한 관심을 갖게 되었다. 갖고 있는 책을 모조리 뒤져 보았으나 이미 알려진 비슷한 사실들이 간단히 언급되어 있을 뿐 신통한 얘기는 나오지 않는다. 컬럼비어대학의 그레이엄(Loren Graham)이 저서 두 권을 보내왔다. 그레이엄은 소련과학사의 독보적 존재로 10년 전에 나온 논문 "구조화학에 관한 소련 마륵스주의적 견해"를 통해 알고 있었는데 역시 토쿄 회의에서 처음 만났다. 그는 자기 책《소련의 과학과 철학》(*Science and Philosophy in the Soviet Union*, 1972)의 일역판을 내줄 만한 출판사를 찾고 있었다. 당장 번역은 어렵겠지만 서평이라도 써 주겠다고 했더니 잊지 않고 부쳐 주었다. 이 책도 나의 궁금증을 풀어 주지는 못했다. 8장 구조화학의 주에 앞서 말한 카피차의 논문 "이론, 실험, 실천"이 인용되어 있는 게 고작이었다. 그러나 그레이엄은 여러 차례 소련에 들어가 연구하고 각계각층 사람들과 광범한 접촉을 했으니 카피차에 대해 틀림없이 잘 알고 있을 것이다. 그를 만나기 전에 카피차의 책을 못 읽은 것이 안타깝다.

번역자 패리는 카피차가 어두운 스탈린주의 시대에 과학자의 독립성의 불꽃을 보존했고 스탈린 이후에는 '새 계급' 안의 야당의 심볼로서 정치인들에 대한 저항의 구심점이었다고 결론을 내린다. 그러나 카피차를 '비마륵스주의적 과학의 보초'라고 한 것은 지나친 해석인 것 같다. 내가 받은 인상으로는 그는 서구화되었으면서도 조국 소련에 충실한 애국자였다. 그는 당원이 아니라지만 역시 마륵스주의자라고 믿는다. 더욱 분명한 것은 그가 자유주의자라는 사실이다. 이것은 그가 라더퍼드를 추모하면서 과학이 자유를 잃고 '생산력'인 것을 애석해 한 것만 보아도 알 수 있다. '뉴 레프트'(New Left)가 설치는 미국에는 후크(Sidney Hook), 스타인벡(John Steinbeck) 같은 '올드 레프트'(Old Left)가 있다. 솔제니친(Alexandr

Solzhenitsyn), 사하로프(Andrei Dmitrievich Sakharov)를 '뉴 라이트'(New Right)라 한다면 표트르 카피차는 '올드 라이트'(Old Right)라고 부를 수 있지 않을까. 만일 체제로 굳어진 소련의 마륵스주의를 보수주의로 규정한다면 그는 '올드 레프트'라 해도 무방할 것 같다. 지금 그는 젊은 반체제적인 과학자들의 몸부림을 어떻게 볼까? 신비에 싸인 그의 과거보다 나는 이것이 더욱 알고 싶다.

나는 아무 준비도 없이 셰르게이 카피차(Sergei Petrovitch Kapitsa, 1928-2012)를 만났다. 그러나 지금 생각해 보면 그의 세련된 영국신사 다운 매너, 과학의 인간화를 주장한 그의 논문, 케슬러(Arthur Koestler)의 《몽유병자들》(*The Sleepwalkers*)을 즐겼다는 고백에서 나는 그의 아버지를 느낄 수 있었다. 다만 그의 아버지가 이끌어 온 물리학문제연구소의 교수로 체제 속에 들어가 있는 그의 속마음은 알 길이 없었다. 셰르게이는 모스크바항공학원을 졸업하고 레베데프(Lebedev)물리학연구소 연구원을 거쳐 모스크바물리학·기술연구소 교수였고 러시아 과학아카데미 부원장을 역임했다. 그는 훌륭한 과학자였지만 과학TV쇼를 40년 이끌어 과학 대중화의 공로자들에게 주는 유네스코 칼링가상(Kalinga Prize)을 받았다. 그는 또한 핵무장해제운동에 앞장 선 퍼과시(Pugwash) 회의와 로마 클럽(Club of Rome)의 회원으로도 활약했다. 나는 1980년대에 케임브리지에서 며칠 상관으로 셰르게이를 놓친 일이 있다. 2000년대에 모스크바를 몇 번 갔으면서도 셰르게이를 찾지 않은 것은 내 큰 실수였다.

4

폴링-평화 위해 싸운 화학자

1963년 10월 10일 노르웨이 국회가 선정한 5인위원회는 국제정세의 악화로 보류했던 1962년도 노벨 평화상을 미국의 화학자 라이너스 폴링(Linus Carl Pauling, 1901-94)에게 수여하기로 했다고 발표했다. 1954년에 노벨 화학상을 받은 폴링은 이로써 만인이 부러워하는 세계 최고의 영예를 두 번이나 차지하게 된 것이다. 퀴리 부인도 노벨상을 두 차례나 받았지만 물리학상은 남편 피에르와 베크렐과 함께 나누어 가졌으니 단독으로 두 번 수상한 것은 폴링이 처음인 셈이다. 그러나 폴링의 영광은 결코 우연한 것이 아니다. 그는 일생 화학자로서 연구하고 평화주의자로서 싸워왔다.

폴링은 20세기의 동이 트는 1901년 미국 오리건주 포틀런드에서 태어났다. 캘리포니아공대(Cal Tech)에서 화학을 전공한 그는 1926년 유럽으로 건너가 1년 동안 뮌헨, 취리히, 코펜하겐에서 각각 당대의 석학 조머펠트(Sommerfeld), 슈뢰딩어(Schrödinger), 보어(Bohr) 문하에서 물리학을 연구했다. 귀국하자 약관 27살에 모교 캘텍의 조교수에 취임, 4년 후에는 정교수로 승진했다.

화학자로서의 폴링의 업적은 다방면에 걸쳐 눈부시다. 원자구조의 연구에서 출발한 그는 양자역학을 화학에 도입해 분자의 구조를 공명현상으로 설명하고 화학결합에 관한 이론을 세움으로써 구조화학에 큰 변화를 가져왔다. 1939년에 발간된《화학결합의 본질과 분자 및 결정의 구조》는 화학의 고전이 되어 오래 판을 거듭했다.

또한 일찍부터 생화학에 손을 뻗쳐 혈액내의 항체 및 항독소의 구조를 밝힐 목적으로 실험실에서 항체를 생산해내는 데 성공했으며 면역반응의 메커니즘을 상세히 규명했다. 뿐만 아니라 생명의 열쇠라고 불리는 단백질 안의 폴리펩타이드 연쇄의 배열, 특히 알파 헬릭스를 발견했고 국제생화학연합 주최로 1957년 모스크바에서 열린 생명의 기원에 관한 심포지엄에 참가해 "생명의 분자 복사과정에 작용하는 힘의 본질"이란 제목의 논문을 발표했다. 그가 화학상을 받은 것도 단백질의 구조를 연구함으로써 생명의 본질을 밝히는 데 중요한 몫을 했기 때문이다. 폴링은 전공분야에서 이렇듯 빛나는 업적을 이루었으면서도 상아탑에만 칩거하는 학자가 아니었다. 1949년 미국화학회 회장을 역임한 것을 비롯해서 활발한 학문활동을 전개했을 뿐 아니라 사회참여에 적극적이었으며 때로는 미묘한 정치문제에도 뛰어들기를 주저하지 않았다. 그는 본래 기질적으로 철저한 자유주의자였고 동시에 평화주의자였다. 행동적인 평화주의자로서의 폴링의 생애는 제2차 세계대전이 끝난 뒤부터 시작된다.

연합국 과학자들의 협동연구로 만들어져 히로시마, 나가사키에 투하된 원자 폭탄은 태평양전쟁을 빨리 종결로 이끌었지만 순식간에 10여만 명의 사상자를 낸 일찍이 없었던 참혹한 결과를 가져왔다. 실라르드(Leo Szilard, 1898-1964), 시보그(Glenn T. Seaborg, 1912-99), 래비노위취(Eugene

Rabinowich, 1901-73) 등 과학자들로 구성된 9인위원회는 일본에 대한 원자탄 사용에 반대하는 보고서를 정부에 제출한 바 있다. 원폭의 위력이 실증되고 새로운 동서간의 냉전으로 핵무기 발전이 계속되자 이에 충격을 받아 분연히 일어선 한 무리의 양식 있는 과학자들이 있었다.

이들의 반항은 정치인은 물론 다른 과학자의 주의마저 별로 끌지 못한 가운데서 고독하게 계속되었다. 장년의 폴링도 이 소수의 선각자 가운데 한 사람이었다. 1945년 이래 그는 학교, 노동조합, 오찬회, 생화학회의 등 각종 집회에 나가 기회 있을 때마다 핵전쟁이 초래할 재해를 설명하고 평화의 수호를 역설했던 것이다.

1949년 8월 29일 소련도 최초의 원폭 실험에 성공해 미국의 핵무기 독점은 끝나고 냉전은 새로운 양상을 띠기 시작했다. 더욱이 1950년대에 들어와 불과 1년 차이로 미소가 수소 폭탄을 보유하게 되고 영국까지 핵그룹에 끼어 치열한 핵무기경쟁에 돌입하니 위험은 한층 더 절실한 것으로 되었다. 한편 핵 교착 상태가 장기화함에 따라 과학자들의 발언도 열도를 높여갔다.

1957년 7월 15일 폴링을 포함한 52명의 노벨상 수상 과학자들은 스트라스부르(Strasbourg)의 마이나우(Meinau)에 모여 인간을 위한 과학이 인간을 파멸시킬 수단이 되는 것을 묵과할 수 없다는 선언을 채택해 큰 반향을 일으켰다. 이보다 며칠 앞서 버트런드 라슬(Bertrand Russel)은 열핵전쟁의 위험을 경고하는 호소문을 작성해 아인슈타인(Einstein), 폴링, 유카와(湯川秀樹) 등 지도적 과학자 19명의 서명을 얻어 발표하고 이 문제를 토의하기 위해 과학자의 국제회의를 소집할 것을 제의했다. 그 결과 두 차례나 퍼

과쉬회의(Pugwash Conference)가 열렸고 원자력의 사용에서 오는 위해, 핵무기의 통제문제, 과학자의 사회적 책임에 관한 토의로 큰 성과를 거두었는데 폴링은 여기서도 라슬, 실라르드와 함께 지도적 몫을 맡았다.

방사성 낙진의 위험 여부를 둘러싸고 슈바이처(Albert Schweitzer)와 미국원자력위원회를 대변하는 리비(W. F. Libby) 사이에 큰 논쟁이 벌어졌다. 그 직후인 1957년 5월 15일 폴링은 와싱톤대학에서 강연을 한 뒤, 학생·교수들과 환담을 하다가 갑자기 호소문을 준비해야겠다는 생각이 떠올랐다. 그는 전면 군축과 궁극적인 핵무기 폐기를 위한 첫 단계로서 핵실험 중지의 국제 협정의 체결을 촉구하는 호소문을 즉석에서 기초해 국내 각 대학 연구소에 있는 과학자들에게 보냈다. 열흘 안에 2천 명 이상의 서명이 들어왔다. 폴링은 이것을 아이젠하워(Eisenhower) 대통령에게 제출했다. 대통령은 이 호소문의 배후에 어떤 조직이 작용한 것 같다고 엉뚱한 오해를 했지만, 폴링은 이것이 미국 과학자들의 양심이 살아 있음을 세계에 과시함으로써 오히려 미국에 이익을 가져왔다고 반박했다.

국내에서의 지지에 용기를 얻어 외국 과학자들에게 편지를 낸 결과 44개국의 9,235명이 호응해 왔다. 이 가운데는 미국과학아카데미 회원 101명, 영국 왕립학회 회원 35명, 소련 과학아카데미회원 216명, 그리고 노벨상 수상자 36명이 포함되어 있었다. 폴링은 9,235명이 서명한 호소문을 1958년 1월 13일 하마슐드(Hammarskjöld) 유엔 사무총장에게 수교했는데 그 뒤에도 추가 서명이 들어와서 총 서명자 수는 49개국의 11,021명이 되었다. 이에 더욱 대담해진 그는 1958년 4월 4일 국방장관과 미국원자력위원회 의장을 상대로 에네웨톡(Eniwetok) 실험이 유엔헌장 위반이라고 연방법원에 제소했으나 기각 당했다.

폴링의 서명운동이 예상외의 성과를 나타내 조직화된 핵실험반대운동으로 발전하고 무시 못할 영향력을 발휘하게 되자 미국 정부로서는 큰 두통꺼리가 아닐 수 없었다. 게다가 당국은 오래전부터 폴링에게 공산주의 동조자의 혐의를 두고 있었다. 1952년부터 국무부는 그의 해외여행 여권 발부를 3차나 거부해 의회에서까지 문제가 된 끝에 노벨상 때문에 겨우 허가했다. 그는 1955년 말 국내안보위원회가 발표한 공산주의 노선 지지자 명단 속에 포함되어 늘 FBI의 감시를 받았다. 물론 평화와 정치적 자유를 위해 투쟁하는 과정에서 그의 언동이 공산주의자들의 그것과 일치한 점이 많았고, 따라서 소련에게 좋은 선전자료를 제공한 것은 사실이다. 예컨대 그는 현실적인 이유에서 중공을 군축협상에 참석시킬 것을 주장했고 중부유럽 비핵지대를 설치하자는 라파키(Rapaki) 안을 지지했다.

소련에서 그의 반핵무기운동을 극구 찬양하고 있고 1958년에 그를 과학아카데미의 정회원으로 선출해 최상의 대접을 한 것도 당연한 일이라 할 수 있다. 그러나 폴링의 과격한 행동은 그가 진리와 양심에 사는 과학자이며 인류의 생존에 지대한 관심을 갖는 열렬한 평화주의자라는 것을 생각할 때 납득이 가고도 남음이 있다. 핵전쟁으로 세계가 멸망하는 것보다는 차라리 공산 노예가 되는 길을 택하겠다고 극언하는 라슬을 공산주의자라고 할 수 없는 것처럼 폴링이 공산당의 조종을 받고 있다고 의심할 수는 없을 것이다. 그 자신 의회 증언에서 밝힌 바와 같이 그는 공산주의자가 아닐 뿐더러 이론적인 마륵스주의자도 아니다. 그러나 폴링은 단언한다. "나는 미국인과 미국의 이익에 깊은 관심을 갖는 미국인이지만 그

전에 한 인간이다." 평화와 선을 위한 싸움에서 미국이 솔선해야 한다는 것이 그의 지론이다.

폴링은 1958년에 출판한 저서 《전쟁은 그만!》(*No More War!*)에서 핵무기의 본질과 방사능이 인류에 미치는 영향을 상세하게 밝히고 핵전쟁이 발발할 경우의 가공할 결과를 그린 다음 평화의 달성을 위한 구체적인 방안을 제시했다. 궁극적인 핵무기 폐기와 전면적 군축을 위해 유엔에 평화를 연구하는 기구를 설치하자고 그는 제창했다.

폴링은 1961년 8월 1일 소련이 3년 동안의 핵실험 유예를 깨뜨리고 메가톤급 핵폭탄을 폭발시키자 즉시 '50개국의 과학자 11,021명(소련 과학자 216명 포함)과 전 인류, 그리고 낙진에 의해 상해를 입을 미래의 어린이들의 대변자로서 실험을 중지할 것을 호소한다.'는 항의전문을 흐루시초프에게 쳤다. 그는 미국이 대기권내 핵실험을 재개한 지 사흘 뒤인 1963년 4월 20일에 "케네디(Kennedy) 씨! 먹밀런(Macmillan) 씨! 우리는 실험을 할 권리가 없다."고 쓴 플래카드를 높이 들고 백악관 밖에서 피켓을 쳤다. 시위가 있은 다음날 케네디 대통령은 다른 유명인사들과 함께 폴링을 백악관으로 초대하고 그의 강한 신념에 대해 경의를 표했다.

1963년 8월 5일 미영소 3개국은 협상 끝에 비록 부분적이기는 하지만 핵실험금지조약에 조인함으로써 평화에의 역사적 거보를 내디뎠다. 이것은 폴링과 그를 지원한 온 세계 휴머니스트들의 위대한 승리라고 하지 않을 수 없다. 폴링은 갖은 박해와 오해를 무릅쓰고 평화를 위해 줄기차게 싸워 왔다. 한 사람의 무력한 과학자가 핵무기를 손에 쥐고 있는 거대한 세력에 대항해 싸운다는 것은 확실히 무모한 일이었다. 어떤 사람들은 그를 백안시했고 또 어떤 사람들은 그의 어리석음을 비웃었다. 그러나 오늘날 그의 발언은 강력한 영향력을 갖게 되었다. 이제 그는 외롭지 않았다. 모든 사람들이 그가 옳다는 것을 인정했던 것이다. 노벨 평화상의 발표는 바로 부분적 핵실험 금지조약이 발효된 지 몇 시간 뒤에 있었다.

아프리카의 성자 슈바이처(Albert Schweitzer)는 "핵전쟁 방지와 핵에너지의 국제 관리를 위한 노력으로서 폴링 교수는 인류에게 위대한 공헌을 했다."고 격찬했으며 폴링과 더불어 반핵운동에서 쌍벽을 이루고 있는 노철학자 러슬은 폴링을 "핵전쟁의 위험을 제거하는 방법을 연구하는 과학자 가운데 가장 적극적인 사람"이라고 불렀다. 아니 케네디와 흐루시초프도 이미 이것을 시인한 것이나 다름없었다. 그에게 1963년 10월 16일은 이중으로 기쁜 날이었다. 대기권내 핵실험이 중지되고 동서간의 긴장은 많이 완화되었지만 이것은 영구평화에의 첫걸음에 불과했다. 그럼에도 불구하고 우리는 앞날을 조심스럽게 낙관할 수 있었다. 폴링의 말과 같이 전쟁으로 세계문제를 해결하는 시대는 지나가고 국가 사이의 분쟁이 이성의 힘과 국제법으로 해결되는 지속적 평화의 시대를 향해 세계가 줄달음치고 있었기 때문이다.

영국 과학잡지 《뉴 사이언티스트》(*New Scientist*)는 2000년에 역사상 가장 위대한 과학자 20명을 뽑았다. 폴링은 그 가운데 들어 있다. 그러나 평화주의자 폴링은 노벨 평화상 말고도 미국휴머니스트회(American Humanist Association)가 1961년의 '그 해의 휴머니스트'(Humanist of the Year)로 선정했고 간디 평화상(Gandhi Peace Award, 1962), 레닌 평화상(Lenin Peace Prize, 1975), 이케다 다이사쿠 메달(池田大作 Medal, 1992)을 받았다.

5

사하로프-노벨 평화상

출처: RIA Novosti archive, image #25981 / Vladimir Fedorenko / CC-BY-SA 3.0

1973년 소련 정부는 사하로프(Andrei Dmitrievich Sakharov, 1921-89)의 노벨 평화상 수상식 참석을 허가하지 않겠다고 발표했다. 기적이 일어나지 않는 한 이탈리아에 나와 있는 부인이 오슬로에 날아가서 대리로 수상할 것이 확실했다. 마침내 시상식에는 사하로프의 동지이자 반려자인 부인이 대신 참석하여 대리 수상했다.

노벨 평화상은 정치적 복선 때문에 가끔 말썽을 빚는다. 1935년 독일의 정치범 폰 오시츠키(Carl von Ossietzky, 1889-1938)에게 평화상이 주어지자 격노한 히틀러는 독일인의 노벨상 수상을 금지하는 조치를 취한 일이 있다. 1962년에는 극성스런 핵실험 반대운동으로 이름 높은 화학자 폴링(Linus Pauling, 1901-94)이 수상자로 지명되어 미국 정부를 난처하게 만들었다.

특히 소련은 노벨상과 관련된 아픈 추억을 갖고 있다. 수상 작품 때문에 수상을 거절하도록 한 파스체르나크(Boris Pasternak, 1890-1960)와 결국 국외 추방으로 끝난 솔제니친(Aleksandr Solzhenitsyn, 1918-2008)의 경우가 그것이다. 그런데 이번 사하로프의 경우는 대리 수상이라는 전에 없던 새로운 보기를 남겼다. 이럴 수도 없고 저럴 수도 없는 소련 정부의 고민이 역력했다.

사하로프의 수상 이유는 "인류의 평화를 위해 기울인 두려움을 모르는 노력"에 대한 것이라고 노벨위원회는 밝혔다. 그의 노력이란 물론 수소폭탄을 개발한 과학자로서의 반성과 체제에 대한 용기 있는 비판을 가리키는 것이다. 그리고 이 두 가지는 사하로프의 생애의 전기와 후기를 특징짓는 것이기도 하다.

1945년 히로시마에서 원자 폭탄이 터졌을 때 사하로프는 24살이었다. 이때 그는 모스크바대학 물리학과를 우등으로 졸업하고 레베데프(Lebedev) 물리학연구소 탐(Igor Yevgenyevich Tamm, 1895-1971) 교수 아래서 연구하는 학생이었다. 그는 이 가장 우수한 연구 그룹에서도 가장 뛰어났으며 전시에도 병역이 면제되어 연구를 계속해 왔던 것이다.

히로시마 원폭 투하는 원자핵시대의 개막을 의미했고 소련 과학자들은 하루아침에 미국과의 무서운 경쟁에 들어갔다. 핵무기 개발 계획은 비밀경찰 두목 베리아(Lavrenty Beria)의 지휘 아래 독일에서 잡아온 과학자들의 도움을 받아 과학기술자들을 총동원해 강행되었다. 그러나 탐이 이끄는 그룹은 미래에 더 큰 잠재력을 갖는 연구를 하고 있었다.

사하로프는 26살이라는 믿을 수 없는 나이에 박사학위를 얻었다. 소련의 학위는 서구보다 훨씬 격이 높은 것으로서 20년 가까운 연구경력이 있는 40대 학자들에게 주어지는 것이다. 그의 논문은 우주선에 관한 것이었으며 계속 몇 편을 내서 이론물리학에 크게 기여했다. 1948년부터 갑자기 사하로프의 이론적인 논문이 소련 물리학 잡지에서 사라졌다.

이때 원자핵분열 무기를 개발하는 베리아 팀과 별도로 탐과 사하로프의 그룹은 한 단계 건너뛰어 수소 폭탄 제조를 향해 돌진했다. 이렇게 해서 소련은 미국을 앞질러 수소 폭탄을 만들어내는 데 성공했다. 여기서 사하로프는 가장 중요한 몫을 했다. 수소 폭탄을 만든 해인 32살에 그는 소련과학아카데미 회원에 뽑혔다. 이것은 전례 없는 이변이었다. 뒤에 노벨 물리학상을 받은 그의 스승 탐은 20여 년 준회원으로 있던 끝에 같은 해 겨우 정회원이 되었던 것이다.

그동안 사하로프는 열핵융합 에너지를 전력으로 만드는 연구를 해서 스탈린상을 받았다. 1957년에는 보안등급이 달라졌는지 그의 논문이 다시 잡지에 실리기 시작했다. 1956년 흐루시초프가 집권하자 스탈린 격하 운동이 일어났고 40년 만에 소련인들은 어느 정도 자기의 견해를 말할 수 있게 되었다.

사하로프의 사회의식이 눈뜨기 시작한 것은 이때였다. 그는 노벨이 다이나마이트를 발명한 뒤 느꼈던 것과 비슷한 환멸을 맛보았다. 그의 죄의식은 핵폭탄의 무서운 파괴력 앞에서 전율했다. 사하로프는 핵실험 중지와 핵무기의 감축을 주장했다. 그는 기회 있을 때마다 흐루시초프를 포함한 고위층에 직접 또는 서신으로 핵군축을 요구했다.

우리는 여기서 아인슈타인, 실라르드(Leo Szilard, 1898-1964) 등 원자력 개발의 공로자들이 핵무장 해제에 누구보다도 앞장섰던 사실에서와 같은 아이러니를 본다. 아마도 그는 이때 미국에서 폴링이 이끈 강력한 반핵운동의 영향을 받았을 것이다. 또한 소련 안에도 스탈린 시대 원자탄 연구를 거부했다가 자택연금 당했던 선배 물리학자 카피차(Pyotr Kapitsa, 1894-1984)도 있었다.

어쨌든 사하로프는 1965년부터 군사연구에서 떠났고 과학 잡지에 그의 이름이 나타나기 시작했다. 그는 쿼크(quark) 현상과 우주문제에 관심을 쏟았다. 곧 초점은 소립자의 미시세계에서 전체 우주의 거시세계로 옮아갔던 것이다. 동시에 그의 사회적 관심도 과학에 관련된 문제에서 공동체 전반을 포함하는 광범한 문제들로 발전했다.

1966년 흐루시초프가 실각하고 중도적인 관료들이 권력을 잡았다. 23차 공산당대회가 준비되고 있었고 모스크바에서는 스탈린 복권이 있으리라는 소문이 나돌았다. 스탈린 사후의 진전은 커다란 위기를 만났다. 카피차, 탐, 사하로프를 포함한 25명의 지식인들은 신스탈린주의의 출현을 경고하는 편지를 브레즈뇨프(Leonid Brezhnev) 당 제1서기에 보냈다. 이것이 주효했는지는 모르나 스탈린의 부활은 일어나지 않았다.

그러나 소련의 장래를 위한 투쟁은 겨우 출발점을 떠난 것이었다, 수소폭탄을 만든 천재 과학자 사하로프는 이제 세계적인 철학자, 사회사상가가 되었다. 여기서 그의 2단계 투쟁은 시작되었다. 그것은 소련의 민주화를 위한 체제비판이었다. 1968년부터 본격적인 인권투쟁으로 들어간 사하로프는 지성의 자유, 검열 철폐, 사형 폐지 등을 역설했다. 체코슬로바키아의 자유화와 때를 같이해서 쓴 사하로프의 《진보,공존 및 지적 자유》(*Progress, Coexistence and Intellectual Freedom*)는 원고가 밀수출되어 미국에서 출판되었다. 여기에는 핵전쟁, 사상의 자유, 인구, 환경오염, 경찰 독재에 대한 그의 주장이 실려 있다.

시냐프스키(Andrei Sinyafski, 1925-97)와 다니엘(Yuli Daniel, 1925-88) 등 체제 지식인들이 체포되어 강제노동수용소, 정신병원으로 보내지는 것을 막으려는 사하로프의 활동은 눈물겹다. 그는 인권위원회를 만들었고 국내에서 최선을 다해도 실효가 없는 것을 알고 국제여론에 호소해서 밖으로부터의 압력을 이용하는 방법을 썼다.

소련 안에서의 반체제운동은 둘로 나눌 수 있다. 하나는 체제를 전면 부정하는 것으로서 공산주의와 공업화를 포기하라는 솔제니친이 이에 속한다. 또 하나는 사회주의를 긍정하면서 평화적 변혁, 합리화를 지향하는 것이다. 사하로프는 후자에 속했는데 점차 과격한 입장으로 변해갔다.

1972년 사하로프는 "나는 이미 마륵스-레닌주의자가 아니라 자유주의자"라고 선언했으며, 이듬해에는 미국휴머니스트회에서 낸 "제2 휴머니즘 선언"(Humanist Manifesto II)에 서명했다. 이것은 공산주의자로서는 도저히 받아들일 수 없는 내용이었다. 서구의 자유주의자들이 좌경하는 것과는 대조적으로 화석화된 보수적 공산체제와 싸우고 있는 사하로프의 자유주의는 갈수록 우경할 것으로 보인다.

메드베데프(Zhores Medvedev, 1925-)와 솔제니친이 국외로 쫓겨났으니 사하로프는 자유화 민주화를 갈구하는 소련인들의 유일한 등불이었다. 1938년 노벨 물리학상에 지명된 엔리코 페르미(Enrico Fermi, 1901-54)는 수상식 참석을 파시즘 조국을 탈출하는 기회로 이용했다. 그러나 사하로프는 재입국의 보장이 없는 한 출국하지 않겠다고 했다. 그는 조국에 남아서 싸워야 했던 것이다.

우리는 지난날 권력 앞에 맥없이 굴복하는 허약한 과학자들을 보아왔다. 갈릴레오, 오펜하이머… 그러나 사하로프는 막강한 체제와의 힘겨운 싸움을 의연하게 계속했다. 그의 불굴의 투지는 과학자의 사회적 책임과 나아가서 윤리적 결단력이 무엇인가를 깊이 생각하게 해 준다.

6

줄리언 학슬리의 초휴머니즘

줄리언 학슬리(Julian Huxley, 1887-1975)는 여러 대에 걸쳐 세계적인 학자들을 배출한 명문에 태어났다. 그는 '다윈의 불도그'란 별명이 붙은 토머스 헨리 학슬리(Thomas Henry Huxley)의 손자이며 19세기의 손꼽는 시인, 비평가 매슈 아늘드(Mathew Arnold)는 그의 외증조부이다. 당대만 해도 1963년에 죽은 작가 올더스(Aldous)가 그의 아우이며 막내(이복) 앤드루(Andrew)는 같은 해 노벨 생리·의학상을 받았다.

옥스퍼드에서 교육을 받은 학슬리는 런던대와 왕립연구소(Royal Institution) 교수를 역임했고 1958년에는 작위를 받았다. 생물학자로서의 그의 생애는 비교해부학으로 시작했는데 뒤에는 발생학, 유전학, 진화학, 생태학 등 거의 모든 영역에 미쳤다. 아우 올더스는 과학에 조예가 깊었으나 줄리언은 반대로 뛰어난 문학적 재능을 보였다. 줄리언은 시를 써서 상을 타고 시집을 냈는가 하면 에세이스트로서도 정평이 있었다. 그에게는 과학의 대중화에 기여한 공로로 유네스코의 칼링가 상(Kalinga Prize)이 주어지기도 했다.

학슬리의 관심은 생물학을 넘어 인류학, 심리학, 종교학, 사회학 등 인문·사회과학 전반으로 확대되었으며 모두 중요한 저술을 남기고 있다.

이렇게 다재다능하면서도 천박하지 않았다는 점에서 그는 할아버지 토머스 헨리를 그대로 닮았다. 더욱이 학슬리는 당대의 영국 생물학자들 홀데인(Haldane), 버날(Bernal), 니덤(Needham)이 그랬듯이 사회개혁에 대한 열정에 불탔다.

학슬리는 제2차 세계대전 후 유네스코 창립에 참여해 초대 사무총장을 지냈다. 교육문화기구(UNECO)가 될 뻔한 것을 S를 넣어 교육과학문화기구로 만든 것은 학슬리였다. 그는 1952년 IHEU(International Humanism and Ethical Union, 국제 휴머니즘 및 윤리주의연합) 창립총회에서도 회장으로 뽑혔다. 그리고 노령으로 은퇴할 때까지 영국휴머니스트회(British Humanist Association)의 회장이었다.

학슬리의 사상은 철두철미 진화론에 근거를 두고 있다. 윤리와 종교를 진화론적으로 다루려는 노력은 이미 《계시 없는 종교》(*Religion without Revelation*, 1928)에 보인다. 그는 이를 발전시켜 1952년 진화론적 휴머니즘(evolutinary humanism)이란 포괄적인 철학을 발표했다. 인간은 신에 의해 창조된 것이 아니며 '진화의 상 아래'(sub specie evolutionibus) 봄으로써 인간의 모든 문제가 해결될 수 있다고 학슬리는 강조한다. 인간은 자연선택의 맹목적·우연적 작업에 의한 25억 년의 생물학적 진화의 결과 생겨난 최근의 가장 우월한 형이며 앞으로도 인간에 대신할 아무것도 없다. 이 진화의 마지막 단계에서 개념적 사고, 언어, 자의적인 목적을 가진 인간이 혁명적으로 출현한 것이다. 인간의 진화는 생물학적일 뿐 아니라 정신·사회적(psycho-social)인 것으로서 새로운 관념형태가 개입되는 데 특징이 있다. 이런 뜻에서 인간은 독특하다.

인간은 우주적 과정에서 과거의 진화의 상속자인 동시에 미래의 진화의 유일한 수탁자로서 무한한 가능성을 실현함으로써 풍부하고 통일된 인격의 형성을 촉진할 수 있다. 여기서 우리는 학슬리의 철저한 인간주의를 엿볼 수 있다. 또한 모든 생물은 전혀 별개의 종으로 분열되어 왔는데 인류만이 단일의 종으로서 생물학적 통일성을 유지할 수 있다는 결론 위에 그의 인류주의는 성립한다.

인간은 자기의 운명을 결정하기 위해 공통의 사상과 이상을 담을 틀을 만들어야 하며 인류의 통일을 유지할 수 있는 관념체계를 가져야 한다. 이 관념체계로서 진화론적 휴머니즘을 제시하는 학슬리는 기존의 경쟁하는 사상 그리스도교와 공산주의를 거부한다. 그리스도교의 신은 인간의 운명에 그늘을 던지는 공포의 근원이므로 이 부담에서 벗어나는 것이 구제가 된다. 진화론적 사고의 패턴에는 초자연적인 것은 받아들일 필요가 없고 자리도 없다.

그러나 "존재와 보통의 사물과 인생의 사건에서 신성한 것"을 종교의 본질로 규정한 학슬리는 종교에의 갈망이 도덕판단과 추상적 사고를 하는 인간에게 피할 수 없는 것임을 인정한다. 유신론적 종교는 인간이 자연 및 인간 내부와 싸우지 않을 수 없었던 원시적 인간 사고라고 그는 단정하면서 신 없는 세계에서의 인간의 정신적 발전의 성취를 돕는 진화론적 종교를 제안한다. 그가 말하는 종교는 과학적 지식과 모순되지 않을 뿐 아니라 그 기초 위에 서며 온 인류에게 어필할 수 있는 '계시 없는 종교', 곧 진화론적 휴머니즘을 가리킨다.

학슬리의 새 종교는 지상의 인류의 행복을 위해 기꺼이 헌신하는 생활방식이다. 더욱이 그것은 이단자를 화형에 처하고 반대자를 강제노동 수용소에 보내는 과거의 종교와는 근본적으로 다른 이성, 과학, 민주주의 방법을 따르는 종교이다. 그러나 휴머니즘을 새 종교로 보는 그의 견해에는 문제가 있다. 물론 그것은 전통적인 의미의 종교는 아니다. 따라서 종교답지 않은 종교이다. 그렇다면 그것에 구태여 종교라는 낡은 옷을 입힐 필요가 있을까? 아무래도 그리스도교적인 배경에서 자란 그가 허전함을 메우려고 해켈(Haeckel)류의 일원론(Monismus)적 종교 비슷한 것을 구상했다는 인상을 받는다.

한편 학슬리는 공산주의를 유사종교로 규정한다. 공산주의는 잘 조직되어 있고 효율적이지만 순전히 유물론적인 토대는 그 효율성을 한계 짓는다. 특히 생물학자인 그는 리셍코(Lysenko) 파동을 예로 들어 공산주의가 과거에 그리스도교회가 그랬던 것처럼 과학 및 문화의 자유를 탄압하고 있음을 신랄히 공격한다. 그는 국가나 공동체를 개인보다 중요시하는 데 반대하지만 자유방임적 개인주의도 지양되어야 한다고 믿는다. 기아, 빈곤, 무지 같은 쓸 데 없는 부담으로부터 해방되기 위해 계획은 필요하다. 다만 지나친 통제, 단조로운 획일성을 반대할 따름이다. 결국 그의 정치적 입장은 영국 노동당쯤에 머물고 있음을 알 수 있다.

모든 도그마와 권위를 배격하는 진화론적 휴머니즘의 뼈대를 이루는 것은 다름 아닌 과학이다. 과학은 계속 자체의 결론을 수정해 가는 것이므로 과학적 방법을 채택한 휴머니즘도 고정된 교의가 아니라 발전하는 철학이다. 그러나 그는 과학기술이 인간을 노예화할 수 있음을 시인하고 천진난만한 과학 맹신을 경고하기를 잊지 않는다. 과학만으로 모든 것이

해결되지는 않으며 인간의 궁극적인 행복은 내적 정신생활에 있다고 그는 본다. 그가 예술, 사랑, 지적 이해 등을 중요시하는 것은 바로 이 때문이다.

학슬리는 말한다. "인류의 과거는 종교적 단계였고 현재 우리는 기술적이며 국가주의적인 단계에 있으나 역사의 다음 단계는 휴머니즘의 단계다." 인간은 더 좋든 나쁘든 그가 원하는 대로 미래를 고쳐갈 수 있다. 그러나 그의 낙관주의는 전투적, 독단적인 것이 아니라 인간, 지성, 과학의 토대 위에 선 합리적 낙관주의다. 마륵스주의자들이 "역사는 우리 편이다." 하는 데 대해 학슬리는 이렇게 응수한다. "우리는 역사의 모험에 참여하는 사람들이다. 만일 우리가 올바르게 생각한다면 우리는 역사의 정당한 발전을 촉진할 수 있다." 그는 과학문명의 문제점을 일찍이 50년 전에 간파하고 있었다.

학슬리는 인간의 질을 악화시키고 지구 자원의 고갈을 초래할 인구폭발을 막는 일이 시급하다고 역설한 바 있다. 또한 서구 경제체제의 산물인 소비 폭발이 자멸의 과정이라 단정하고 자연을 파괴로부터 보호하는 것이 생존의 전제라고 강조했다. 학슬리는 진화론적 자연주의의 입장에서 인간은 자연의 일부이며 모든 생물과 연계된 존재임을 확신하고 있었기에 자연과 공존할 수 있는 지혜를 알고 있었던 것이다. 그가 지나치게 분석적인 서구문명은 동양의 전체와 조화의 사상에서 배워야 한다고 주장한 것은 매우 시사적이다.

학슬리의 마지막 공적 활동은 1974년 제2 휴머니즘 선언(Humanist Manifesto II)에 서명한 것이다. 미국의 철학자 커츠(Paul Kurtz)가 기초하고 소련의 과학자 사하로프(Sakhrov) 등이 서명한 이 선언은 기본적으로 학슬리의 사상을 발전시킨 것이라고 보아도 좋다. 여기에는 인류의 미래에 대한 온건한 낙관론이 담겨 있다. 인간은 그가 원한다면 안간성의 새로운 가능성을 실현함으로써 완전히 자신을 초극할 수 있다는 뜻에서 학슬리는 진화론적 휴머니즘을 초휴머니즘 (transhumanism)이라고도 불렀다.

1960년 4.19 혁명 직후 한국에서도 휴머니즘운동이 일어났다. 나는 철학과에 학사편입해 3학년 학생으로서 한국휴머니스트회 간사를 맡아 5년 동안 일했다. 우리는 줄리언 학슬리 영국휴머니스트회장, 버트런드 라슬(Bertrand Russel, 1872-1970) 합리주의출판협회장과 연대 활동을 했다. 나는 학슬리의 초휴머니즘을 한국에 처음으로 소개하는 글을 세 편이나 썼다. 재2 휴머니즘선언에도 학슬리와 함께 서명했다. 2000년대에 들어와 한국 철학자들의 초휴머니즘에 관한 논문들이 나온 것은 반가운 일이다. 그러나 인간의 정신·사회적 진화를 주도하는 것이 간단한 문제가 아니라는 뒤늦은 깨달음이 심각하게 고려되었으면 한다.

6

릐셍코-과학과 정치

1920년대부터 1960년대까지 40년 가까이 진행된 릐셍코(Trofim Denisovich Lysenko, 1898-1976) 파동은 과학사에서 유례를 찾아볼 수 없는 스캔들이었다. 이 기간에 릐셍코는 혜성처럼 떠올랐다가 참혹하게 몰락했다. 이 파동은 소비에트 과학을 크게 위축시켰을 뿐 아니라 나라 밖에서도 만만치 않은 파문을 남겼다.

릐셍코는 많은 과수와 딸기의 신종을 개발한 원예가 미추린(Ivan Vladimirovich Michurin, 1855-1935)의 제자를 자처하고 1926년부터 춘화 처리에 관한 실험으로 주목을 끌었다. 그는 겨울에 완두콩을 심는 실험을 했다. 또한 그는 겨울 밀의 씨를 추위에 내놓았다가 봄에 심는 실험도 했다. 여기서 봄에 씨 뿌리는 종과 겨울에 씨 뿌리는 종의 상호전환이 가능하다는 결론이 나왔다. 이것은 멘델-모건(Mendel-Morgan) 유전학이 거부한 획득형질의 유전을 인정하는 것으로서 라마르크(Jean-Baptiste Lamarck, 1744-1829)의 진화론으로 돌아감을 뜻한다. 다윈도 획득형질의 유전을 받아들였지만 멘델의 재발견 이후 유전학 연구가 큰 진전을 보이면서 신라마르크주의(neo-Lamarckism)는 거의 맥을 못 추고 있었던 터였다. 따라서 릐셍코의 도전은 무모할 만큼 대담한 것이었다.

1935년 미추린이 죽은 뒤 리셍코는 정통 유전학을 공격하는 운동으로 돌았다. 그는 스탈린에게 자기의 이론이 마륵스주의의 정치 이데올로기에 일치한다는 것을 확신시켰다. 스탈린은 크게 만족해 리셍코를 밀어주었다. 리셍코는 그의 이론을 받아들이지 않는 과학자들을 태업자, 인민의 적이라고 단정했다. 1930년대에 소련은 농업위기를 맞았는데 리셍코는 더 크고, 빠르고, 덜 비싼 곡물의 증산을 약속했다.

당시 소련에는 상당히 높은 수준의 정통 유전학이 있었다. 그들은 리셍코주의에 저항했지만 학계에서 축출되는 운명을 피하지 못했다. 그 대표격인 바빌로프(Nikolai Ivanovich Vavilov, 1887-1943)는 1940년 체포되어 간첩 및 태업죄를 뒤집어쓰고 사형선고를 받았다. 비밀경찰 책임자 베리아의 부인이 마침 식물육종학자여서 그는 사형을 면하고 감옥에 보내졌다. 바빌로프는 영양실조로 1943년 옥사하고 말았다.

전후에 활동을 재개한 리셍코는 1948년 레닌농학아카데미에서 멘델-모건의 부르좌 유전학을 추종하는 학자들과, 참된 사회주의 생물학인 창조적 다윈주의를 과학원리로 채택하려는 자신들 가운데 하나를 택하라고 요구했다. 공산당 중앙위원회는 유전학의 배제를 주장한 미추린학파의 보고서를 승인했고 이로써 소련의 유전학 논쟁은 정치적인 힘의 개입에 의해 끝났다. 그 여파로 소련의 생물학계는 유전학 폐강, 교과서 개편, 유전학자 축출 등 큰 재편이 뒤따랐다.

그러나 리셍코가 약속한 소련농업의 생산성 향상은 실패로 끝났다. 스탈린에 이어 리셍코에게 두터운 신임을 두었던 흐루시초프는 농업의 실패 때문에 실각했고 그것은 불가피하게 리셍코의 공직 박탈을 가져왔다. 이렇게 한 세대 이상 계속된 과학의 희극은 허무하게 끝났다.

영국의 과학계는 리셍코 논쟁에 가장 민감하게 반응했다. 1930년대에 나타난 좌익 과학자들은 둘로 나누어졌다. 유전학자 홀데인(J. B. S Haldane, 1892-1964)은 생명계의 물질성과 생물학적 과정의 변증법적 성격을 강조하면서도 공산당 기관지 《데일리 워커》(*Daily Worker*)에 끈질기게 리셍코를 비판하는 글을 쓰다가 끝내 공산당을 떠났다. 한편 버날은 리셍코주의가 프롤레타리아 과학에 잘 맞는다고 지지하는 입장을 보였다. 그러나 리셍코 파동은 영국 정부의 과학 공동체에 대한 통제를 강화하게 했고 냉전시대에 군비확장을 반대하는 과학자들의 행동을 약하게 만드는 결과를 가져왔다.

8

모노와 분자생물학

분자생물학의 눈부신 발전은 20세기 후반을 생명과학의 시대로 만들었지만 낭만주의적인 반발 또한 무시할 수 없을 만큼 큰 것도 사실이다. 오페론(operon)설로 유명해진 자크 모노(Jacques Monod, 1910-76)는 대표적인 분자생물학자였으며 그의 과학을 대변하는 유니크한 철학을 부르짖어 세

계를 놀라게 했다.

모노는 화가인 아버지와 미국인 음악가 어머니 사이에서 태어나 파리 대학을 졸업했다. 조교로 근무하는 동안 라키펠러 장학금을 얻어 캘리포니아공대에 유학, 모건(T. H. Morgan) 아래서 유전학을 연구했다. 그는 생물학에서 원생동물, 세균배양의 화학적 과정, 발효학을 두루 거치면서 기초를 굳혀갔다.

대전 중에 모노는 레지스탕스에 가담했고 프랑스가 해방된 뒤에는 정규군 장교로 싸워 레지옹 도뇌르(Legion d'Honeur)를 비롯한 훈장 여러 개를 받았다. 당시 프랑스의 대학에서는 나폴레옹 이래의 엄격한 행정구조가 과학연구를 저해하고 있었다. 미생물학과 생화학의 경계영역을 개척한 모노에게는 발붙일 곳이 없어 이런 고아들의 집합소인 파스퇴르연구소(Institut Pasteur)로 옮겼다. 거기서 그는 1971년 소장이 되기까지 26년 동안 미생물생리학, 세포생화학 등 연구실을 맡았다. 중간에 파리대(1959-67), 콜레주 드 프랑스(1967-72) 교수를 겸임했지만 죽을 때까지 연구실을 떠나지 않았다.

모노가 르보프(André Michel Lwoff, 1902-94), 자콥(François Jacob, 1920-2013)과 함께 처음 한 일은 단백질대사, 특히 갈락토시드가수분해효소의 합성에 관한 연구였다. 그들의 연구는 《단백질합성의 유전적조절 메커니즘》(1961)으로 집약되어 분자생물학의 전기를 이루었다. 모노와 자콥은 전령(메신저) RNA를 명명했는데 이것은 곧 실증되었고, 그들이 도입한 작동유전자의 다발인 오페론 개념은 2년 뒤 니른버그(Marshall Warren Nirenberg, 1927-2010)에 의한 유전정보의 해명으로 이끌었다. 대장균을 이용해 얻은 이론은 다른 효소계나 생물계에도 적용됨이 밝혀져 일반화되었다.

1965년에는 효소와 바이러스합성의 유전적 조절에 관한 연구가 인정받아 모노, 자콥, 르보프에게 노벨 생리·의학상이 주어졌다. 이것은 졸리오 퀴리 이후 30년 만에 프랑스 과학이 얻은 영예였다. CNRS(국립과학연구소) 안의 연구비 배정은 응용연구에 편중되었기 때문에 그들은 답답한 다락방에서 연구해야 했다. 오히려 그들을 크게 도와준 것은 미국의 연구기관이었다. 모노가 유럽의 뿌리 깊은 과학적 쇼비니즘을 비난하고, 1968년 학생들의 시위에 가담한 것은 프랑스의 융통성 없는 연구·교육제도에 대한 불만을 나타낸 것이다.

그러나 어떤 과학적 업적보다도 모노에게 세계적 명성을 가져다 준 것은 1970년에 나온 《우연과 필연》(*Le hasard et la necessité*)이었다. "현대생물학의 자연과학에 관한 에세이"라는 부제가 붙은 이 책은 쉽지 않은 내용에도 불구하고 선풍적인 인기를 끌어 베스트셀러에 올랐고 각계에 비상한 파문을 일으켰다. "우주 안에 존재하는 모든 것은 우연과 필연의 열매"라는 데모크리토스의 말로 시작되는 모노의 책은 '생물은 자동제어식 분자기계'라는 생명관을 기초로 한 도전적 철학을 담고 있다. 그것은 목적론적 진화를 바탕으로 한 베르크손(Henri Bergson)이나 테이야르 드 샤르댕(Pierre Teilhard de Chardin)과는 정반대되는 철학이다.

모노는 우선 생물이 갖고 있는 특성으로 불변성(invariance)과 목적성(téléonomie)을 든다. 목적성은 생물의 정의에 필요조건이기는 하나 충분조건은 아니다. 그것은 생물과 인공물을 구별하는 객관적 기준이 아니기 때문이다. 종교나 체계들이 불변성은 목적적 원리에 의해 보호된다고 보는

데 대해 모노는 불변성이 목적성에 선행하며 목적성은 불변성에서 나온 2차적 특징이라고 주장한다.

생기론과 물활론에 대한 모노의 비판은 날카롭다. 생기론은 목적 원리가 생물권 안의 생물체에만 작용한다고 봄으로써 생물계와 무생물계를 근본적으로 구분한다. 한편 물활론은 생물권뿐 아니라 우주 전체에서 일어나는 일에 책임이 있는 보편적 목적 원리를 가정한다. 생기론은 다시 형이상학적 생기론과 과학적 생기론으로 나누어진다. 형이상학적 생기론의 대표는 진화를 생명의 비약으로 본 베르크손이다. 과학적 생기론은 50년 전에는 드리쉬(Driesch) 같은 생물학자에서 왔는데 오늘날에는 엘재서(Elsasser), 위그너(Wigner), 폴라니(Polanyi) 등 물리과학자들이 이 부류에 속한다. 그들은 배의 발생 같은 신기한 현상을 들어 물리법칙으로는 설명이 안 된다고 하나 이것은 확실한 지식이나 면밀한 관찰에 의해 정당화되는 것은 아니며 우리의 무지에서 오는 것일 뿐이다. 물리학자는 생물학자보다 생물의 신기함에서 더 강한 인상을 받기 마련이라고 모노는 말한다.

모노에 따르면 물활론 신앙은 인간이 자신의 중추신경계의 고도로 목적적인 기능을 의식하고 그것을 무기적 자연에 투사한 것으로서 주관적 자연해석이다. 물활론은 자연과 인간 사이의 일종의 계약이며 17세기에 기계적 철학에 의해 끊어진 이 유대를 회복하려는 끈질긴 노력을 한 것이 라이프니츠(Leibniz), 헤겔(Hegel) 등이었다. 스펜서(Spencer)의 실증주의, 마륵스(Karl Marx), 엥엘스(Friedrich Engels)의 변증법적 유물론도 물활론(hylozoïsme)의 잔재를 가지고 있다.

우주에 어떤 목적적인 진화의 추진력이 있다고 보는 물활론의 오류는 인간중심적인 환상에서 빚어진 것이라고 모노는 생각한다. 이에 견주어 다윈의 진화론은 인간을 우주 전체의 중심으로서가 아니라 자연적 후계자로 본다. 물리과학의 목표는 특정현상을 보편적 법칙, 곧 제1원리로부터 연역하는 것인데 생물권은 예측 가능한 대상 또는 사건들을 포함하지 않는다. 생물권은 제1원리와 양립하나 그로부터 연역할 수 있는 것이 아니므로 예측할 수 없는 것이다. 생물이라는 보수적인 계에서 진화에 이르는 기초적 사건들은 미시적이고 우연적이며 목적적 기능과는 전혀 무관한 것이다. 그러나 일단 DNA 구조에 포함되면 우연은 기계적으로 충실하게 복사되고 번역되어 수십억 개의 복사물로 바뀌진다. 곧 진화는 순수한 우연의 영역에서 나와 가장 확실한 필연으로 들어가는 것이다.

현대의 분자생물학은 새로운 해석으로 진화론을 뒷받침한다. 모노는 생물의 가장 기본적인 특성을 유전정보의 복제로 보고 유전정보의 착오가 바로 진화라고 설명한다. 생물의 목적성은 이 착오 가운데서 맹목적인 선택에 의해 이루어진다. 인류만이 그들이 계획하고 설계한 대로 진화의 방향을 설정할 수 있으며 따라서 진화의 책임은 전적으로 인간이 지는 것이다.

모노는 객관적 지식만이 믿을 수 있는 유일한 원천임을 확신한다. 그런데 객관성의 가정 위에 선 과학이 지난 3세기 동안 사회에서, 인간의 실천에서 굳게 자리 잡았으나 인간의 마음은 정복하지 못한 데 문제가 있다. 애초의 무의식적인 선택이 19세기의 과학주의가 내다본 인류의 황금시대로 들어서게 했으나 오늘날 우리의 앞에는 지옥의 심연이 기다리고 있다. 그러면 위기의 원인은 어디에 있을까? 현대사회는 과학의 힘을 받아들였으나 더 깊은 곳에 있는 그것의 메시지에는 귀 기울이지 않고 있다. 과학의 메시지는 새로운 진리의 정의, 윤리적 전제의 전면적 수정, 물활론적 전통과의 단절, 낡은 약속을 버리고 새로운 약속을 만들 필요성 등이다.

모노는 가치를 정당화하기 위해 물활론적 전통에 매달리면서도 지식의 원천으로서는 그것을 버리는 문명의 모순을 지적한다. 서방세계는 아직도 유대-그리스도교적인 종교성의 잡동사니, 과학적 진보주의, '자연적' 인권의 믿음, 공리주의적 실용주의를 가르치고 있다. 마르크스주의 사회는 유물변증법적 종교를 내세우며 겉으로는 자유 사회보다 견고한 듯하지만 그 경직성 때문에 더 허약한 도덕적 틀을 내놓는다.

끝으로 모노는 지식의 윤리를 제창한다. 객관적 진리와 가치를 분리하는 것은 잘못이다. 가치와 지식은 논의와 행동에서 반드시 관련되며 참된 지식의 정의 자체가 결국 윤리적 자정에 의존하기 때문이다.

원래 지식과 가치의 과격한 구분은 과학을 낳은 공리였다. 그러나 지식과 가치의 결합을 금지하는 것 자체는 객관적인 것이 아니라 윤리적 지침이다. 참된 지식은 가치에 무지하나 그것은 가치판단 위에 서지 않을 수 없다. 그리고 그는 인간 위에 군림하는 물활론의 윤리와는 달리 인간은 윤리를 그 자신에게 처방해야 한다고 믿는다.

젊었을 때 공산주의자였다가 스탈린의 리셍코(Lysenko) 유전학 강요에 분개해 탈당한 모노는 사회주의의 유일한 희망은 수정이 아니라 전면포기라고 하면서도 자신의 입장을 과학적·사회주의적 휴머니즘이라고 부르고 있다. 그 구체적 내용이 무엇인가는 설명을 요하나 이제 그것을 들을 수 없으니 안타깝다.

책의 서두에 《시지포스의 신화》(*Le Mythe de Sisyphe*, 1942)를 인용하고 광대한 우주에서 홀로 선 인간은 왕국과 지옥에서 택일해야 한다고 끝맺은 데서 우리는 모노의 오랜 친구 카뮈(Albert Camus, 1913-60)의 영향을 느낄 수 있다. 그는 또한 객관성, 진화론의 강조 등에서 포퍼(Karl Popper, 1902-94)와 많이 닮아 있다. 어쨌든 분자생물학을 배경으로 한 모노의 자신만만 '자연철학'은 두고두고 논의의 대상이 될 것 같다.

6장

과학기술학의 개척자들

1

화이트헤드의 유기체철학

앨프리드 노스 화이트헤드(Alfred North Whitehead, 1861-1947)는 분류하기 어려운 철학자이다. 논리학자이고 과학철학자이며 동시에 형이상학자인 그는 어느 특정의 철학에도 완전히 속하지 않는다. 그러면서도 그의 철학은 모든 유파를 넘나들고 모든 경향에 걸치는 특이성을 지니고 있다. 그는 학파를 만들지 않았고 뒤를 이은 제자들도 없었지만 그만큼 생철학에서 수리철학에 이르는 광범한 독자를 갖고 있는 철학자도 흔하지 않다. 이것은 그가 이도 저도 아닌 잡탕 철학을 했기 때문이라기보다 그의 사상의 폭을 말해 주는 것으로 보아야 할 듯하다.

화이트헤드는 영국 남해안의 램스게이트(Ramsgate)에서 영국 국교회 목사의 아들로 태어났다. 종교적인 가정 배경은 뒤에 그의 사상에 지울 수 없는 영향을 주었다. 그는 10살에 라틴말, 12살에 그리스말을 배울 정도로 철저한 고전교육을 받았다. 어린 화이트헤드는 워즈워스(Wordsworth)와 셸리(Shelley)를 즐겨 읽었으며 역사책을 탐독했다. 그러나 셔본(Sherbourne) 고등학교에서 그가 가장 열심히 공부한 것은 수학이었다. 그의 사상에서 볼 수 있는 과학과 인문학의 균형은 이와 같은 어릴 때의 교육에 힘입은 것이다.

화이트헤드의 생애는 세 단계로 뚜렷이 나누어진다. 각 단계마다 무대가 달랐고 관심도 변했다. 1910년까지는 케임브리지에서 수학과 논리학에 열중했다. 1910년에서 1924년까지인 2기에는 런던에서 과학철학을 했다. 마지막으로 1924년 이후에는 미국의 케임브리지에서 형이상학을 완성하는 거창한 작업을 했다.

화이트헤드는 19살 나던 해 자연과학의 명문 케임브리지의 트리니티 콜리지(Trinity College)에 들어가 수학을 전공했다. 모교의 펠로우(Fellow)와 부교수로 있으면서 순수 및 응용수학에 집중한 그는 특히 추상대수학에서 선구적인 업적을 남겼다. 이것은 1898년 그의 첫 저서 《보편대수론》(*A Treatise on Universal Algebra*)으로 열매를 맺었다. 화이트헤드는 이 기간의 마지막에 그의 수제자였던 버트런드 라슬(Bertrand Russel)과 함께 수학적·논리적 사고의 구조에 관한 근본적 연구인 《수학원리》(*Principia Mathematica*) 3권을 냄으로써 수리논리학의 이정표를 세웠다. 그들은 이 책에서 수학이 형식논리의 전제들로부터 연역될 수 있음을 증명하려 했다.

30년 동안의 케임브리지 생활을 청산하고 런던대학으로 옮긴 화이트헤드는 정교수가 되어 수학과 역학을 강의하며 대학 행정에도 적극 참여했다. 이 기간 그의 주요 관심은 물리과학의 개념적·경험적 기초를 다지는 일이었다. 《자연지식의 원리들에 관한 연구》(*An Enquiry Concerning the Principles of Knowledge*, 1919)와 《자연의 개념》(*The Concept of Nature*, 1920)은 자연과학의 기본 개념들을 비판적으로 검토한 것이며, 1922년 아인슈타인(Albert Einstein)의 것과 약간 다른 상대성원리를 대안으로서 제안했다.

1924년 화이트헤드는 하버드대학의 철학교수직을 수락하고 미국으로 건너갔다. 그의 나이 63살 때였다. 남들은 은퇴할 나이에 3단계인 형이상학적 시기에 발을 들여놓은 것이다. 그러나 그의 변신은 결코 갑작스런 것이 아니었다. 철학에 대한 왕성한 관심은 이미 케임브리지대학 시절부터 시작되어 착실히 준비가 진행되었기 때문이다. 1937년 명예교수로 물러날 때까지의 13년은 그의 일생에서 가장 생산적인 기간으로서 8권의 책이 발표되었다. 그 가운데 《과학과 근대세계》(*Science and the Modern World*, 1925), 《과정과 실재》(*Process and Reality*, 1929), 《관념의 모험》(*Advantures of Ideas*, 1933)은 3부작을 이루고 있다. 여기서 그는 세계의 모든 복잡한 요소를 기술하고 통일하기 위한 일반적 개념을 제공하는 '유기체철학'(philosophy of organism)을 발전시켰다. 그의 새로운 철학은 현대물리학 위에 본격적 형이상학을 재건하려는 시도였다. 따라서 3단계는 1·2단계로부터의 벗어남이 아니라 발전적 확장으로 보는 것이 옳다.

《과학과 근대 세계》는 하버드대학에서 한 로웰강좌(Lowell Lecture)를 바탕으로 쓰였다. 그것은 화이트헤드의 저서 가운데 가장 널리 알려진 것으로서 비교적 덜 전문적인 책이지만 독창적이고 심오하고 난해하다는 점에서는 예외가 아니다.

허버트 리드(Herbert Read)가 이 책을 가리켜 "데카르트(René Descartes)의 《방법론》(*Discours de la méthode*, 1637) 이래 과학 및 철학 분야에서 가장 중요한 책"이라고 평한 것은 지나친 찬사일지 모르나 한 세기가 지난 지금도 고전적 가치를 더해 가고 있는 문제작임은 부인할 수 없는 사실이다.

《과학과 근대 세계》는 화이트헤드의 형이상학의 요약되어 있을 뿐더러 과학에 초점을 맞춘 지성사라는 점에서 중요하다. 13장으로 이루어진

이 책은 근대과학의 기원으로부터 시작된다. 16세기는 서방 그리스도교의 분열과 근대과학의 발흥을 보았다. 코페르니쿠스(Copernicus)는 새로운 우주론을 내놓았고 베살리우스(Vesalius)는 해부학에서 직접적 관찰이 중요함을 강조했으며 아르키메데스(Archimedes)의 수리물리학이 다시 발견되었다. 브루노(Giordano Bruno)가 화형에 처해진 1600년은 근대과학의 첫 세기를 알린 것이다.

그런데 종교개혁과 과학혁명(화이트헤드가 이 책을 쓴 뒤에 만들어진 말)은 전혀 다른 성격을 띠고 있다. 종교개혁은 확실히 큰 변화임에는 틀림없으나 새로운 종교의 탄생은 아니며 잊혀졌던 원시 그리스도교를 부흥시킨 데 지나지 않는다. 16세기의 유럽은 수학을 빼놓고는 기원전 3세기의 아르키메데스보다 더 많은 과학을 알지 못했다. 그러나 갈릴레오(Galileo Galilei)와 케플러(Johannes Kepler)가 나오기 직전인 1560년에서 뉴튼(Isaac Newton)의 명성이 절정에 이르렀던 1700년까지 과학지식의 진보는 참으로 엄청난 것이었다.

2천 년 동안 서구를 지배했던 아리스토텔레스(Aristoteles) 과학은 마침내 무너지고 그 자리에 전혀 성격을 달리하는 근대과학이 들어앉았다. 과거지향적인 종교개혁과는 달리 과학혁명은 전진적인 자세를 한 획기적인 사건이었다. 또한 종교개혁이 대중봉기로 한 세기 반 동안 유럽을 피로 물들인 데 반해 과학운동(과학혁명)은 소수의 지적 엘리트들에 국한된 것이었다. 새로운 사고방식이 과학의 급속한 발전을 가져왔고 끝내는 응용에 의해 더욱 강화되었다.

새로운 마음가짐은 형이상학적 전제와 정신의 상상적 내용을 뒤바꿔 놓았다. 요컨대 색조가 약간 변함으로써 전체가 변했다. 화이트헤드는 17세기를 '천재의 세기'(century of genius)라고 불렀거니와 과학혁명을 대중 아닌 천재들의 성취로 보는 점에서 과학혁명에 관한 내적 접근(internal approach)의 선구자라 할 수 있다. 화이트헤드에 따르면 근대사상의 특징은 사실에 대한 열정적 관심과 추상적 일반화에의 관심을 결합시키는 것이다.

자연의 질서가 존재한다는 본능적인 확신은 과학의 전제를 이룬다. 그리스 비극의 냉혹한 숙명론은 근대에 와서 자연의 질서가 되었으며 근대과학은 중세의 신학으로부터 합리주의를 배웠다. 그러나 과학에는 사물의 질서 이상의 것이 필요하다. 그것은 움직일 수 없는 사실에 대한 관심이다. 이런 경향은 예술에서 처음 나타났다. 중세 이후의 자연주의는 사실과의 접촉이라는 불가결의 요소를 가져왔다. '역사적 반역'(Historical Revolt)이란 반이성적 운동으로서 맹목적 사실의 정관으로의 복귀이며 경험과 귀납적 방법에 호소하는 것이다. 프랜시스 베이컨(Francis Bacon)은 역사적 반역을 한 예언자였다, 갈릴레오도 부인할 수 없는 확고한 사실을 주장했다.

화이트헤드는 순수수학을 인간정신의 가장 독창적인 산물로 본다. 17세기는 위대한 물리학자·철학자들의 세기인데 그들은 동시에 수학자이기도 했다. 아리스토텔레스의 논리학은 중세에 물리학의 발전을 저해했다. 스콜라학자들은 아리스토텔레스를 따라 분류에만 열중했고 측정을 하지 않았던 것이다. 근대에 이르러 추상적 영역에서의 수학의 가능성에 관한 개념은 수학적으로 표시된 자연법칙으로 자연의 질서에 반영되었다. 수학이 이런 방향으로 발전되지 않았다면 17세기 과학은 불가능했을 것이다. 역설적인 사실은 가장 추상적인 것이 가장 구체적인 사실에 관한 우리의 사고를 지배하는 무기가 된다는 사실이다.

1687년 뉴튼의 《자연철학의 수학적 원리》(*Philosophiae Naturalis Principia Mathematica*)가 나옴으로써 과학혁명은 일단 마무리되었다. 새 과학의 위대한 승리였다. 뉴튼 물리학의 개가는 이성에 대한 무모한 믿음을 가져왔다. '이성의 시대'(The Age of Reason)가 열린 것이다. 프랑스의 계몽철학자들은 과학을 찬양했고 진보를 맹신했으며 종교를 거부했다. 그것은 이윽고 모든 사회현상까지 과학으로 설명하려는 경향으로 발전하기도 했다.

18세기는 토머스 칼라일(Thomas Carlyle)이 비꼰 대로 '승리의 분석시대'(Age of Victorious Analysis)였다. 그러나 그것은 또한 편견과 결함을 내포한 이성의 시대였다는 점에서 스스로의 한계를 가졌다. 모든 자연현상을 기계론적으로 설명하려는 생각이 과학을 독단에 빠지게 했다. 18세기의 과학 도식은 즉각적인 심리적 경험을 구성하는 요소들을 무시했다. 그것은 또한 전체의 유기적 통일성을 전혀 고려하지 않았다. 이 도식에 따르면 물질의 부분들이 서로 물리적 관계를 가져야 할 이유가 없었다. 기계론에 바탕을 둔 과학적 실재론과 자기 한정적인 유기체로 되어 있는 인간에 대한 믿음이 결합된 것은 근본적으로 모순이라고 화이트헤드는 보았다.

과학이 분석적 방법으로 자연에 접근한 데 대해 문학은 충만한 구체적 경험으로 과학적 추상에 반항했다. 이것이 이른바 '낭만주의적 반동'(romantic reaction)이다. 워즈워스로 대표되는 낭만주의 자연시는 과학적 개념들을 액면 그대로 받아들이는 18세기 정신에 대한 의식적 반항이었다. 그것은 유기적 자연관을 옹호하기 위한 저항이었고 사실의 본질에서 가치를 배제하는 데 대한 항의이기도 했다. 낭만주의적 반동은 문학에서뿐 아니라 종교·예술·정치에 널리 퍼졌다. 이 반기계론적인 경향은 과학에도 침투했다. 괴테(Johann Wolfgang von Goethe)에서 라마르크(Jean Baptiste Lamarck)에 이르는 낭만주의적 생물학은 뉴튼의 차디찬 기계론에 대항해 생기론을 옹호했다. 이 물결은 생물학보다는 약하지만 물리학에도 미쳐 19세기에 가면 마당물리학(field physics)으로 이어졌다.

19세기로 들어서면서 낭만주의는 퇴조하고 과학은 승승장구 전진했다. 중엽에 이르러 유럽은 과학의 봄을 구가하고 있었다. 물리과학과 생물학에서 거창한 발견들이 비슷한 시기에 이루어졌다. 원자설·세포설·에너지 보존법칙·진화론은 19세기의 찬연한 과학적 성과를 대표한다.

3세기 동안 유물론이 과학의 개념에 기초를 제공한 것은 틀림없는 사실이다. 19세기에 과학의 승리는 얼핏 보기에 기계론적 유물론을 공고히 한 것 같지만 실제로는 그것을 무너뜨리는 결과를 가져왔다. 과학적 유물론은 과학 자체에 의해 도전을 받게 된 셈이다.

화이트헤드의 의견으로는 19세기의 과학적 성과가 유기체설을 뒷받침한다. 에너지는 유기체의 기능의 개념에 의존하는 것이며, 진화는 자연의 기본요소로서의 유기체를 전제로 한 것이다. 특히 진화론 철학은 유물론과 결코 양립될 수 없는 것이다. 유물론적 사고에서는 진화론이 나올 수 없었을 것이다.

여기서 17세기 이래 득세해 온 유물론의 대안으로서의 '유기체철학'이 표면에 떠오른다. 화이트헤드에 따르면 유물론의 개념은 논리적 분별력의 산물인 추상적 존재에만 적용되며 구체적으로 지속하는 존재는 유기체이다. 유기체란 가능하고 시공의 연장을 지닌 통일성의 개념이며 어떤 순간의 물질적 분포에 의해 표현될 수 없는 것이다.

유물론의 출발점은 물질과 정신이라는 실체이지만 유기체론은 사건들의 실현의 과정을 분석하는 데서 출발한다. 유기체의 철학에서 자연의 기본단위는 점이나 순간과 같은 뉴튼적 절대시공이 아니라 시공연속체인 사건들이다. 바꿔 말해 사건들은 구체적이며 현실적인 자연의 기본단위이다. 사건들은 과정이며, 따라서 온 우주는 하나의 사건이고 과정이다. 이렇게 되면 화이트헤드에게 자연은 전혀 새로운 모습을 하고 나타난다. 과거의 자연은 점과 선과 추상적 수로 파악된 추상적 자연이었다. 이런 자연은 죽은 자연이다. 살아서 움직이는 자연은 유기적 자연이며 미적 조화가 지배하는 자연이다.

화이트헤드는 갈릴레오와 로크(John Locke)의 자연의 2분법을 반대한다. 그들은 빛깔·소리·냄새가 있는 즉각적 경험의 세계와 이런 것들이 없는 과학적 실재의 세계를 구별했다. 그러나 새로운 과학에서는 해질녘의 노을이 분자의 진동만큼이나 자연의 일부가 되어야 한다. 과학자가 일몰을 심리적 추가라고 거부한다면 그는 자연에 들어 있는 것을 종합적으로 설명하는 일을 포기했다고 고백하는 것이다.

이제 과학은 순수하게 물리적인 것도 생물학적인 것도 아닌 새로운 양상을 띠게 되었다. 그것은 유기체들의 연구가 된 것이다. 물리학은 비교적 작은 유기체의 연구이고 생물학은 큰 유기체의 연구일 뿐이다. 따라서 유기체의 개념은 물리과학과 생물학을 통일하는 것이다.

화이트헤드의 유기체의 철학은 기계론적 유물론의 좌초의 결과 20세기 초 다시 활기를 띤 생기론을 반영한다고 볼 수 있다. 그는 스스로 인정했듯이 모건(Lloyd Morgan)의 '창발적 진화'(Emergent Evolution)와 앨릭잰더(Samuel Alexander)의 《공간 · 시간 · 신성》(*Space, Time and Deity*)의 영향을 받았고 같은 시기의 대표적인 반기계론 철학자 베르크손(Henri Bergson)과도 맥을 같이 한다. 그러기에 그는 초기의 협력자였던 라슬과 결별해서 분석철학 운동으로부터 고립되었고 심지어는 노스롭(F. S. C. Northrop) 같은 제자들에게까지 타락했다는 비난을 받았다.

유물론을 거부하는 화이트헤드에게는 필연적으로 종교가 문제된다. 종교와 과학의 관계는 이 둘을 어떻게 정의하느냐에 따라 달라진다고 그는 주장한다. 얼른 떠오르는 것은 둘의 충돌이다. 지난 반세기 동안 과학의 결과와 종교의 믿음은 분명히 일치되지 않아 둘 가운데 하나를 버리는 길밖에 없다고 생각되었다. 종교제도와 정확한 관찰 및 논리적 연역에 대한 충동의 두 힘은 늘 싸워 왔다. 그러나 종교와 과학은 계속 발전해 왔으며 어느 하나가 반드시 옳고 다른 하나가 반드시 잘못되었던 것은 아니다. 따라서 과학과 종교의 싸움에서 성급하게 하나를 버려서는 안된다. 더 깊은 종교와 더 교묘한 과학의 화해가 이루어질 징조가 없지 않다.

과학은 물리현상을 지배하는 일반적인 조건을 다루고 종교는 도덕적 · 미적 가치의 명상에 몰두하므로 둘 다 일면적이다. 두 교의의 충돌은 재난이 아니라 협조를 위한 기회일 수도 있다. 형식논리에서 모순은 패배의 신호이지만 참된 지식의 진화에서 그것은 승리로 향하는 진보의 첫걸음이 될지 모른다. 따라서 다양한 의견들을 관용하는 것이 긴요하다. 둘 다 자라서 마침내 수확을 거두게 한다는 것이다.

반동과 부흥이 거듭되기는 했어도 유럽문명에서 종교의 영향은 점점 쇠퇴한 것이 사실이다. 몇 세기 동안 위대한 지적 발전이 진행되는 가운데 종교는 약한 수세에 몰려 있었고 그 지도자들은 새로운 사태에 대비할 준비를 갖추지 못했다. 종교의 원리는 영원할지 모르나 그 원리의 표현은 늘 발전해야 한다. 과학지식이 발전하면 종교적 견해는 거기에 따라 수정되어야 한다. 종교는 과학과의 상호작용이 자체의 발전을 촉진하는 요소임을 깨달아야 할 것이다.

종교가 현대인에게 매력을 잃어가는 원인을 특히 과학과 관련해서 밝힌 다음 화이트헤드는 종교의 정의를 시도한다. 종교는 즉각적인 사물의 변천을 넘어 그 뒤에 또는 안에 있는 것에 대한 조망이다. 그것은 실재적이면서도 실현되기를 기다리는 것, 먼 가능성이면서도 현재의 사실 가운데 가장 큰 것, 지나가는 모든 것에 의미를 주면서도 이해를 피하는 것, 그것을 소유함이 궁극적 선이지만 도달될 수 없는 것, 궁극적인 이상이지만 희망 없는 탐구인 그 무엇이다.

종교의 조망은 더 고상하고 더 명확한 형태로 다시 나타난다. 힘을 새롭게 할 때는 풍부함과 순수함이 더해진다. 종교적 조망의 사실과 그 팽창의 역사는 낙관론의 한 근거이다. 신의 숭배는 관념의 모험이며, 모험의 높은 희망을 억압할 때 종교는 죽는다. 여기서 우리는 화이트헤드가 그리는 종교가 기존 종교와는 거리가 먼 것임을 깨닫게 된다. 그의 신은 그리스도교의 인격신이나 초월신이 아니다. 그에게 신은 인간과 자연을 유기적으로 통일하며 그 근거가 되는 것이다. 신은 창조주와 피조물을 겸한 존재로서 곧 세계이다. 그는 범신론자(pantheist)임을 쉽게 알 수 있다. 결국 화이트헤드가 마음에 둔 종교는 아인슈타인의 우주종교처럼 차원 높은 것이다. 그것은 과학과 충돌하기는커녕 보완적인 기능을 하며 우주 안의 인간을 윤리적·심미적으로 살찌게 하는 미래의 고급종교이다.

마지막으로 화이트헤드는 현대과학이 가져온 문제점을 분석하면서 우리의 나아갈 길을 제시한다. 먼저 그는 데카르트의 2원론의 해독을 지적한다. 데카르트는 정신을 독립된 실체로 봄으로써 편협한 도덕관을 낳았고 물질의 독립성을 주장함으로써 가치의 세계에서 물질을 분리했다. 물질을 가치 없는 기계적인 것으로 다룬 결과 자연과 예술의 아름다움을 경시하게 되었다. 이런 사고방식의 잔재 때문에 유기체와 환경의 참된 관계가 무시되고 환경이 지니고 있는 가치가 망각된다. 이런 경향은 2원론의 극복에 의해 시정되어야 한다.

또한 지식의 전문화로 진보속도는 빨라졌으나 사회의 위기를 가져왔고 다른 분야에 무지한 지적 퇴보를 초래했다. 전문화는 일정한 틀에 박힌 정신만 낳기 마련이다. 그것은 이성의 지도력을 약화시키며 '지성의 독신생활'(celibacy of the intellect)에 빠지게 한다. 전문화는 추상화이며 구체적인 상황을 떠나게 되므로 전체는 상실될 수밖에 없다. 사회의 기능은 분화된 형태로는 훌륭하게 작용하나 전체가 나아가야 할 조망을 갖고 있지 않다. 지나친 지적 분석과 틀에 박힌 지식의 습득에 사로잡힌 교육방법은 큰 문제를 일으키고 있다. 지혜는 균형을 유지하는 발달에서 생겨나는 것이다. 현대의 불행을 피하려면 특히 교육에서 방향전환이 있어야 한다.

문명사회의 심미적 요구에 대해 과학이 미친 영향은 불행한 것이었다. 과학의 유물론적 지반은 가치와 대립되는 사물에만 주의를 끌게 했다. 사물과 가치의 대립은 보통의 사고의 추상적 수준에서는 타당하나 구체적인 뜻에서는 틀린 것이다. 이 잘못된 대립은 정치경제학의 추상과 결합했지만, 사실은 상업적인 추상이었다. 그래서 모든 사회조직과 관련된 사고는 물질과 자본에 의해 표현되었고 궁극적 가치는 제외되었다. 운동하는 물질이 자연의 유일한 실재라는 기계적 철학(Mechanical Philosophy)은 미적 가치가 밖으로 덧붙여진 관계없는 것이라는 믿음을 낳았다.

화이트헤드는 현대의 온갖 병리의 원인을 기계론적 유물론에서 찾는다. 뒤집어 말하면 유기체철학이 위기를 극복할 활로라고 보는 것이 그의 일관된 입장이다. 그의 반기계론적인 주장에 선뜻 동의하기를 꺼리는 사람이라도 지난 반세기 동안 계속 악화되어 온 유물론적 사고의 폐해를 생각하면 그 날카로운 통찰력에 감탄하지 않을 수 없을 것이다. 1960년대 이후 낭만적인 반동이 다시 일어남에 따라 화이트헤드의 유기체의 철학은 다시 각광을 받고 있다.

2

니덤-예수, 마륵스, 라오츠 사이에서

조지프 니덤(Noel Joseph Terrence Montgomery Needham, 1900-1995)은 아마도 현대의 마지막 르내상스인이라 불러야 할 것이다. 그는 30대 초반 생화학, 발생학, 형태학 분야에서 세계적 명성을 얻은 과학자였다. 이때를 전후해 그는 또한 과학철학, 과학사, 종교, 사회사상에 관한 본격적인 논문과 책을 줄기차게 써 냈다. 니덤은 《평등주의자들과 영국혁명》이라는 역사책을 가명으로 냈고 춤에 관한 논문을 전문지에 발표하기도 했다.

더욱 놀라운 것은 니덤이 그의 생애 후반에 앞의 업적 전체와 맞먹는, 아니 그것을 능가하는 일에 착수했다는 것이다. 1954년에 첫 권이 선보인 《중국의 과학과 문명》(*Science and Civilisation in China*) 프로젝트는 60년이 지난 아직도 끝나지 않았지만 그는 혼신의 힘을 기울인 결과 거의 일을 마치고 삶을 마감했다. 그는 이 업적 때문에 다윈이나 기번(Edward Gibbon)과 비교된다. 기술사학자 화이트 2세(Lynn White, Jr.)는 이 책이 동서 이해를 위해 크게 이바지했으므로 니덤에게 노벨평화상을 주어야 한다고 주장한 바 있다.

니덤은 의사 아버지와 음악가 어머니의 외아들로 런던에서 태어났다. 그는 늘 싸우는 부모 사이에서 다리를 놓으려 노력하며 자랐다. 그의 일생을 일관한 연결, 타협, 통합의 유형은 이때부터 형성되었다. 니덤은 아운들(Oundle) 공립학교를 거쳐 케임브리지대학의 의학과 신학의 명문 곤빌 앤드 키스 콜리지(Gonville and Caius College)에 들어갔다. 의사가 되려다가 단념하고 생화학을 전공했다. 그는 24살에 박사학위를 받고 키스 콜리지의 펠로우로 선출되었으며 나이가 네 살 위인 생화학자 도러시(Dorothy Mary Moyle)와 결혼했다. 니덤은 학생 때부터 중국으로 떠나기까지 22년 동안 홉킨즈(Frederick Gowland Hopkins)가 소장으로 있는 단(Dunn) 생화학연구소에서 일했다. 그는 생화학 대학시연자(University Demonstrator)를 거쳐 35살에 생화학 윌리엄 단 부교수(Sir William Dunn Reader)가 되었다.

1937년 니덤의 생애에 전환점을 찍은 일이 일어났다. 연구소에 세 사람의 중국인 연구생이 왔던 것이다. 니덤은 홉킨즈 소장의 부탁으로 그 가운데 루궤이전(魯桂珍)에게 독어를 가르치다가 오히려 중국어를 배우게 되었다. 그는 중국이라는 전혀 몰랐던 세계를 발견하고 전율했으며 이내 중국문명과 사랑에 빠졌다. 제2차 세계대전 중인 1942년 니덤은 왕립학회 대표로 중국에 가서 강의를 하고 그곳 과학자들을 격려하라는 요청을 받았다. 그는 충징(重慶)으로 가서 중영과학협조관(中英科學協助官)으로 일했다. 중국에서 보낸 4년은 외교관이나 선교사처럼 제약을 받지 않고 중국문화를 이해할 수 있는 기회였다. 그는 곳곳의 과학기술자들을 찾아다니며 도움을 주고 그들에게서 중국을 배웠다. 궈모로(郭末若)를 비롯한 많은 학자들과 주은라이(周恩來) 등 정치인들을 사귀고 중국과학에 관한 자료를 사 모았다. 이제 그의 운명은 돌이킬 수 없는 것이 되었다. 1946년 유네스코가 창립되고 학슬리(Julian Huxley)가 사무총장이 되자 중국에 있는 니덤에게 자연과학부를 맡아달라고 해 파리에 가 2년 동안 일하고 케임브리지로 돌아갔다. 중국과학사를 쓰는 작업이 시작되었다. 그는 중세중국의 조선기술에 대해 쓰다가 시간이 되면 강의실에 나가 연체동물의 콜레스테롤 대사에 관한 강의를 했다.

그러다가 불행한 사건이 일어났다. 한국전쟁이 계속되던 1952년 북한과 중공은 미군이 북부 중국과 북한에서 세균전을 했다고 비난했다. 세계평화회의가 보낸 국제과학위원회의 일원으로 니덤은 다시 중국을 찾았다. 북한에도 들어간 니덤은 생물학적 증거는 빈약했으나 세균전 비난이 허위가 아니라는 긍정적 보고를 냈다. 위원들은 양쪽에서 인정할 수 있는 사람들이 아니어서 일방적인 주장만 듣고 결론을 낸 것은 경솔한 행동이었다. 니덤 자신은 중국 과학자사회에 대한 우정의 표시로 참여했다고 변명했지만 그는 격렬한 비판의 회오리에 파묻혔다. '공산주의 선전에 잘 속는 얼간이', '과학을 정치에 예속시킨 바보'라고 웃음거리가 되었다. 그는 이 사건으로 케임브리지에서 많은 적을 만들었고 미국 CIA의 블랙 리스트에 올라 비자를 못 받는 곤욕을 치르기도 했다.

니덤의 일생에서 가장 중요한 위치를 차지한 것은 그리스도교와 사회주의와 도가사상이었다. 그 배경을 알아보자. 니덤의 아버지는 영국국교 가톨릭파의 옥스퍼드 운동의 주요 인물이었으나 뒤에는 퀘이커 신비주의에 끌렸고 끝내 철학적 신학에 기운 사람이었다. 그래서 그는 아들을 교회에 보내 수학자 반즈(E. W. Barnes) 주교의 설교를 듣게 했다. 그것은 설교라기보다 멋진 강의였는데 그노시스파(Gnostics), 마니교(Manicheans), 대승불교, 18세기 이신론 등 다양한 내용이었다.

니덤이 몸담은 생화학연구소는 압도적으로 좌익 분위기였다. 홉킨즈는 손해를 보면서도 과학연구협회(ICSU)의 회장을 잠시 지냈고 니덤도 처음부터 그 회원이었다. 니덤이 사회주의자가 된 데는 짧지 않은 역사가 있다. 부르좌 집안에서 자란 니덤은 13살 때 아버지와 함께 프랑스를 여행하다가 외(Eu)에서 철도원의 오두막집에서 하룻밤을 지내고 충격을 받았다. 노동계급 사람들과의 첫 만남이었던 것이다. 중학에 다닐 때는 역에서 기관사들과 사귀어 그들의 생활을 알 수 있었다.

1917년 러시아 혁명이 일어났을 때 니덤은 볼셰비키혁명이 좋은 것이라 말해 보수적인 아버지를 놀라게 했다. 당시 그는 마르크스(Karl Marx)는 아직 읽지 못했으나 웰즈(H.G. Wells)나 쇼(Bernard Shaw)의 영향을 받아 이미 사회주의자가 되어 있었다. 대학에서는 관심이 주로 철학적, 신학적이어서 정치토론에 말려들어 가지 않으려고 좌익단체에 가입한 일이 없다. 그러나 그는 막연히 진보적이었고 국가의료체제를 열렬히 지지했다. 1925년 니덤은 도러시와 함께 브르타뉴의 로스코프해양생물학연구소에서 연구할 때 만난 리투아니아 유대인 랩킨(Louis Rapkine)을 통해 마르크스의 고전에 접하게 되었고 커다란 사상적 전환을 겪었다.

이 무렵 니덤 내외는 에섹스(Essex)주 색스티드(Thaxted)에 있는 성 요한 침례교회(St John the Baptist Church)에 나가기 시작했는데, 이 교회는 지상천국을 실현하자는 그리스도교 사회주의(Christian socialism)로 유명한 데였다. 이제 그는 확고한 그리스도교 사회주의자가 되었고 사적 유물론, 계급투쟁은 신이 사회진화를 통해 일하는 것을 아는 것이므로 그리스도교도는 마르크스주의를 심각하게 보아야 한다고 믿었다. 뒤에 그는 신학자 레이븐(Charles Raven), 마르크스주의자 루이스(John Lewis)와 함께 《그리스도교와 사회혁명》을 편집했다.

니덤의 사회주의는 1926년의 총파업에서 가속화되었고 경제파탄, 대량실업을 거쳐 1933년 나치의 집권에서 완성되었다. 니덤은 1931년 총선거에서 노동당 대학지역 지부에서 활동했고 4년 뒤에는 노동당 산하 사회주의연맹의 지부장이 되었다. 그는 케임브리지 과학자 반전그룹에 참가하는가 하면 과학연구자협회의 활성화에 적극 나섰다. 스페인내란 때는 바스크 피난민들을 위한 모금, 공화군에 대한 의료지원과 연설, 집필로 인민전선을 위해 일했다.

그 사이에 1931년 극적인 일이 일어났다. 그해 여름 런던에서 제2회 국제과학기술사회의가 열렸다. 니덤은 과학사학자 싱어(Charles Singer)의 권유에 따라 호그븐(Lancelot Hogben)과 함께 조직위원으로 회의에 참가하고 있었다. 여기에 거물 정치인 부하린(Nikolai Bukharin)을 단장으로 한 소련대표단이 갑자기 들이닥쳤다. 거기서 물리학자 게센(Boris Gessen)은 "뉴튼의 《프링키피아》의 사회·경제적 근원"이란 논문을 읽었다. 그는 《프링키피아》(자연철학의 수학적 원리)가 당시의 항해에서 제기된 기술적 문제를 해결하기 위해 쓰였다는 충격적인 주장을 했다.

게센의 논문은 뉴튼뿐만 아니라 16, 17세기의 '과학혁명'을 설명했다는 점에서 중요하다. 그에 따르면 부르좌지는 산업을 발전시키기 위해 과학이 필요했고 과학은 부르좌지의 번영과 함께 한 걸음 한 걸음 발전했다. 근대에 들어와 상업자본주의가 일어나면서 교통, 공업, 채광 분야에서 많은 문제를 일으켰고 그 해결을 요구했는데, 신흥 부르좌지의 대표자 뉴튼이 《프링키피아》에서 이런 문제들을 해결할 원리를 체계적으로 썼다는 것이다.

제공황과 파시즘의 대두를 배경으로 나타난 이 단순주의적 경제결정론은 러시아혁명에서 깊은 인상을 받고 자라난 영국의 젊은 좌익 과학자들에게 지울 수 없는 영향을 주었다. 그들은 1920년대에 사회주의자가 된 사람들로서 니덤 말고도 버날(J. D. Bernal), 블래킷(P. M. S. Blackett), 홀데인(J. B. S. Haldane), 호그븐, 학슬리, 스노우(C. P. Snow), 레비(Hyman Levy), 소디(Frederick Soddy), 워딩튼(C. H. Waddington), 피리(N. W. Pirie) 등이었다.

니덤은 30년대 공황기의 정책과 전술을 위한 현실주의적 접근과는 달리 이데올로기와 낭만적 이상을 통해 마륵스주의에 입문한 20년대 세대였다. 그는 정치적 실천보다는 과학을 위해 변증법을 받아들였다. 뿐만 아니라 그는 변증법이 다른 형태의 인간 오성을 무시하는 것을 거부했다. 무엇보다도 그는 종교가 아편이라는 마륵스의 주장에 동의할 수 없었다. 30년대 좌익 과학자 친구들이 모두 불가지론자 내지 무신론자였는데 유독 그만은 그리스도교 신앙을 고수했다. 그리고 그는 마륵스주의와 그리스도교가 양립할 수 있다고 믿었다. 뒤에 중국과학의 해석에서도 분명히 드러나지만 니덤은 독단이 덜한 비정통 마륵스주의자였다. 그는 모든 점에서 공산당원으로서 철저한 마륵스주의자였던 버날과 매우 대조적이었다.

니덤은 그가 과학자인가 역사학자인가 하는 물음에 '명예로운 도사(道士, honorary Taoist)'라고 답한 일이 있다. 그는 1973년 홀로런쇼(Henry Holorenshaw)라는 가명으로 쓴 짤막한 자서전의 제목을 "명예로운 도사 만들기"라고 붙였다. 그가 중국사상에서도 특히 도가사상에 심취했다는 것은 널리 알려진 사실이다. 그는 도가철학이 그리스도교의 역설과 많은 공통점을 갖고 있다고 생각했고 약한 것이 강한 것을 이긴다는 주장, 자발성, 자연성의 믿음, 자연신비주의에 끌렸다.

그는 중국과학을 양극으로 나누었다. 지배계급의 남성적인 유가사상에서는 치수, 역법 같은 엘리트학문이 나오고 피지배계급의 여성적인 도가사상에서는 화학, 광물학, 식물학, 약리학 따위의 민중기술이 나온다는 것이다. 니덤은 말할 것도 없이 후자를 좋아했다. 니덤은 그리스도교 전통에 집착하면서도 과학자로서 무신론자들과도 공감할 수 있었던 것이 중국전통을 이해하는 데 도움이 되었다고 말한다. 그는 에피쿠로스와 루크레티우스가 라오츠(老子)와 비슷하다고 보았다. 같은 비정통사상인 마르크스주의와 도가(道家)사상이 통하기 쉬웠던 점도 작용했음은 물론이다.

《중국의 과학과 문명》이 나오기 시작한 1950년대만 해도 압도적인 반공 분위기 때문에 니덤은 고립되고 행동이 불편할 수밖에 없었다. 특히 제2권 《과학사상사》는 중국학과 과학사학계에서 혹독한 비판을 받았다. 그러나 연구가 진행함에 따라 니덤에게 거부감을 보이던 많은 사람들이 그를 우러러보게 되었다.

니덤은 이미 1941년에 왕립학회 회원(FRS, Fellow of Royal Society)이 되었지만 도러시와 함께 유일한 부부회원이었고 1971년에는 인문학계의 최고 영예인 영국아카데미 회원 (FBA, Fellow of British Academy)마저 차지했다. 그의 모교 키스 콜리지는 1965년 그를 학장으로 뽑아 11년 동안 특권을 누리게 했다. 그는 미국과학사학회의 사튼 메달(Sarton Medal)을 받았고 국제과학사·과학철학연합(IUHPS)의 회장에 선출되었다. 그는 중국과학원과 중국사회과학원의 종신 명예교수를 지냈고 일본의 후쿠오카문화상을 받았다. 마침내, 니덤은 1992년 '오더 어브 더 컴패니언즈 어브 오너(Order of the Companions of Honour) 회원에 지명되었고 일리저베스 여왕에게 회원증을 받았다. '오더 어브 메리트'(Order of Merit)에는 미치지 못해도 작위보다는 높은 영예였다.

그러나 니덤의 만년에는 불행한 일도 많았다. 그가 찬양했던 중국의 문화대혁명의 실패는 고통이었다. 그래도 그는 덩샤오핑(鄧小平)의 개혁을 지지했고 개혁파 당 총서기 후야오방(胡耀邦)을 실각 직전 찾아가 만났다.

그는 동유럽과 소련의 사회주의가 무너지는 것을 고개를 끄덕이며 지켜보았다. 그는 사회주의자로 일관했으나 현실사회주의의 실패를 받아들였다. 티엔안먼(天安門) 사건은 그에게 큰 충격이었다. 이번에도 니덤은 민주주의를 갈망하는 중국 학생들 편에 섰다.

말년의 니덤은 관절염과 파킨슨병으로 거동이 자유롭지 못했다. 1987년 도러시의 죽음은 그에게 큰 타격을 안겼다. 2년 뒤 그는 60년 가까이 친오빠처럼 그를 보살펴 온 궤이전(魯桂珍)과 재혼했다. 신부의 나이는 85살이었다. 1990년 니덤의 90회 탄신을 기념하는 동아시아 과학 · 기술 · 의학사회의가 케임브리지에서 열렸을 때 그들은 생애의 절정에 있었다. 2년 만에 궤이전도 세상을 떠났다. 궤이전을 화장한 재는 니덤이 세우고 명예소장으로 있던 니덤연구소 앞뜰에 뿌려졌다. 1995년 3월 23일 니덤은 늘 하듯이 연구소에 나와 사무 처리를 하고 집에 돌아갔다. 저녁 때 뇌에 가벼운 마비가 왔다. 이튿날 세기의 거인 니덤은 영원히 눈을 감았다.

한국과학사학회는 5월 27일 니덤 추모강연회를 열었다. 니덤의 키스 콜리지 후배인 해리스(Thomas G. Harris) 주한 영국대사, 전상운, 송상용, 박성래, 김영식이 연사였다.

3

쿤의 《과학혁명들의 구조》

언제부터인가 우리 사회에도 '패러다임'(paradigm)이란 말이 유행하기 시작했다. 사전을 찾아보면 이 말은 '범례'라고 나와 있는데 그렇게 간단히 옮기기 어려운 점이 있어 그냥 패러다임으로 통한다. 그러나 뜻을 제대로 모르면서도 그 말을 자주 써야 유식한 사람 축에 끼게 되었다. 옛날부터 있었던 이 낱말을 그토록 유명하게 만든 것이 쿤(Thomas S. Kuhn, 1922-96)의 《과학혁명들의 구조》(*The Structure of Scientific Revolutions*, 1962)이다.

20세기 후반에 나온 책 가운데 이 책만큼 넓고 깊은 영향을 미친 문제작은 찾아보기 어렵다. 미국의 이름 없는 과학사학자가 쓴 이 과학철학 책은 1962년 나오자마자 폭발적인 반향을 일으켰고 20세기를 넘어서까지 인문 · 사회 · 자연과학의 모든 분야에 충격을 주었다. 이 책은 언어학, 경제학, 신문학, 미술사 강의에서도 필독도서로 읽혀졌으며 여러 분야에서 그 내용을 따지는 학회가 거듭 열렸다. 과학에서 철학에 이르는 각종 전문지에 실린 서평은 수백 편에 이르며 주요한 모든 언어로 번역되어 '쿤 혁명'이란 말이 있을 정도이다. 관련 논문이나 단행본의 양도 엄청나 '쿤 산업'(Kuhn industry)이란 말이 나옴직하다.

이렇게 바람을 일으킨 쿤은 1922년 오하이오 주 신시내티에서 태어났다. 하버드대학 물리학과를 수석으로 졸업한 그는 대학원에 진학해 박사

학위 논문의 완성을 눈앞에 두고 있었다. 그때 그는 코넌트(James B. Conant) 총장이 개발한 사례사(case history) 중심의 교양 자연과학 강의를 맡고 있었다. 낡은 과학책들을 뒤적이면서 쿤은 과학을 전혀 새로운 각도에서 보게 되었고 그 결과 물리학을 버리고 과학사로 뛰어들었다.

쿤은 모교에서 가르치다가 캘리포니아대학(버클리) 사학과에 부임했다. 과학사학자가 왜 사학과에 오느냐고 동료들은 반발했지만 시간이 해결해 주었다. 그 뒤 그는 프린스턴대학 과학사·과학철학 프로그램으로 옮겨 오래 있다가 MIT의 언어학 및 철학과로 가서 1991년 은퇴했다. 쿤에게서 과학사를 배운 김영식에 따르면 그가 프린스턴을 떠난 이유는 이혼 때문이라고 한다.

쿤은 세분화되어 가는 과학사에서 어느 한 분야에 묶어 놓을 수 없을 만큼 다양한 문제를 다루었고 많지는 않지만 뛰어난 논문들을 발표했다. 그가 써낸 책에는 《코페르니쿠스 혁명》(1957), 《양자물리학사 자료집》(1967), 《흑체이론과 양자불연속성》(1978), 그리고 논문들을 한데 모은 《주요한 긴장》(1977)이 있다. 물론 가장 유명한 것은 《과학혁명들의 구조》이다.

《과학혁명들의 구조》는 1962년 시카고대학 출판부에서 나왔는데 노이라트(Otto Neurath, 1882-1945)가 주관한 《국제통일백과사전》의 과학 통일의 기초 제2권 제2호로서도 독립적으로 출판되었다. 백과사전의 청탁으로 쓴 책이기 때문에 그 체재에 맞추려고 원고의 양을 크게 줄여 에세이로 만들었다고 한다. 1970년에 낸 제2판은 두어 군데 가볍게 고쳤을 뿐, 거의 손을 대지 않은 대신 36쪽이나 되는 긴 보유를 붙였다. 보유는 쿤의 제자 나카야마(中山茂)가 일역판을 낼 때 간청해서 쓴 것으로 그동안 나온 여러 비판에 대한 답을 담고 있다.

나는 이 책의 초판을 갖고 있는 것을 자랑스럽게 생각한다. 1963년에 나는 대학원 철학과에 다니면서 처음 거래를 튼 옥스퍼드의 블랙웰서점에서 과학사·과학철학책을 마구 사들였다. 그 속에 쿤의 책이 끼여 있었는데 잘 이해도 못하고 읽었다. 이 책의 진가를 알게 된 것은 4년 뒤 미국 유학을 가서였다.

미국 대학에서 쿤에 대한 관심은 대단했다. 쿤을 다시 읽지 않을 수 없었고 서평과 관련 논문을 열심히 찾아보아야 했다. 1968년 일리노이대학에서 '과학이론의 구조'에 관한 심포지엄이 있었다. 말할 것도 없이 쿤의 책이 회의의 초점이었다. 미국 친구들과 함께 새벽에 떠나 개회 직전 어배너-샘페인에 도착했다.

쿤이 "패러다임에 관한 두 번째 생각"을 발표했고 수피(Frederick Suppe)가 신랄한 논평을 했다. "당신은 과학심리학자요? 아니면 과학사회학자요? 소속을 똑똑히 밝히시오!" 토론에서 삿대질하며 달려드는 애킨스타인(Peter Achinstein)에게 쿤은 짤막하게 답했다. "나는 아무래도 과학사학자로 불리고 싶소." 쿤은 역시 상대가 안되는 거물이라는 결론을 내고 우리는 블루밍튼으로 돌아갔다.

1974년 일본에서 국제과학사회의가 열렸을 때 나는 처음으로 쿤과 인사를 나누었고 관광도 함께 다녔다. 거기에서도 쿤의 인기는 절대적이었다. 과학철학분과에서 소련 대표단장 미쿨린스키(Mikulinsky)가 쿤을 찬양하자 그 자리에 있던 쿤이 일어나 고맙다는 인사를 하기도 했다. 1985년 버클리 국제회의에서 쿤을 세 번째로 보았으나 그는 이미 긴 얘기를 나누기에는 너무나 바쁜 몸이었다.

《과학혁명들의 구조》는 역사와 과학의 본질에 관한 혁명적인 견해를 보이고 있다. 과학사는 단순한 우화나 연대기일 수 없다고 쿤은 주장한다. 과학적 성취를 완성된 것으로 보지 않고 연구활동 자체를 동적으로 연구할 때 과학의 참모습이 드러난다는 것이다. 과학의 발전은 늘어나는 과학지식이 차곡차곡 쌓여가는 직선적 과정이 아니다. 따라서 낡은 과학이 버려졌다 해서 뒤에 나온 과학보다 덜 과학적인 것은 아니다. 과학이 무엇인가를 알려면 기존 과학이 새 과학에 의해 대치되는 과학혁명의 얼개를 밝혀야 한다.

쿤의 과학사 서술에서 중심을 이루는 개념은 '패러다임(paradigm)'이다. 패러다임은 복잡하고 까다로운 뜻을 가진데다 쿤 자신이 여러 가지로 다르게 쓰고 있어 혼란이 빚어졌다. 패러다임은 어떤 과학자 사회의 구성원들이 공유하는 믿음, 가치, 기법이라 할 수 있다. 곧 패러다임은 어떤 과학학파에 정합성을 주는 모형이다.

패러다임에 바탕을 둔 연구를 '정상과학'(normal science)이라 한다. 패러다임이 있기 전의 과학은 학설이 분분해 어지럽기 짝이 없다. 일단 패러다임이 확립되면 이 난맥상이 정리된다. 그러나 정상과학은 완성된 과학이 아니다. 남은 문제들을 해결하는 일종의 소탕작전이 필요하게 되는데 이것이 이른바 '수수께끼 풀이'(puzzle solving)이다. 그것은 패러다임을 다듬고 명세화하는 작업으로서 사실 수집, 기구 사용, 상수 결정, 이론의 정식화 따위가 있다. 이런 과정을 통해 정상과학은 점점 확고해진다.

그러나 어떤 단계에서 정상과학에서는 '이상'(anomaly)이 생기고 새로운 것이 불가피하게 나온다. 이상은 정상과학을 지배하는 패러다임이 예상한 바가 어긋나는 경우이고 이것은 마침내 새로운 과학적 발견으로 발전한다. 이상이 계속 늘어나면 심각한 사태가 되며 정상과학에 '위기'(crisis)가 닥친다.

위기를 타개하기 위해 새로운 이론들이 쏟아져 나온다. 그러면 원래의 패러다임은 빛을 잃고 어느덧 패러다임 형성 이전과 비슷한 이론의 난립이 일어난다. 이에 정상과학은 이론의 특별한 수정에 의해 모순을 제거하는 응급조치를 하게 된다. 이러는 동안 이상을 좀 더 잘 설명할 수 있는 새 패러다임이 출현하고 낡은 패러다임과의 경쟁이 벌어진다. 새 패러다임이 과학자들의 집단적 개종과 충성을 얻어 득세하면 낡은 과학은 무너지고 새로운 패러다임에 바탕을 둔 새 정상과학이 성립한다. 이것이 '과학혁명'(Scientific Revolution)이다.

새 패러다임으로 옮겨가는 과정은 누적적인 과정이 아니다. 곧 과학혁명은 낡은 패러다임의 개선 또는 연장이 아니라 결정적으로 다른 해결방법과 목표를 채택하는 것이다. 바터필드(Herbert Butterfield, 1900-79)의 표현을 빌리면 "막대기의 다른 끝을 잡아 올리는" 것 같은 과정이 패러다임의 변화이다. 쿤은 기존 정치제도가 기능을 발휘하지 못해 위기가 조성된 끝에 반대진영이 인민의 지지를 얻어 구 제도를 뒤엎는 정치혁명을 과학혁명과 비교하고 있다.

패러다임이 변하면 세계관도 달라진다. 혁명 전과 혁명 후의 세계관이나 과학방법은 '같은 잣대로 비교될 수 없는'(incommensurable) 것이므로 하나에서 다른 것으로 넘어가는 논리적인 길은 없다. 논리의 규칙과 사용된 자료 자체가 변하는 것이다. 쿤에 따르면 과학혁명은 기존 질서와 단절하고 새 방법으로 사물을 보는 '게슈탈트 전환'(Gestalt switch)이다. 따라서 과학은 과학자들이 현상의 앙상블(ensemble)을 어떻게 보는가에 따라 좌우된다. 과학혁명에서 과학의 논리적 구조보다 과학자들이 속해 있는 사회의 심리학과 사회학이 중요시되는 것은 바로 이 때문이다.

패러다임을 중심으로 한 쿤의 독특한 과학관은 과학자로서의 현장경험과 해박한 역사지식의 산물이므로 역사가들에게는 환영을 받았으나 철학자들에게는 강한 반발을 일으켰다. 그의 접근은 너무나 파격적이었고 중요한 철학적 문제들을 건드렸기 때문이다. 그는 실증주의와 귀납주의를 공격했으며 고전적인 검증이론, 포퍼(Popper)의 반증이론, 네이글(Ernest Nagle, 1901-85)의 확률적 견해를 모조리 거부했던 것이다. 전통적인 과학철학자들이 쿤은 상대주의, 주관주의, 비합리주의를 옹호한다고 비판하자 쿤이 이에 맞서 대판 싸움이 벌어졌다. 역사를 무시하고 논리만 고집하던 과학철학은 쿤의 통찰력의 영향을 받아 궤도 수정이 불가피하게 되었다.

이런 방향으로의 전환은 쿤이 처음은 아니다. 그도 인정한 바와 같이 플렉(Ludwik Fleck, 1896-1961)은 오래전 그의 견해의 핵심을 예언했다. 폴라니(Michael Polanyi, 1891-1976)가 들고 나온 '암묵적 지식'(tacit knowledge)도 쿤에게 시사적이었다. 쿤이 그의 책 초판을 바친 코넌트의 '개념적 도식'(conceptual scheme)은 패러다임과 비슷한 데가 있다. 그는 코이레(Alexandre Koyré, 1891-1976), 메이에르송(Emile Meyerson, 1859-1933), 메츠제(Hélène Metzger, 1889-1944) 같은 관념철학의 배경을 가진 과학사가들의 영향을 받았다.

가까이는 쿤에 앞서 핸슨(Norwood Russel Hanson, 1924-67)과 툴민(Stephen

Toulmin, 1922-2009)이 관찰의 이론 의존성을 강조했고 게슈탈트 전환 또는 진화론적 모형으로 사례 분석을 시도한 바 있다. 포퍼, 러커토슈(Imre Lakatos, 1922-74), 슈피어(Shapere) 등의 집중포화를 받은 결과 쿤의 입장은 무뎌지고 수세에 서게 되었다. 제2판이 나왔을 때 서슬이 시퍼렇던 혁명적인 쿤은 어디로 갔느냐는 비아냥마저 나왔다. 그러나 쿤, 핸슨, 툴민과 더불어 '과학철학의 4인방'(Gang of Four in philosophy of science)을 이루는 파이어아벤트(Feyerabend)는 극단으로 치달아 아무렇게 해도 좋다는 '인식론적 무정부주의'(epistemological anarchism)로 나갔다.

쿤의 패러다임은 여러 다른 분야에서 앞을 다투어 원용되었다. 쿤이 다루지 않은 생물학, 수학을 비롯해 역사학, 사회학, 인류학 등에서 이 개념을 끌어갔다. 특히 문학사, 미술사, 정치사에서는 패러다임을 크게 환영했다. 이런 분야들에서는 이미 오래전부터 혁명적인 단절로 점철된 전통적 기간의 연속이라는 서술방식을 써왔고 쿤 자신이 과학사 서술을 여기서 빌려왔으니 당연한 일이다. 자연과학에 견주어 일사불란한 합의가 덜 이루어지고, 따라서 단일 패러다임이 성립하기 어려운 사회과학에 쿤의 과학사 서술을 적용하는 데는 문제가 없지 않은 듯하다. 그러나 이런 시도를 거듭하는 과정에서 사회과학의 현재의 위치가 더욱 선명하게 부각되고 방법론의 재검토와 정리가 이루어진다는 것은 쿤이 사회과학에 준 값진 선물이다.

1990년 MIT에서는 쿤과 그와 인연이 깊은 과학사 · 과학철학자들이 모여 쿤이 제기한 문제들을 토론하는 모임이 열렸다. 그 결과가 쿤의 후기를 붙여 《세계의 변화-토머스 쿤과 과학의 본질》(*World Changes: Thomas*

Kuhn and the Nature of Science, 2010)로 발간되었다. 쿤의 혁명적 과학철학 또는 새 과학철학은 실재론과 합리성의 문제라는 뜨거운 감자를 던져놓았다. 쿤에 의해 무참하게 깨진 합리성을 재건하려는 노력은 줄기차게 추진되어 왔으나 묘수는 끝내 나오지 않았다. 어정쩡한 입장이 되어 버린 쿤 자신도 명쾌한 대안을 내놓지 못했다.

쿤은 과학사학회장, 과학철학회장을 지냈고 사튼 메달(Sarton Medal), 버날상(Bernal Prize)을 받았다. 온갖 영예를 누렸지만 쿤의 마음은 편할 리가 없다. 쿤은 폐암에 걸려 7순을 맞은 1992년에 세상을 떠났다. 그 얼마 전 쿤을 만나고 온 홍성욱은 쿤이 자기의 많은 주장이 깨진 것을 인정하나 '불가공약성'(incommensurability)만은 끝까지 고수하겠다고 하더라는 말을 했다.

4

카머너의 《원은 닫혀야 한다》

런던이나 로스 앤질리즈의 스모그가 남의 일 아닌 우리 자신의 문제가 된 지도 꽤 오래된 것 같다. 그동안 우리는 날로 오염되어 가는 환경 속에서 잘도 살아왔다. 신문·방송들이 가끔 요란하게 떠들어대기도 했다. 사태는 나아지기는 커녕 악화일로를 걷고 있는데 사람들은 벌써 면역이라도 됐는지 웬만한 일에는 끄떡도 하지 않는다. 글깨나 쓰는 사람 치고 환경오염을 개탄하는 발언을 하지 않는 경우가 거의 없을 만큼 많은 좋은 얘기가 쏟아졌다. 그러나 환경문제의 중요성은 영어식으로 말해서 아무리 강조해도 결코 지나치는 법이 없다고 생각한다. 미지근한 자연보호운동은 있어도 화끈한 진짜 환경보존운동은 있어 본 일이 없는 이 땅에 한 과학자의 과격한 양심의 소리를 소개하는 까닭이 여기에 있다.

환경오염은 인류의 출현과 함께 비롯됐지만 세계적인 문제로 떠오른 것은 1960년대이다. 그것은 참으로 '갑작스런, 그리고 시끄러운 깨달음'이었다. 환경문제가 제기되는 데 한몫을 한 몇 권의 책이 있다. 살충제를 고발한 카슨(Rachel Carson)의 《고요한 봄》(*Silent Spring*, 1962)은 그 대표적인 것이다. 《과학과 생존》(*Science and Survival*, 1966)에서 환경에 대한 과학의 엄청난 영향을 경고해 큰 반향을 일으킨 카머너의 두 번째 책 《원은 닫혀야 한다》(*The Closing Circle*, 1971)는 환경에 관한 의식이 크게 고조된 가운데 나왔다.

미국 브루클린(Brooklyn)에서 태어난 배리 카머너(Barry Commoner, 1917-2012)는 컬럼비어와 하버드에서 공부한 뒤 세인트 루이스의 와싱톤대학 식물학과 교수가 되었다. 그는 식물생리학자로서 분자생물학에 큰 업적을 냈으면서도 기계론, 환원주의에 반대하는 전체론의 입장에 섰고 마침내 생태학으로 돌아섰다.

카머너는 상아탑에만 머물 수 없는 사람이었다. 대학을 나와 처음 뛰어든 분야가 과학저널리즘이었다. 과학자들은 대중에게 사회문제의 기술적 측면을 알려 주어야 한다는 것이 카머너의 확신이었다. 그는 여러 단체를 만들어 50년대에는 방사성 낙진과 핵무장 해제, 60년대 이후에는 환경오염에 관해 대중을 계몽하는 활동을 벌였다. 그는 빈번한 강연, TV 출연, 기고를 통해 정부, 기업, 대학과 좌충우돌해서 '게릴라'라는 별명을 얻었고 《타임》지는 그를 '수백만의 학생을 가진 교수'라고 불렀다. 카머너는 듀보스(René Dubos, 1901-82)와 함께 70년대 미국 환경운동의 대표적인 기수였다.

《원은 닫혀야 한다》는 '이제까지 나온 생태학 책 가운데 가장 훌륭한 책'이라는 찬사를 받았다. 이 책은 인간이 자신의 기술로 만들었고 인간 사회를 파괴하려고 위협하는 환경재난의 본질, 원인을 규명하고 가능한 해결책을 제시한다. 다른 생태학 책들은 무엇이 어떻게 일어났는가에 관심을 가져왔으나 이 책은 그것이 왜 일어났는가를 파고든다.

이 책은 우선 모든 생명과 인간 활동을 버텨 주는 생태권의 본질을 밝힌다. 인간은 자연환경의 참여자인 동시에 이용자라는 입장 때문에 환경에 대해 왜곡된 시각을 갖기 쉽다. 우리는 과학기술을 추구하면서 기계를 통해 마침내 자연환경에 대한 의존으로부터 벗어났다는 환상에 빠진다. 생태권의 특징이 서술된 다음 '모든 것은 다른 모든 것과 연결되어 있다'는 것을 비롯해 생태학의 네 가지 법칙이 제시된다. 이어 로스 앤질리즈의 대기오염, 일리노이주의 토양오염, 이리호의 수질오염, 방사성 낙진의 유전 등 사례사를 통해 그 원인이 분석된다.

환경위기의 원인으로는 인구폭발, 풍요, 그리스도교의 자연관, 자본주의 등이 꼽힌다. 그러나 카머너는 과잉인구, 과잉풍요, 과잉생산이 환경오염을 가져왔다는 속설은 틀린다고 주장한다. 전후 4반세기 만에 인구는 40-50%, GNP는 126% 늘었을 뿐인데 오염은 200% 늘어났다. 왜

그럴까? 그 이유는 기술의 변화에서 찾아야 한다.

생활필수품을 만드는 낡은 생산 기술이 새 기술로 대체되었다. 비누 대신 합성세제가, 천연섬유 대신 합성섬유가 나왔다. 철과 목재는 알루미늄, 플라스틱, 시멘트로 바뀌었다. 기차 화물은 트럭 화물로, 회수가능한 병은 불가능한 것으로 바뀌었다. 이전의 해충처리방법은 합성살충제로 대체되고 잡초를 없애던 경작기는 제초제로 바뀌었다. 가축 방목은 사라지고 인공 사육장이 나타났다.

예전에 우리의 생산품은 대부분 생물학적으로 분해되어 생태학적 순환으로 돌아가는 자연물질이었다. 그런데 현대기술에 의해 자연물질을 대체한 인공물질은 만드는 데 더 큰 동력이 필요하고 순환으로 돌아가지 않음으로써 이중으로 환경을 오염시킨다. 오늘날 농기업이 된 농업의 예를 들어 보더라도 땅에서 엄청난 양의 유기물질을 가져가고 돌려주는 것은 화학비료뿐이다. 따라서 환경오염의 원인은 기술의 본질에 있는 것이고 이 원인 자체를 제거하는 것이 문제해결의 지름길이다.

일단 위기의 근원이 사회적임이 밝혀진 이상 우리는 이것을 해결하기 위한 적절한 사회적 행동을 계획해야 한다. 환경문제에 관한 공개적인 토론이 필요하나 쉽지 않다. 정부와 산업의 비밀주의가 시민들의 정보 접근을 막기 때문이다. 따라서 과학자들은 필요한 정보를 캐내어 시민들에게 알릴 의무가 있다.

시민과 과학계 사이의 협조에 의해 이루어진 생태학적 성공사례가 있다. 1963년의 제한핵실험 금지조약이 그것이다. 과학자들은 핵폭발에서 나오는 스트론튬 90이 암을 일으킨다는 것을 확인했고 방사성 낙진에 관한 과학지식을 시민들에게 알리는 운동을 벌였다. 시민들의 압력으로 국회의원들이 행동에 나섰고 끝내 핵실험금지조약으로 결실된 것이다.

지구 위에 처음 나타난 생명은 직선적인 길로 출발했다. 생물이 멸종을 면할 수 있었던 것은 진화 과정에서 원시생물의 폐기물을 신선한 유기물질로 전환시키는 새로운 생명 형태를 발명했기 때문이다. 원을 닫음으로써 생물은 생존할 수 있었다. 그런데 인간이 자연을 정복하려고 고안한 사회조직에 의해 생명의 원을 끊어버렸다. 이것이 환경위기를 가져온 것이다. 다시 한 번 살아남기 위해서는 원을 닫아야 한다. 이것이 카머너의 결론이다.

《원은 닫혀야 한다》를 다시 읽으면서 그 통찰력과 선견에 새삼스레 놀라게 된다. 이 책은 미국을 중심으로 쓴 것이지만 한국의 상황에도 잘 맞으며, 그런 점에서 우리가 미국의 실패를 되풀이하는 것이 안타깝다.

내가 카머너를 알게 된 것은 1961년 졸업논문을 준비하면서 《사이언스》에 실린 그의 글 "생물학의 옹호"(*In Defence of Biology*)를 읽고서였다. 생명론에서 기계론에 무조건 호감을 갖고 있었던 나로서는 생명현상의 특이성을 강조하는 그의 견해가 몹시 못마땅했다. 그러나 10년 뒤 듀보스의 《퍽이나 인간적인 동물》(*So Human an Aminal*, 1968)을 읽고 생태학의 중요성을 절감하게 되면서 카머너를 새로운 눈으로 보게 되었다. 그래서 《원은 닫혀야 한다》는 출간 직후 북 클럽을 통해 입수했고 번역을 자청한 것도 나였다. 5년을 끌어오다 번역판은 1980년에 나왔다. 미국에서 베스트셀러였던 이 책의 초판이 다 팔리는 데 10년이 넘게 걸렸다. 우리나라 국민이 환경문제에 얼마나 둔감한가를 말해 주는 것이다.

7장

한국의 전통과학자들

1

최무선과 화약

화약은 인쇄술, 나침반과 더불어 서양의 근대를 상징하는 세 가지 발명을 이룬다. 그런데 이것들이 서양에서 발명된 것이 아니라 중국에서 전해졌다는 것은 이제는 널리 알려진 사실이다. 화약이 우리나라에 들어온 경위도 극적인 데가 있다.

이 이야기의 주인공 최무선(崔茂宣, 1326?-95)이 태어난 해는 확실하지 않지만 1326년(고려 충숙왕 12년)쯤인 듯하다. 그는 어려서부터 총명하고 재주가 뛰어났다. 소년시절 그가 즐겨 읽은 책은 과학기술에 관한 방서여서 불교나 유학을 공부한 다른 사람들과 구별되었다. 최무선은 군사와 병기에도 관심이 많이 병기의 제조를 맡은 군기감에서 일하게 되었다.

고려 말기는 왜구라 불리는 일본 해적의 잦은 침입으로 피해가 심각한 때였다. 당시는 대륙, 고려, 일본이 다 불안정했는데 굶주린 왜구의 노략질은 날로 심해져 갔다. 남해안의 많은 고을이 쑥밭으로 되었고 그 영향은 서해안에까지 미쳤다. 개성의 문 앞인 강화에까지 쳐들어와 수도를 내륙지방으로 옮길 계획까지 세웠다. 나라의 재정이 피폐했고 민심은 흉흉했다.

왜구를 물리칠 묘책을 짜내기에 골몰하던 최무선의 머리에 번개같이 떠오른 생각이 있었다. 화약을 써 보자는 것이었다. 염초와 황과 숯을 섞어 만들어 폭발시키는 화약은 중국에서는 전쟁에 이용된 지 오래고 고려에서도 간단한 병기와 불꽃놀이에 쓰고 있었다. 이 화약을 많이 만들어 왜구의 배를 불태워 버리면 된다는 착상이었다. 그러나 중국은 화약 만드는 법을 비밀에 붙여 외국에 가르쳐 주지 않았다.

최무선은 밤낮으로 화약 제법을 연구했으나 마루 밑 같은 곳에 많은 먼지가 앉은 흙에서 염초를 구워내는 기술을 알 수가 없었다. 그는 스스로 노력하면서도 중국 기술자를 찾아내야겠다고 결심했다. 개성의 출입구 예성강에는 중국의 상선이 드나들었는데 중국말이 능통한 최무선은 중국 배가 닿기만 하면 쫓아가 염초 기술자가 없는지 물어보곤 했다. 이러기를 몇 해 계속한 끝에 이 터무니없는 노력이 보상받는 날이 왔다. 그의 나이 쉰 되는 어느 날 강남에서 도착한 배에 리위안(李元)이 타고 있었는데 그가 바로 염초 만드는 기술자였다.

최무선은 리를 집에 데려가 숙식을 제공하며 최대의 후대를 베풀었다. 감동한 리는 마침내 최무선에게 염초 굽는 비법을 가르쳐 주었다. 그는 이 방법을 심부름하는 아이에게 실험하게 해 염초를 만드는 데 성공했다. 그는 뛸 듯이 기뻤다.

최무선은 이 기쁜 소식을 정부에 보고하고 화약을 대량으로 만들기 위해 화통도감을 설치하라고 건의했다. 드디어 1377년 화통도감이 설립되고 최무선이 그 책임자가 되었다. 화통도감에서는 18종의 화약 병기가 만들어졌다. 그는 또한 전함을 건조해 왜구의 침략에 대비했다.

3년 뒤 왜구는 5백여 척의 배로 금강 어귀에 침입했다. 부원수로 임명된 최무선은 화포와 화통에 불을 질러 밧줄로 연결된 배들을 모조리 태워 버렸다. 왜구 잔당은 지리산 중턱으로 모여들었는데 이성계가 이를 공격해 섬멸했다. 이성계의 대첩은 화약에 힘입었고 정권을 잡는 데 이것이 큰 몫을 했으니 최무선이 조선의 탄생을 도운 셈이다. 이렇게 최무선의 화약의 위력으로 조선 초는 태평세월을 구가할 수 있었다.

고려가 망하기 직전 화통도감이 철폐되었고 실의에 빠진 최무선은《화약수련법》과《화포법》을 썼다. 이성계가 새 왕조를 연 뒤 최무선의 공로를 잊지 않고 벼슬을 주려 했으나 그는 이미 너무 늙었다. 최무선은 1395년 손수 쓴 책을 부인에게 맡기면서 어린 아들이 자라면 주라는 유언을 남기고 눈을 감았다.

최무선의 기대는 헛되지 않았다. 태종이 즉위하면서 화기의 개발이 중요하다는 것을 깨닫고 권근의 건의를 받아들여 최무선의 아들 최해산(崔海山)을 군기사 관원으로 발탁했다. 최해산은 어린 나이에도 불구하고 열심히 일해 화약을 발전시키고 화차를 만들었다. 최해산의 활약은 세종 때 더욱 돋보였다. 이렇게 해서 최무선이 염초 제법을 배운 이래 60년 동안 부자만이 갖고 있던 화약, 병기의 비법은 널리 퍼져 나갔다.

2

과학자 세종

한국과학기술한림원은 2009년 세종대왕 이도(李祹, 1397-1450)를 '과학기술인 명예의 전당'에 헌정할 과학자로 선정했다. 세종을 훌륭한 과학자로 뽑은 것은 놀라운 소식일 수 있다. 2003년 창설된 과학기술인 명예의 전당에는 그 전까지 25분을 모셨다. 그 가운데 10분이 선현으로 분류된다. 이순지, 이천, 장영실 등 신하들이 먼저 올랐는데 뒤늦게 임금을 올리는 게 이상하지 않느냐는 의문도 나왔다. 그러나 순서는 뒤바뀌었더라도 세종을 뺄 수 없다는 데 의견의 일치를 보았다.

세종이 다스린 15세기 전반 조선은 문화의 꽃을 활짝 피웠다. 세종은 문화의 모든 분야에서 뛰어난 업적을 냈지만 특히 과학기술에서 두드러진 성공을 거두었다. 같은 시대 유럽은 르내상스가 한창이었으나 근대과학을 낳은 과학혁명은 한 세기를 더 기다려야 했다. 세종은 웅대한 과학기술정책을 세우고 온 나라의 인재들을 모아 과제를 맡겨 연구개발하게 했다. 그는 과학기술정책을 만들어 추진한 걸출한 지도자로 평가 받고 있지만 그 자신 또한 손색없는 과학자였다.

세종 대 과학에서 가장 볼 만한 성과는 천문학, 기상학에서 나왔다. 세종은 중국의 역법을 연구하게 해 10년 만에 칠정산(七政算)을 편찬했는데 내편은 중국의 수시력을 서울의 위도에 따라 만든 것이고 외편은 중국에 도입된 회회력(回回曆, 이슬람력)을 바로잡고 더욱 발전시킨 것이다. 여러 가지 천문관측기구(간의, 혼의, 일구)와 시간측정기구(자격루, 옥루)가 만들어졌다. 조선은 이탈리아의 카스텔리(Benedetto Castelli, 1578-1643)보다 2백년 앞서 측우기를 만들어 방대한 관측 자료를 남겼다.

고려 때 최무선이 도입한 화기기술은 세종 때 큰 발전을 보여 천자총통을 만듦으로써 중국기술의 모방을 벗어났다. 고려 말 발명된 금속활자 인쇄술도 태종 대 만들어진 계미자를 개량한 경자자, 갑인자를 개발했고 한글 청동활자도 주조했다. 중국 농서 의존에서 탈피해 조선 독자의 농업기술을 체계화하는 노력은 《농사직설》(農事直說)로 결실을 보았다. 이 책에서 농기구 이름은 우리말 발음으로 썼고 호미, 가래 같은 조선의 독특한 농구가 나온다.

지리학에서는 세종 대에 완성된 《신찬팔도지리지》(新撰八道地理志)와 《팔도도》의 편찬을 들 수 있다. 지도의 보완과 새 지도 제작 사업은 계속되어 세조 대에 끝난 동국지도로 결산을 보았다. 세종의 업적 가운데 빼놓을 수 없는 것이 국산 약재, 곧 향약을 체계적으로 정리한 것이다. 세종은 향약채취월령의 편찬을 명했고 이어 《향약집성방》(鄕藥集成方)을 편찬하게 했다. 이 책은 고유의 약재와 벽촌의 경험방까지 정리했고 그것을 의학의 이론체계와 연결했다. 그 다음 세종은 동아시아의학을 총 정리하는 야심찬 계획에 착수했다. 의학대백과사전이라 할 수 있는 《의방유취》(醫方類聚)의 편찬은 3년 만에 완성되었으나 교정, 인쇄에 22년이 걸려 성종 대에야 간행되었다. 이 책은 임진왜란 때 약탈해 간 1질이 일본에 남아 있을 뿐이다.

세종의 업적 가운데 가장 중요한 것은 한글(訓民正音)의 창제다. 한글

'발명'의 의의는 긴 말이 필요 없거니와 오늘날 한글의 가치는 인문학뿐 아니라 수학, 전자공학, 예술 등 모든 분야에서 높이 평가되고 있다. 세종은 이 하나만으로도 명예의 전당에 오를 자격이 있다.

한국과학사학자들은 세종 대가 한국과학의 황금기였다는 데 한목소리를 내고 있다. 한국과학사 연구의 선구자 전상운은 세종 대 과학이 15세기 전반의 서유럽은 물론 아랍과 중국을 능가하는 수준이었다고 격찬했다. 박성래도 일본보다 2세기 앞서 서울에 맞는 역법을 완성한 세종 대 조선의 높은 천문학 수준에 주목했다. 15세기 한국과학의 빛나는 성공의 배경은 무엇일까? 고려 때 원을 거쳐 들어와 축적된 아랍과학이 세종이라는 빼어난 지도자의 탁월한 정책으로 한반도에서 개화한 것이다.

3

이천과 갑인자

세종이 다스린 15세기 전반 한국의 과학기술은 황금기를 맞았다. 그때 한국은 뛰어난 계몽군주 세종의 지휘 아래 과학기술의 여러 분야에서 세계적인 수준을 과시했다. 이천은 이순지, 김담, 장영실과 함께 세종대의 과학기술을 활짝 꽃피게 한 주역의 한 사람이다.

이천(李蕆, 1376-1451)은 고려 우왕 2년(1376) 경상도 예안현(지금의 안동)

에서 태어났다. 12살 때 외가가 당한 정변 때문에 그의 집안도 화를 입게 되었는데 한 스님의 도움으로 아우와 함께 산속의 굴에 피신해 목숨을 건지기도 했다. 18살에 별장으로 임명되었고 26살에는 무과에 급제했으며 뒤에는 다시 무과 중시에 합격했다.

이천은 무관으로서 혁혁한 공을 세웠다. 그는 세종 즉위 직후 경상도 조전절제사로서 동남 해안의 출몰한 왜구를 격멸했고 그들의 근거지인 대마도를 정벌해 크게 승리했다. 노년에는 평안도 도절제사가 되어 서북 변방을 괴롭힌 야인들을 토벌해 주민들을 정착하게 했다. 그는 한때 파직되어 귀양을 가는 불운을 겪기도 했으나 75살에 죽기까지 나라를 위해 지성껏 일했다.

이천은 무관이었지만 사물을 깊이 헤아리고 궁리하는 타고난 재능을 갖고 있었다. 그는 평안도 도절제사로 부임하기 전에 간의제조에 임명되어 간의, 혼의, 혼상, 앙부일구, 일성정시의, 규표, 자격루 등 천문 기기를 창제, 개량하는 일에 참여했다. 그는 정초, 정인지 등의 글을 참고하고 장영실과 함께 감독을 맡아 훌륭하게 해냈다. 그 밖에도 이천은 천추사로 중국에 갔다 와서 새 악기를 만들어 의식에 쓰게 했고 화포의 제조를 비롯해 칼, 창, 조선 등의 체제를 개량하기도 했다.

그러나 이천이 가장 크게 이바지한 것은 주자 곧 금속활자의 개량이었다. 주자 인쇄는 13세기에 시작되었지만 오랫동안 침체해 있다가 고려말 부활이 미처 안된 채 왕조가 바뀌고 말았다. 태종은 1402년 주자의 개발을 명했으나 신하들은 주자가 아름답지 않고 기술적으로 어렵다고 해서 처음에는 반대했다. 왕이 대궐 안의 못 쓰는 놋쇠를 다 내놓겠다고 하면서 적극성을 보여 주자소가 설치되었다.

이렇게 해서 만들어진 계미자는 기술이 서툴러 퍽 거칠었다. 고려의 주자술이 나온 이래 오랜 시간이 흘러 비법을 아는 기술자가 별로 없었기 때문이다. 고려 때보다 다소 개량된 점이 없지 않았으나 활자가 가지런하지 못하고 인쇄 도중 활자가 움직여 밀랍을 수시로 녹여 부어야 했다. 하루의 인쇄량도 두어 장밖에 되지 않았다.

세종은 즉위하자마자 숭문정책을 강력히 추진하기 위해 계미자의 개량을 결심했다. 그해에 공조참판으로서 제기의 주조를 감독한 이천을 책임자로 점찍었다. 주저하던 이천은 왕의 강권에 못 이겨 주자의 총책임을 맡았다. 반 년 이상 걸려 1421년 완성된 것이 경자자이다. 나무판에 글자를 새기고 고운 모래판에 찍어 거푸집을 만든 다음 청동을 부어 활자를 만들었다. 그리고 활자를 줄칼로 다듬어 깨끗이 마무리했다. 세종은 활자가 비뚤어지지 않고 아름답게 주조된 것은 이천이 지혜를 써서 개주했기 때문이라고 칭찬했다.

조선조에서 세 번째로 크게 개량한 활자는 갑인자이다. 경자자를 만든 지 13년 만의 일이었다. 세종은 이번에도 이천에게 도제조로서 감조의 총책임을 지게 했다. 그 아래에서 공역을 도운 사람들은 김돈, 김빈, 장영실, 이순지 등 당대 최고의 기술자들이었다. 그들은 1434년에 착수해 두 달 걸려 20여 만 자를 만들어 냈다.

갑인자는 필서체를 예리하게 잘 나타냈으며 옆줄이 정연하게 일직선을 이루었고 글자 사이도 일정한 공간을 유지했다. 경자자의 곱절이나 되는 큰 틀을 대나무를 써서 빈곳을 메우면서 빠르고도 쉽게 짜냈다. 계미자와 같은 크기의 활자였고 인쇄능률은 경자자의 배인 하루 40여 장이었다. 이때 처음으로 한글활자도 주조되어 한자와 함께 쓰였다. 금속활자는 갑인자에 이르러 주조, 조판, 인쇄에서 기술의 절정을 이루었다. 갑인자는 깨끗하고 아름다운 데서 오래도록 당해낼 활자가 없었다.

이천은 갑옷을 입은 과학기술자로 길이 남을 것이다. 문종이 내린 시호를 딴 익랑관이 육군사관학교에 있다지만 한국과학기술원에도 이천의 동상을 세움직하다.

4

이순지와 《칠정산》

세종대에는 과학의 모든 분야가 활짝 꽃피었지만 세종이 가장 중요시한 것은 천문학이었다. 많은 학자들이 동원되어 천문학 연구에 힘을 기울였는데, 장영실이 여러 가지 천문관측기구와 시계를 만들었다면 이순지는 이론, 특히 역법에서 뛰어난 업적을 냈다.

이순지(李純之, 1406-65)의 아버지 이맹상은 공조참의, 강원도관찰사, 중추원부사를 지냈고 형 이전지는 예조정랑의 자리에 있었다는 기록이 전해질 뿐이다. 그는 어려서 병을 자주 앓아 주로 누워 지냈고 5살 될 때까지 말을 못하는 늦둥이였다. 그가 자라서 정상적인 어른이 된 것은 어머니의 극진한 보살핌 때문이었다고 한다.

세종 9년(1427) 문과에 급제한 이순지는 외교문서를 다루는 승문원에서 4년 동안 일하는 동안 세종의 눈에 띄었다. 세종은 그에게 역법을 고치는 일을 맡겼고 이때부터 그는 천문학에 깊이 관여하게 되었다. 3년이 지났을 때 경복궁 경회루 북쪽에 천문관측을 하는 간의대(簡儀臺)가 세워졌다. 이순지는 여기서 관측책임자로 근무하면서 세종의 절대적인 신임을 얻었다.

세종 18년 이순지는 어머니가 돌아가 사직하고 3년상을 치르러 내려갔다. 후임은 승정원의 추천을 받아 20살 난 김담을 발탁했으나 안심이 안된 세종은 이듬해 그를 다시 불러들여 정사품 호군으로 높여 임명하고 간의대를 맡아 일하게 했다. 그만큼 세종은 이순지를 총애했던 것이다. 이렇게 해서 이순지와 김담의 협동연구가 시작되었다.

왕이 이순지에게 천문·역산의 총책임을 맡긴 데는 그만한 이유가 있다. 이순지는 서울의 위도가 38도 조금 넘는다고 계산한 일이 있었다. 세종은 이순지의 값이 틀린 줄 알고 있었는데 얼마 뒤 중국에서 얻어온 역서에서 그것이 정확함을 알고 탄복했다. 지금 서울의 위도는 38도가 채 안 된다. 그러나 그때는 원둘레를 360도 아닌 360 1/4도 기준으로 했기 때문에 38도가 넘는 값이 나왔던 것이다.

세종은 즉위 초에 이미 신하들에게 중국의 천문·역법을 연구해 우리 실정에 맞게 고칠 것을 지시한 일이 있다. 고려는 원의 수시력을 도입했으나 기술적으로 해결하지 못한 점이 있었다. 명의 대통력도 고려 말에 얻어 왔으나 이를 소화할 시간의 여유가 없었다. 따라서 중국 역법의 이해와 수용은 조선의 과제로 넘어 왔는데 세종이 이를 서둘러 해결한 것이다.

세종은 정흠지, 정초, 정인지를 시켜 《칠정산》 내편을 만들게 하고 이순지와 김담에게는 《칠정산》 외편을 편찬하게 했다. 그러나 내편도 실제로는 이순지와 김담이 주로 편찬한 것으로 보인다. 《칠정산》 내편은 수시력을 바탕으로 대통력을 참고해 우리 실정에 맞게 교정한 역서이고 《칠정산》 외편은 명에서 이슬람력을 번역한 회회력을 연구해 다시 정리한 역서이다. 《칠정산》은 1973-4년에 유경로, 이은성, 현정준의 역주가 출판되었다.

천문학자 이순지는 세종 대에 실시된 양전(量田, 토지조사)에도 참여했다. 칠정산이 완성된 다음 해인 세종 25년 이순지는 김담 등과 함께 경기도 지방의 양전을 감독했다. 그때의 세금은 토지에서 나오는 것이 대종을 이루었으므로 불규칙한 모양을 한 땅의 넓이를 정확히 재는 사업이 매우 중요했다. 세종은 이순지와 김담이 아니었다면 양전 사업을 어떻게 했겠느냐고 하며 공로를 치하했다.

《칠정산》을 만든 비슷한 시기에 이순지와 김담은 세종의 명을 받아 수시력과 대통력을 참고해 6권의 통궤본을 교정, 편찬했다. 이것은 《칠정산》 내편의 각 장에 해당한다. 세종 27년 이순지는 《제가역상집》(諸家曆象集)을 엮어 냈다. 이 책은 천문, 역법, 의상, 구루의 네 부분으로 나뉘어 있는데 세종 대 천문학의 이론적 배경을 이룬 중국자료를 모아 분류해 놓은 것이다.

이순지는 세종 이후에도 여러 관직을 역임했다. 문종 대에 검지중추원사, 호조참의, 단종 대의 예조참판, 호조참판을 맡았고 세조 대에도 한성부윤, 공조참판, 서문관제조 등을 거쳤다. 세조 11년 이순지가 죽자 왕은 정편이란 시호를 내렸다.

5

김담과 《칠정산》

세종이 다스린 15세기 전반 조선은 문화의 꽃을 활짝 피웠다. 세종은 문화의 모든 분야에서 뛰어난 업적을 냈지만 특히 과학기술에서 두드러진 성공을 거두었다. 같은 시대 유럽은 르내상스가 한창이었으나 근대과학을 낳은 과학혁명은 한 세기를 더 기다려야 했다. 세종은 웅대한 과학기술정책을 세우고 온 나라의 인재들을 모아 과제를 맡겨 연구개발하게 했다. 세종 대 과학에서 가장 볼 만한 성과는 '제왕의 학문' 천문학에서 나왔다. 왕조가 새로 시작하면 반드시 새 역법을 만들게 되어 있으므로 천문학은 세종에게 가장 중요한 학문일 수밖에 없었다. 세종은 이천, 장영실, 김돈 등을 북경에 보내 천문기기 제작을 준비하게 했다. 여러 가지 천문관측기구(간의, 혼의, 일구)와 시간측정기구(자격루, 옥루)가 만들어져 경회루 옆에 모습을 드러냈다. 역법은 정인지의 지휘로 시작했으나 성과가 부진하다가 이순지, 김담의 투입으로 활성화되었다.

김담(金淡, 1416-64)은 태종 16년에 태어나 19살이던 세종 17년(1435) 문과 정시에 급제했고 집현전 정자(正字, 정9품)로 뽑혔다. 김담은 역법을 맡고 있던 이순지(李純之)가 모친상을 당했을 때 승정원의 추천을 받아 발탁되었다. 세종은 이순지와 김담을 명(明)에 사신으로 보내 중국과 아랍의 역법을 연구하게 했다. 김담은 세종의 총애를 받았고 연달은 가족의 불행을 당하며 귀향을 간청한 김담을 왕은 놓아 주지 않았다. 정흠지, 정초, 정인지를 이어 이순지와 함께 10년 만인 1442년에 《칠정산》(七政算)의 편찬을 마쳤다. 내편은 중국의 수시력(授時曆)과 대통력(大統曆)을 서울의 위도에 따라 교정한 것이고 외편은 중국에 도입된 회회력(回回曆, 이슬람력)의 오류를 바로잡고 더욱 발전시킨 것이다. 김담은 집현전에서 머문 17년 동안 간의대(簡儀臺)에서 대간의, 소간의, 규표, 혼의, 혼상 등 기기들을 가지고 관측하면서 《칠정산》을 교정했다. 그는 또한 혜성을 관측했고 역산을 해서 일·월식을 예측했다. 조선은 꾸오슈징(郭守敬)이 아랍 역법을 도입해 만든 수시력을 토착화하는 데 성공한 것이다.

일본은 조선통신사의 일원으로 일본에 간 나산(螺山) 박안기(朴安期)에게 오카노이 겐테이(岡野井玄貞)가 역법을 배웠고 그의 제자 시부카와 하루미(澁川春海)가 1683년에 정향력(貞享曆)을 만들었으니 조선보다 241년 늦은 셈이다. 조선 초기에 우리가 중국의 첨단과학을 따라갈 수 있었던 것은 고려 때부터 오래 축적된 아랍과학이 기초가 되었겠지만 세종의 탁월한 리더십과 과학자들의 무서운 노력의 결실이었다. 17세기에는 우월한 서양 천문학의 영향을 받은 시헌력(時憲曆)을 받아들였다가 대한제국이 출범한 1896년 태양력을 채택함으로써 중국 역법은 종말을 보게 되었다.

김담은 천문학 이외에도 양전(量田) 사업에 참여해 세금 개혁을 했고 우리말의 음의를 보정한 업적을 남겼다. 서운관을 떠난 다음에는 전라도 관찰사, 상주목사, 충주목사, 안동부사, 경주부윤을 역임했고 별세하기 한 해 전인 47살에 이조판서를 지냈다. 그가 태어난 영주의 집은 내리 세 사람의 판서를 냈다고 해서 삼판서고택(三判書古宅)로 불린다. 김담은 성삼

문, 박팽년, 하위지, 김시습과 가까이 지냈고 불교 배척, 부패 탄핵과 관련해 여섯 번이나 상소를 올린 대쪽 같은 유학자였다.

김담의 천문학에 관해서는 지난 30년 동안 석사논문 3편(이면 -서울대, 김동빈-충북대, 김진혁-동국대)과 박사논문 2편(이은희 - 연세대, 안영숙-충북대)이 나왔고 논문이 50편쯤 된다. 2015년 9월 24일 한국과학사학회, 소남천문학사연구소, 고등과학원 주최로 '천문학자 김담 탄생 600주년 기념 학술회의'가 열렸는데 8편의 논문이 발표되었다. 10월 10일에는 과천과학관에서 '천문학자 김담의 밤'이 천문학자(박창범)와 역사학자(문중양)의 토크쇼 형식으로 있었다. 2016년 10월에는 '김담 탄생 600주년 기념 국제학술회의'가 영주 동양대에서 있었다.

정부가 2003년에 연 과학기술인 명예의 전당에는 33명의 과학기술자들이 헌정되었다. 그 가운데는 세종을 비롯해 세 분의 15세기 과학기술자들이 들어 있다. 천문기기를 제작한 이천과 장영실, 역법에서 기여한 이순지가 올랐는데 이순지의 공동연구자 김담이 빠진 것은 이해할 수 없다.

6

장영실과 자격루

조선 초기에 활약한 장영실(蔣英實, 1390?-1450?)은 우리나라 역사상 가장 뛰어난 기술자였다. 그는 갑인자 주조에서 혼의, 혼상, 규표 등 각종 천문기기 제작에 이르기까지 관여하지 않은 분야가 거의 없을 정도이다. 그러나 그는 아무래도 시계 제작자로 세계기술사에 남을 사람이다.

장영실의 업적은 확실하지만 그의 생애에 대해서는 별로 알려진 것이 없다. 세종실록에 따르면 장영실의 아버지는 원(元)의 소 항주(蘇 杭州) 사람이었는데 원이 망할 때 조선에 왔다고 전해진다. 어머니는 기생이었고 동래현의 관노로 있다가 태종 때 재주를 인정받아 궁 안으로 들어갔다. 다른 기록에 보면 그의 고향은 충청도 아산인 것 같다.

세종은 장영실의 능력을 아껴 1421년(세종 3년) 중국에 보내 천문의기를 연구하고 오게 했다. 이듬해 세종이 그에게 상의원 별좌 자리를 내리려 했을 때 신하들은 극력 반대했으나 세종 7년에 끝내 임명했다. 그는 세종 15년 호군의 자리에까지 올라갔다.

시계의 역사는 오래다. 삼국사기에 보면 물시계는 8세기 초 처음 만든 것으로 되어 있다. 그때 누각전이 설치되고 누각박사(漏刻博士)를 두어 물시계 제작, 시간 측정, 이론적 문제를 지휘 감독하게 했다. 그리고 일본에도 누각박사를 파견했다. 당시 보루라는 물시계는 항아리 한쪽에 구멍을 뚫고 그것을 받는 그릇에 눈금을 새긴 잣대를 띄워 잣대가 떠오르는 것으로 시각을 알게 한 것이었다.

물시계는 날마다 물을 갈아 주어야 할 뿐 아니라 사람이 지켜 서서 시간을 보아야만 했고 시간마다 종을 쳐서 알려야 하는 불편이 있었다. 송(宋)의 소송(蘇頌)이 11세기에 거대한 자동물시계를 발명했으나 그가 죽은 뒤에는 아무도 그것을 다시 만들지 못했다. 그 뒤 12세기에 아랍에서 쇠로 만든 공이 굴러 떨어지면서 종과 북을 쳐서 자동적으로 시간을 알리는 물시계를 만들어 냈다. 세종은 이런 자동물시계를 만드는 것이 꿈이었다. 이 큰 일은 이미 경점지기(更點之器)라는 시계를 만들어 본 장영실에게 맡겨졌다. 장영실은 정인지와 정초가 수집한 자동물시계에 관한 문헌을 연구하고 중국에 가서 익힌 경험을 바탕으로 그 일을 해내고야 말았다. 세종 16년(1439) 7월 1일이었다.

경복궁 경회루 남쪽에 보루각(報漏閣)을 지어 자격루(自擊漏)를 설치했다. 자격루가 움직이자 12시신이 돌아가면서 시각을 나타내면 그때마다 저절로 종이 울리고 밤에는 북이 울려 초경에서 5경까지 알렸고 그 사이에 점을 알리는 징이 울렸다. 자격루가 울리면 광화문의 문지기들이 북을 쳐서 서울 장안에 알렸다.

장영실은 자격루 제작에 성공한 뒤 또 하나의 자동물시계를 구상했다. 그것은 시각만 알리는 자격루와 천체의 운행을 관측하는 데 쓰이는 혼천의(渾天儀)를 합친 것이었다. 이렇게 해서 세종 20년 옥루(玉漏)가 완성되어 흠경각(欽敬閣)에 설치되었다. 이것은 금빛으로 장식한 태양이 움직이고 천사와 관리의 모양을 인형으로 만들어 시각에 따라 인형들이 나타나 방울을 울려 주게 되어 있는 자동인형을 장치한 물시계였다.

이렇게 혁혁한 공을 세운 장영실의 말년은 비참했다. 세종 24년 그의 감독 아래 임금이 탈 가마를 만들었는데 튼튼하지 못해 부서졌다. 그는 의금부에 굴려가 문초를 받았고 곤장 백대의 형을 받았다. 80대로 감형되었으나 불경죄로 파직 당했다. 그 뒤 장영실이 어떻게 지냈는지는 알 도리가 없다. 위대한 장인이 어이없는 일로 망각에 묻힌 것이다.

세종 자격루는 만든 지 20여 년 만에 고장이 났는데 장영실이 죽은 뒤여서 고치지 못했다. 그것은 임진왜란 때 타 버렸다. 중종 때 다시 만들어진 자격루는 크게 손상된 채 남아 지금 덕수궁에 옮겨 있다. 옥루는 상세한 기록만 남아 있을 뿐, 다시 만들어지지는 않아 그 모습을 알 수 없다. 중종 자격루는 국보 229호이며 만원권 지폐에 세종의 초상화와 더불어 들어가 있다.

대전 엑스포가 열린 1993년에 자격루를 복원 전시하자는 운동이 일어났다. 이 문제를 오래 연구해 온 남문현이 1990년 자격루연구회(초대 회장: 전상운)를 만들었다. 남문현은 23년 걸려, 2007년 자격루를 복원하는 데 성공했다.

7

허준과 《동의보감》

한국의학은 삼국 시대 이래 중국의학의 압도적인 영향 아래 발전해왔다. 고려 중기부터 향약(鄕藥) 장려운동이 일어나기 시작했는데 이것은 약의 국산화를 뜻한다. 세종은 향약정책을 적극적으로 펴 의약의 중국의존에서 탈피하려 애썼다. 허준의 《동의보감》은 이런 일련의 움직임의 빛나는 결실이라 할 수 있다.

허준(許浚, 1539-1615)은 명종 원년 김포에서 태어났다. 그의 집안은 양반이었으나 첩에게서 나온 서자였으므로 벼슬길에 나갈 수가 없었다. 그는 갖은 멸시와 천대를 받으며 실의와 좌절 속에 빠졌다. 그는 아버지의 주선으로 경남 산청에 가 명의 유의태에게 의술을 배우게 되었다. 의과시험에 합격한 허준은 곧 이름을 날려 29살부터 왕실에 출입했다.

선조의 시의가 된 허준은 왕의 병환을 고치고 왕자의 두창을 치료해 여러 번 상을 받았다. 1592년 임진왜란이 일어나 선조가 평양, 의주로 피난했다가 이듬해 환도했다. 허준은 시종 왕을 따라다니며 보살펴 왕의 신임을 받게 되었으며 호종공신의 자리에 올랐다. 그 뒤에도 포상과 승진이 계속되자 사관원과 사헌부는 이를 시기해 번번이 왕에게 취소할 것을 간청했으나 왕은 이를 물리쳤다.

선조가 허준의 비방(秘方)에도 불구하고 돌아갔을 때 광해군은 일단 허준을 파직하고 유배하는 데 동의했으나 곧 원숙한 내의가 필요하다고 불러들였다. 이렇게 주위의 끈질긴 모함에도 불구하고 허준이 왕의 곁을 지킬 수 있었던 것은 그의 의술이 탁월했기 때문이다.

선조는 허준에게 예부터 내려오는 중요한 처방을 모아 백성들이 보고 병을 다스릴 수 있도록 쉬운 의서를 만들라고 명했다. 허준은 여러 의인들과 함께 의서를 모으기 시작했으나 정유재란으로 작업이 중단되었다. 그 뒤 선조는 내장서 5백 권을 주어 편찬 사업을 계속하게 했다. 허준은 14년 각고 끝에 1610년 《동의보감》(東醫寶鑑)을 완성했다. 광해군은 내의원에 동의보감을 반포하도록 명하고 좋은 말 한 필을 내려 노고를 치하했다.

《동의보감》은 25권 25책으로 되어 있는데 내경편(內景篇), 외형편(外形

篇), 잡병편(雜病篇), 탕액편(湯液篇), 침구편(鍼灸篇) 등 다섯 편으로 나뉜다. 탕액편에서는 약 이름에 속명까지 한글로 적어 넣고 있다. 또한 국산 약을 자세히 소개하고 있는데 탕액편에 수록된 1402종의 약 가운데 중국에서 들어온 당약은 90종에 지나지 않고 나머지는 다 향약이다.

《동의보감》의 각 항목에는 해당 병론과 고금의 처방들이 일목요연하게 나와 있을 뿐 아니라 속방과 허준 자신의 경험방까지 덧붙여 있다. 항목은 병증을 중심으로 나누어져 있어 의방서들을 일일이 참고할 틈이 없는 의사들도 손쉽게 고금 의방을 볼 수 있게 되어 있다.

선조가 내 준 5백 권의 의서 가운데《동의보감》에 실제로 인용된 것은 86권이다. 이 가운데 우리나라 책은《의방유취》(醫方類聚),《향약집성방》(鄕藥集成方),《의림촬요》(醫林撮要) 등 세 가지뿐이고 나머지는 모두 중국책이다. 그래서《동의보감》을 중국의학서적의 단순한 요약으로 보기 쉬우나 우리나라의 본초학적 지식을 발굴한 독창성은 곳곳에서 엿보인다.

한의학자 정우열에 따르면《동의보감》의 우수성은 네 가지로 요약될 수 있다. 첫째, 그것은 도가사상의 영향을 받은 양생법을 강조하고 있고 따라서 일종의 예방의학이다. 둘째, 그것은 향약정책을 따라 민중을 위한 의학을 실현했다. 셋째, 동의라는 표현에서 드러나듯이 허준은 우리나라의 특성에 맞는 한국의학을 지향했다. 넷째, 그것은 임상에서 치료효과가 실증된 실용의학이다.

《동의보감》은 그 가치를 널리 인정받아 1724년 일본에서 간행되었고 중국에서도 1763년 이래 거듭 간행되었다. 지금도 중국, 대만, 일본에서 계속 영인본이 나오고 있어 불멸의 가치를 지닌 책임을 보여 준다. 오늘날 모든 한의사들이 반드시 갖추어야 할 의서가 바로 《동의보감》이다.

허준은 그 밖에도 전염병을 막는 데 앞장서 이에 관한 책 《신찬백온방》(新纂辟瘟方), 《벽역신》(辟疫神方)을 썼다. 또 산부인과에 관한 《태산집요》(胎産集要)와 급한 병을 다스릴 수 있는 방법을 소개한 《구급방》 등을 한글로 쓰기도 했다. 허준은 69살에 세상을 떠나기까지 빛나는 업적을 남겼고 그 결과 동양의학에서 우뚝한 존재가 되었다.

8

홍대용과 지전설

서양에만 있는 줄 알았던 지전설(地轉說)이 동양에도 있었다는 것은 놀라운 일이다. 그런데 그것이 일본, 중국에도 없고 한국에만 있으니 신기하기만 하다. 지전설을 생각한 학자는 17세기부터 여럿인데 가장 중요한 이가 홍대용(洪大容, 1731-83)이다.

홍대용은 충남 천원군에서 태어나 김원행(金元行) 문하에서 공부했다. 그는 박지원(朴趾源), 박제가(朴齊家), 이덕무(李德懋), 유득공(柳得恭) 같은 실학자들과 교류했고 천문학, 수학, 역산학, 음악, 병법 등에 관심을 가졌다. 그는 1765년 숙부의 연행에 수행해 북경에 두 달 머문 일이 있다. 그때 네 번이나 남천주당을 찾아 예수회 선교사 출신 흠천감정(欽天監正) 할

러슈타인(August von Hallerstein, 유송령, 劉松齡)과 부정(副正) 고가이술(Anton Gogeisl, 포우관, 鮑友管)을 만났다. 그의 기행문 《유포문답》(劉鮑問答)은 이때의 필담 내용을 담은 것이다.

홍대용의 다른 책 《의산문답》(醫山問答)은 자연철학과 과학을 다루고 있다. 그것은 허자(虛子)와 실옹(實翁)의 대화체로 되어 있는데 허자는 30년 독서로 동양의 모든 지식에 통달한 사람이고 실옹은 북경에서 자기 학문의 공허를 뼈저리게 느껴 귀국 길에 산에서 만난 사람이다. 허자와 실옹은 성리학과 새 학문으로 대표되는 홍대용 자신의 두 모습이다.

홍대용은 북경에 가기 6년 전 나주의 기술자 나경적(羅景績)에게 천문기구의 제작을 의뢰한 일이 있다. 여기서 만든 혼천의와 후종을 집 마당에 꾸민 호수의 섬에 보관했다. 이 사설 천문대에 농수각(籠水閣)이란 이름을 붙였다.

홍대용의 자연철학은 전통적 자연관을 부정하는 데서 시작한다. 그는 이기설과 음양사상을 비판했고 재이설(災異說), 풍수지리설은 미신이라고 했다. 그러나 그가 전통적 자연관을 전면 거부한 것은 아니었다. 다만 그는 서양과학을 받아들여 도가적 자연관과 조화시키려 했다. 그는 5행설을 거부하고 4원소설 비슷한 것을 구상했다. 곧 그는 화, 수, 토에 기를 합친 이중구조로 물질세계를 파악했다. 또한 그는 생명을 초목, 짐승, 인간으로 나눔으로써 아리스토텔레스 냄새를 풍겼다. 여기서 우리의 주목을 끄는 것은 우주에 관한 홍대용의 대담한 생각이다. 그는 지구가 지름이 3만 리, 둘레가 9만 리이고 하루 한 번씩 스스로 돌아 낮과 밤을 이룬다고 했다. 중국에서 나온 서양 천문학 책에 그리스사람들이 지구의 자전을 믿었다는 것이 소개되어 있었으므로 이것을 독창적인 견해라고 보기는 어렵다. 홍대용의 우주 체계는 당시 우리나라에 널리 퍼져 있던 티코(Tycho Brahe, 1546-1601)의 우주 체계에 지구의 자전을 덧붙인 것이라 할 수 있다.

홍대용에 따르면 지구는 기로 둘러싸여 있다. 기는 지구의 자전에 따라 소용돌이를 만든다. 이 소용돌이는 지구 둘레의 모든 것을 지구로 떨어지게 해주는 상하지세를 낳는다. 그러나 상하지세가 다른 천체에까지 미치는 것은 아니다. 우주에서는 꼭 어디가 중심이라고 말할 수 없다. 우주는 무한하며 그 속에서는 모든 세계가 서로 상대적이다. 별에서 보면 지구가 곧 별이다. 그러므로 지구에 인간이 있듯이 별에도 인간 같은 지적 존재가 있을 수 있다.

홍대용의 말년에 북경을 방문한 박지원은 선배인 홍대용의 지전설과 우주인설을 중국 사람들에게 자랑했다고 한다. 이것은 그 출처는 어쨌든 당시로서는 대담한 생각이 아닐 수 없다. 그러나 이런 선진적인 사상은 홍대용이 처음은 아니었다. 그가 존경했던 이익(李瀷)도 그와 비슷한 우주론을 내놓았으며 그에 앞서 17세기 말 김석문(金錫文)은 지전설을 담은 역학적인 세계상을 제시했다. 그보다 더 올라간 시기에 송이영(宋以穎)과 이민철(李敏哲)이 만든 천문시계에 자전하는 지구의가 장치된 것을 보면 지전설은 17세기 중엽 이미 조선에 있었다고 할 수도 있다.

조선 학자들의 지전설이 독창적인 것인가를 둘러싸고 세계 학계는 갈라져 있다. 홍이섭, 민영규, 다무라(田村專之助, 일본), 시(席沢宗, 중국) 등은 독창적이라 보며 천관우, 전상운, 손영종(북한), 야부우치(藪內清, 일본), 시빈(Nathan Sivin, 미국) 등은 부정적이다. 당시 중국을 통해 서양천문학이 널리 알려져 있었던 것으로 보아 실학자들이 그 영향을 받지 않았다고 생각하는 것은 무리다. 그러나 예수회 선교사들이 틀렸다고 가르친 것을 뒤집어 지전설을 주장한 만큼은 독창성이 있다고 보는 박성래의 견해는 설득력이 있어 보인다.

9

정약전과 《자산어보》

다산 정약용의 형 손암(巽庵) 정약전(丁若銓, 1758-1816)이 2012년 '과학기술인 명예의 전당'에 올랐다. 왜 정약용이 아니고 정약전인가? 이런 의문을 가진 사람들이 많을 것이다. 이 해 탄생 250주년을 맞은 다산은 거중기, 화성, 종두 등으로 널리 알려진 훌륭한 과학자다. 물론 다산도 유력한 후보였다. 그러나 심사위원들은 한 업적으로 빼어난 정약전을 내세우기로 의견을 모았다. 그 결과 마지막 투표에서 형제 대결은 없었는데 놀랍게도 정약전은 강철왕 박태준을 넉넉하게 꺾었다.

25살에 장원 급제한 정약전은 일찍이 이벽, 이승훈 등과 교류하면서 서학에 깊이 빠졌다. 중국을 통해 들어온 서양과학서 탐독은 그의 일생을 바꾸었다. 1801년 천주교도들을 탄압한 신유사옥으로 신지도에 귀양 간 그는 6년 뒤 흑산도로 옮기면서 근해의 물고기 연구에 몰두하게 되었다.

정약전은 물고기들을 채집해 관찰했고 섬사람들을 널리 만나 정보를 수집했다. 특히 통찰력이 뛰어난 장창대의 도움을 크게 받았다. 중국 문헌을 찾아 비교하면서 분류체계를 세우고 정리하는 작업을 했다. 수산물을 어류, 패류, 조류, 해금, 충수류로 나누어 226종의 명칭, 분포, 크기, 형태, 생대, 습성, 용도를 자세히 기록했다. 7년 걸려 1814년 완성한 것이 《자산어보》다. 그가 죽기 2년 전이었다.

《자산어보》(玆山魚譜)는 말년에 찰키스(Chalcis) 섬에서 해양동물 분류체계를 세운 아리스토텔레스(Aristoteles)의 《동물학》, 《동물의 부분), 중국 명대 리시진(李時珍)의 《번차오강무》(本草綱目, 1578)에 비견된다. 《자산어보》가 알려지기 시작한 것은 정약용을 통해서였다. 정약용은 형의 묘지명에 정약전이 유배지에서 《자산어보》 2권을 지었다고 쓰고 있다.

《자산어보》는 여러 필사본들이 전하는데 수산학자 정문기(1898-1995)가 1930년대부터 꾸준히 연구했다. 그는 이것을 한글로 옮겨 1977년 지식산업사에서 펴냈다. 과학사학계에서는 일찍이 《조선과학사》(1944, 1946)에서 홍이섭이 간단히 소개했으나 2002년 서울대 과학사 및 과학철학 협동과정에서 정명현(임원경제연구소장)의 석사학위 논문이 나왔다. 《자산어보》는 김훈, 오세영, 김영주의 소설로 널리 알려졌다. 흑산도에는 정약전 기념관이 세워져 과학교육에 큰 몫을 하고 있다.

10

김정호와 《대동여지도》

우리나라에서 지도를 만든 역사는 오래다. 고구려 고분벽화에 그림지도가 보이며 백제가 일본에 지리책을 보냈다는 사실이 그쪽 기록에 나온다. 고려시대에도 지도가 있었다는 얘기는 여기저기에 보이나 남아 있는 것은 없다. 조선 전기에는 여러 가지 세계지도와 조선지도가 만들어졌다. 조선시대 지도 제작의 전통의 절정을 이룬 것이 고산자(古山子) 김정호(金正浩, 1804?-1866?)의 《대동여지도》(大東輿地圖)이다.

조선 초 정척(鄭陟)과 양성지(梁誠之)가 만든 《동국지도》(東國地圖)는 영조 때 정상기(鄭尙驥, 1678-1752)의 《동국지도》(8도도, 八道圖)로 이어졌고, 다시 김정호는 이것들을 발전시켰다. 김정호가 1834년 완성한 《청구도》(靑邱圖) 2첩은 그의 첫 업적이었는데 그것은 두 《동국지도》를 더 정밀하게 확대한 것이었다. 10여 개의 필사본이 국내외에 전하고 있다.

《청구도》의 특징은 축척이 크고 현대의 대축척 지형도처럼 일정한 크기의 지도로 구분되어 있는 것이다. 전국을 남북 29층, 동서 22판으로 나누어 방안을 만들었다. 방안 하나의 크기는 남북으로 100리, 동서로 70리가 되도록 구획했고 지도의 축적은 16만 분의 1이 된다.

4면 크기의 신라, 고려, 조선의 지도는 행정구역과 지명의 시대적 변천을 개관할 수 있는 역사지도이다. 현대 지도책에서와 같이 자세한 범례와 부록으로 행정구역별 전답, 민호, 남녀 인구 등이 표로 나와 있다. 청구도에는 지형, 성곽, 창고, 봉수, 교량, 토산, 인물, 풍속, 사찰, 고적 등이 상세히 적혀 있어 지도뿐만 아니라 지지(地誌)를 겸하고 있다.

김정호는《청구도》를 완성한 지 27년 만인 1861년《대동여지도》초판을 만들고 손수 판각해 발간했다. 그것은《청구도》의 자매편으로 그 부족한 점을 보충하고 일반 사람들이 쓰기에 편리하도록 만들었다. 또한 각층이 연속되는 일련의 지도로 되어 있고 각층의 지도를 순서대로 맞추면 조선전도가 되도록 고안되어 있다. 그 크기는 길이 7미터, 폭 3미터로 특수한 건물이 아니면 걸 수도 없다.

이회(李薈)의《8도도》에서 선으로 산맥을 표시하는 방법과 묘도에서 산과 산줄기를 표시하는 독특한 방법을 결합시켰다.《대동여지도》에는《청구도》같은 지지적인 내용의 기재는 볼 수 없다. 그것은 순수한 지도로 만든 것이어서 지지는 뒤에 만든《대동지지》로 미룬 듯하다.《대동여지도》에서는 도로를 직선화했고 10리마다 점을 찍어 거리를 추정할 수 있게 했다.《대동여지도》의 도로 표시는《청구도》와는 비교가 되지 않을 정도로 상세하다.

《대동여지도》의 정확도는 놀라워서 일제 때 육군이 측량해서 만든 지도와 흡사하다. 현재의 지도와 비교하면 해안선과 지형이 거의 같다. 다만 동북부 압록강 상류와 동해 울진 부분이 좀 다른데 중강진이 80 km 위로, 울진이 20 km 더 나가 있다.

김정호는 단순한 지도 제작자에 그치지 않고 참으로 위대한 지리학자였다. 그런데 안타까운 일은 그의 생애가 거의 알려지지 않았다는 것이다. 출생지와 태어나고 죽은 해가 분명하지 않다. 황해도 출신으로《대동여지도》를 목판으로 찍어 대원군에 바쳤다가 나라의 기밀을 누설했다고 잡혀 옥사한 것으로 되어 있으나 확증은 없다.

청도 김 씨라는 것은 확인되었으나 무슨 까닭인지 족보에도 빠져 있다. 김정호가 최한기의 친구였고《대동여지도》의 재판을 1864년 간행했으며 대동지지에 민비의 대혼 사실이 적혀 있는 것으로 보아 이찬은 그의 생애를 1804년에서 1866년으로 추정하고 있다.

김정호는 중인 출신이었던 것 같으나 서자였는지 가톨릭 신자였는지 아직도 결말이 나지 않았다. 후손은 없었을 가능성이 많다. 서울에서는 만리재(지금의 만리동)에 살았고 가난해서 부인이 광주리장사를 했다는데 확인할 길이 없다. 어쨌든 그의 생애가 그다지 행복하지 못했으리라는 짐작은 쉽게 할 수 있다.

친구 최한기(崔漢綺)가《청구도》의 제서에 쓴 것을 보면 김정호는 소년 때부터 지지에 뜻을 두고 오래 자료를 섭렵하고 깊은 사색을 했다. 유겸산의 이향견문록에는 김정호의 재주가 비상했고 그 상세하고 정밀함은 고금에 견줄 바가 아니었다고 써 있다. 1986년 북한에서 강학태가 김정호의 생애를 중심으로 장편소설《조선의 아들》을 써냈다. 수원에 있는 지리원 뜰에는 김정호의 동상이 세워져 있다.

11

이제마와 사상의학

한국의학은 고대 이래 중국의학의 압도적인 영향 아래 발달해 왔다. 약간의 변용이 있기는 했지만 한국의학은 중국의학과 거의 같다고 보아도 틀리지 않는다. 19세기에 이르러 이 땅에서 사상의학이라는 독창적인 의학이 나온 것은 주목할 만한 일이다. 서양에서는 히포크라테스로부터 여러 가지 체질을 분류한 시도가 있었으나 동양에서는 이제마의 4상의학이 처음이다.

이제마는 1838년 함흥에서 태어났다. 그의 아버지가 주막에서 취해 잠들었을 때 주모가 모자라고 과년한 딸을 붙여 주었다는 얘기가 전해 온다. 그를 나을 무렵 할아버지가 제주도에서 좋은 말을 얻는 꿈을 꾸어 제마로 이름 지었다고 한다. 큰 아버지에게 한문을 배웠는데 놀기를 좋아했으면서도 비범한 재주를 보여 12살에 이미 놀라운 풍자시를 지을 정도였다. 칼 쓰기, 활쏘기를 즐겼고 무인될 꿈을 꾸었기 때문에 호도 동무(東武)로 지었다.

이제마는 쉰이 다 되어 별선무과에 합격, 진해현감과 병마절제사를 지냈다. 함흥에서 최문환이 난동을 부렸을 때는 기지를 써서 사로잡아 수습해서 이름을 날렸다. 그 공을 인정받아 관찰사 대리가 되었고 이어 고원 군수를 역임했으나 오래지 않아 관직을 내놓고 의업에 전념했다.

이제마의 일생은 결코 행복하지 않았다. 그는 적자 같이 돌보아 주라는 할아버지의 당부에도 불구하고 서자의 설움을 톡톡히 받았다. 그는 어려서부터 병약했다. 명의의 치료를 받았으나 병을 못 고쳤고, 스스로 고전을 연구해 처방해 보아도 안 되었다. 이것이 그가 기존 의학에 회의를 품게 된 이유였던 듯하다.

이제마는 4서3경에 능통했고 도가사상, 복서도 깊이 알고 있었다. 그는 특히 주역을 파고들어 의학의 근본원리를 재검토하기에 이르렀다. 그는 태극이 양의를 낳고 양의가 4상(태양, 소양, 태음, 소음)을 낳는다는 것에 흥미를 느꼈다. 이것을 인체에 적용해 기질을 따라 4상인을 나눌 수 있다고 했다.

4상의학에 따르면 사람은 날 때부터 절대로 변할 수 없는 네 가지 체질이 있다. 체질에 따라 용모, 기질, 행동, 성격, 식성, 기호가 다르다. 약물에 대한 반응도 다르므로 약은 4상에 따라 가려 써야 한다. 이제마는 사람들을 접촉할 때 기질과 성격을 면밀히 관찰했고 4상의 어디에 속한다는 것을 지적했다. 그는 심지어 환자와 침식을 같이하며 체질 감별에 몰두할 만큼 극성이었다.

이제마는 1894년 《동의수세보원》(東醫壽世保元) 2책을 펴냈다. 그는 여기서 자기의 4상이 독창적임을 과시하면서도 처방은 옛 것을 응용했다고 겸손을 보인다. 《동의수세보원》은 성명론, 4단론, 확충론, 장부론, 의원론, 광제설, 4상인변증론의 7편으로 이루어져 있다. 태양인은 폐가 크고 간이 작으며 태음인은 그 반대다. 소양인은 비가 크고 신이 작으며 소음인은 그 반대다. 5장에서 심과, 폐, 비, 간, 신의 관계는 주역의 태극에 대비된다. 그는 4상인을 통계적으로 연구하기도 했는데, 1만인 가운데 태음인 5천, 소양인 3천, 소음인 2천, 태양인은 10 이내다.

이제마는 자신을 포함한 생체실험을 통해 4상약리학을 개척했다. 그는 4상 체형에 적합하지 않은 약을 쓰면 약효가 나타나지 않고 해독이 생긴다고 했다. 예컨대 같은 두통에도 태양인은 길경, 승마, 원지, 소양인은 계지, 당귀, 천궁, 소음인은 생지황, 석고, 황련을 써야 한다. 한방에서는 체질에 관계없이 음증에는 온열제인 인삼, 부자, 당귀를, 양증에는 냉제인 석고, 대황, 망초, 시호를 쓴다. 그러나 4상의학에서는 양형(열을 가진)에 속한 체질에는 음증의 병(사지가 참, 설사)에도 온열제를 쓸 수 없고 음형(냉을 가진)에 속한 체질은 양증의 병(두통, 변비)에도 냉제를 쓰면 안 된다.

이제마는 가재를 정리해 빈민들에게 나누어 주고 산천과 인물을 찾아 8도를 편력했다. 관직을 버린 다음에는 함흥에 보원국이라는 약국을 차리고 진료와 후진 양성에 열심이었다. 그는 《동의수세보원》을 증보 개편하다가 1900년 죽었다. 문하생 김영관, 한직연, 송현수 등이 이듬해 증보판을 완성해 냈다. 현대약리학은 환자의 개인차, 인종차가 크게 문제됨을 발견했다. 4상의학을 과학적으로 밝히는 것이 오늘의 과제이다.

8장

한국 현대 과학자들

1

지석영과 종두법

지석영(池錫永, 1855-1935)은 서울 교동(校洞, 지금의 낙원동)에서 한의원을 경영하던 중인 집안에 태어났다. 지익룡(池翼龍)의 막내아들이었고 자는 공윤(公胤), 호는 송촌(松村)이었다. 그는 한학을 배우면서 뛰어난 기억력을 보였다. 그는 일찍부터 서학을 동경했으나 뜻을 이룰 수 없었다. 그때 역관들이 샹하이(上海)나 광퉁(廣東)에서 서양과학의 한역서를 들여왔다. 그는 이들에게서 서양의서들을 구해 열심히 읽었다. 그가 특히 관심을 둔 것은 제너(Edward Jenner, 1749-1823)의 종두법이었다.

천연두(天然痘, 마마)가 우리나라에 유행하기 시작한 것은 4, 5세기쯤이었던 듯하다. 조선 후기까지 천연두의 예방 및 치료는 인두종법(人痘種法)을 썼다. 인두종법이란 무균상태에 이른 천연두 환자의 마마딱지를 정상인의 콧구멍에 접종시켜 면역을 갖게 하는 방법이다. 이 방법은 18세기 말 중국에서 들어와 널리 퍼졌으나 때로는 부작용이 일어나 말썽이 잇달았다. 이런 결점을 제거한 것이 우두종법이었다. 우두종법은 제너에 의해 만들어져 1805년 청에 전해졌고 1824년쯤 박제가(朴齊家), 정약용(丁若鏞) 등이 도입한 것 같다 정약용은 우두종법을 은밀히 시술했고 그 뒤 평안도, 황해도, 강원도에서 시도한 흔적이 있으나 중단되었다. 천연두는 사망률이 높을 뿐 아니라 낫는다 해도 곰보가 되므로 여자들에게는 특히 공포의 병이었다. 치료법은 없었고 귀신이 붙었다 해서 무당을 불러 굿이나 하는 것이 고작이었다.

1876년(고종 13년) 병자수호조약이 체결되면서 우두종법이 다시 들어올 기회를 얻었다. 그해 수신사 김기수가 일본에 갈 때 수원(隨員)으로 따라간 박영선은 제자인 지석영의 간청으로 준텐도의원(順天堂醫院)의 오다키(大瀧富三)에게 우두법을 배우고 구가(久我克明)의 종두구감(種痘龜鑑)을 얻어다 전해 주었다. 그러나 기구와 두묘(痘苗)가 없어 우두를 실시할 수는 없었다.

1879년 지석영은 조카가 천연두로 죽자 충격을 받고 양의에게 우두법을 배워야겠다는 생각으로 부산에 내려갔다. 일본인촌을 찾아다니며 우두법을 아는 사람을 찾았으나 말도 통하지 않고 막연하기만 했다. 우연히 만난 우라세(浦懶裕)가 지석영을 제생의원장(濟生醫院長) 마츠마에(松前讓)와 해군 군의 도츠카(戶塚積齊)에게 소개했다.

지석영은 두 달 동안 머물면서 그들에게 양의학의 기초 지식과 종두법 전반에 관해 배웠다. 여기서 그는 모관(毛管)이 5개씩 든 두묘 3병과 종두침 2개를 얻고 일본으로부터 사들인 《내과신설》(內科新說), 《부영신설》(婦嬰新說) 등 의학책과 《박물신론》(博物新論), 《격물입문》(格物入門) 등 과학책을 들고 부산을 떠났다. 서울로 오는 길에 그는 충주군 덕산면 처가에 들러 완강한 반대를 무릅쓰고 두 살 난 처남에게 접종했다. 이것이 한국인이 한국인에게 우두를 시행한 시초다. 두묘가 채장(采漿)한 지 오래된 것이어서 걱정했으나 나흘 만에 발진을 보았다. 안심한 그는 동네 사람들 42명에게도 접종했다.

1880년 지석영이 서울로 돌아왔을 때 마침 고종의 첫 아들 완화궁(完和宮)이 천연두에 걸려 죽고 둘째 아들 척(拓)이 겨우 살아나는 소동이 일어나 종두법이 관심을 끌 수 있는 좋은 기회였다. 그는 부산에서 조금씩 보내오는 두묘로 자기 집에서 양반 대가의 자녀부터 접종해서 크게 환영을 받았고 장안에 널리 소문이 났다. 그러나 두묘가 부족해 시술을 계속할 수 없어 스스로 두묘를 만드는 방법을 익혀야 할 필요를 느꼈다.

그 해 제2차 수신사로 김홍집 일행이 일본에 가게 되자, 지석영은 간청해서 수원으로 참가하게 되었다. 김홍집은 일본 외무성 이노우에(井上馨)를 통해 지석영에게 두묘 제조법을 가르쳐 주도록 부탁했다. 그는 토쿄에 머무는 28일 동안 세 차례나 내무성 위생국 우두종계소(牛痘種繼所)에서 기쿠치(菊池唐庵)에게 교습을 받았다. 그는 두묘의 제조(蓄藏法), 독우(犢牛)의 채장법, 사양법(飼養法) 등을 완전히 배운 뒤 두묘 50병과 《소아종두법》 등 의서를 가지고 귀국했다.

지석영은 서울에서 두묘를 만들어 종두를 실시했다. 한편 그는 일본 공사관 의관(醫官)으로 있던 해군 군의관 마에다(前田清則)에게 김정현(金鼎鉉), 남칠우(南七祐)와 함께 서양의학을 배우며 우두 제조에 도움도 받았다. 그는 어린이뿐 아니라 어른까지도 접종을 하게 됨에 따라 몹시 바빴다. 전국적으로 종두를 실시하는 것이 그의 꿈이었다.

지석영이 살던 시기는 한말 격동기였다. 1882년 임오군란이 일어나 보수파가 득세하고 다시 쇄국·배일정책이 나왔다. 지석영은 우두종법을 들여와 친일 매국한다는 비난을 받았고 조정은 체포령을 내렸다. 그는 몸을 피해 죽음을 면했으나 종두장은 난민들의 습격을 받아 불타버렸다. 그가 일본공사관 근처에서 살아 오해를 받았고 우두접종으로 타격을 입은 무당들이 유언비어를 퍼뜨렸기 때문인 듯하다.

정국이 바뀌어 민비가 재등장하자 지석영은 서울로 돌아와 종두장을 재건했다. 그는 전라도 어사 박영교의 초청을 받아 전주에 우두국을 설치하고 종두를 실시하면서 종두법을 가르쳤다. 이듬해에는 충청도 어사 이용호의 요청에 따라 공주에도 우두국을 만들어 크게 환영을 받았다. 그해 창간된《한성순보》에 외국의 종두에 관한 기사가 실려 종두법은 널리 알려지게 되었다.

그때 우리나라의 위생상태는 말이 아니었다. 전염병 예방대책은 전혀 없었고 유아 사망률이 높아 인구는 늘지 않았다. 답답함을 견디지 못한 지석영은 유생의 신분으로 왕에게 장문의 상소를 올렸다.

그것은 정부가 급진적인 개화정책을 쓸 것을 건의한 것이다. 지방의 대표자들을 뽑아《만국공법》(萬國公法),《조선책략》(朝鮮策略),《격물입문》(格物入門),《농정신편》(農政新編) 등 내외의 책들을 읽혀 개화와 산업 발전을 도모하라는 내용이었다. 왕은 이를 의정부에 보내 시행하겠다고 답했으나 이루어지지 않았다. 오히려 이것 때문에 갑신정변 이후 개화당으로 몰려 유배되는 봉변을 당했다.

지석영은 이렇게 종두법 보급에 진력하면서도 1883년 과거에 응시해 문과에 등제했다. 그는 차점인 을과를 할 정도로 실력이 뛰어났다. 당시 의인으로서 등제한 사람은 서재필과 지석영 둘뿐이다. 그는 공주우두국의 기초를 튼튼히 한 다음 늦게 상경해 가주서(假注書)로 발령을 받았다. 같은 해 성균관 전적(典籍)이 되었고 얼마 안 가 정5품인 사헌부 지평(持平)

으로 옮겨 앉았다.

갑신정변이 일어나자 지석영은 정계에서 은퇴해 근신하면서 저술에 착수했다. 1885년에 나온《우두신설》(牛痘新說)은 그동안 쌓은 지식과 경험을 종합한 것이다. 이 책은 한국에서 처음 나온 우두법에 관한 저서로 상하 2권으로 되어 있다. 상권에는 덕정(德貞, Jenner)의 우두고(牛痘考), 합신(合信, Hobson)의 종두론(種痘論), 구희(邱熺)의 인두략(引痘略) 서문 등이 실려 있고, 하권에는 우두의 실시, 천연두의 치료, 두묘의 제조, 독우의 사양·채장법이 간명하게 서술되어 있다. 1889년에 나온 이재하(李在夏)의《제영신편》(濟嬰新編)은《우두신설》을 발췌한 것이다.

같은 해 지석영은 우두교수관에 임명되어 전라도지방에 순회시종해 큰 성과를 거두었다. 그는 1887년 사헌부 장령(掌令)으로 있을 때 갑신 역당(逆黨)이라는 상소가 들어와 강진 신지도(薪智島)에 유배되었다. 그곳에서도 지석영은 여전히 우두를 실시했다. 5년 만에 유배에서 풀려나 서울로 돌아온 지석영은 1893년 교동에 우두보영당(牛痘保嬰堂)을 설립하고 많은 어린이들에게 시종했다. 1894년 갑오개혁과 함께 위생국이 종두를 관장하게 되었고 지석영은 떳떳하게 우두를 보급할 수 있었다.

김홍집 내각이 들어서면서 지석영은 형조참의(刑曹參議)로 불려 들어갔고 곧 승지(承旨)로 발탁되어 왕을 측근에서 도왔다. 그러나 얼마 안 되어 그는 대구 판관으로 전임되어 동학 토포사(討捕使)를 지내고 진주 목사, 동래 부사를 역임했다. 그는 가는 곳마다 우두 실시를 잊지 않았다. 1898년에는 지석영이 김영준으로부터 망명중인 유길준 등과 내통했다는 무고를 받고 황해도 풍천 초도에 10년 유배형을 받았다. 형지로 떠난 뒤 백일

만에 무죄가 판명되어 사면되기는 했으나, 43살 난 지석영은 이를 계기로 관계에 입신할 뜻을 버렸다. 마지막으로 중추원 이등의관(二等議官)을 지낸 지석영은 학부대신 이도재(李道宰)에게 관립 의학교의 설립을 건의했다. 그 전에도 이미 지석영의 권고로 1896년 내부소관 예산에 의학교의 비용이 계상되어 있었다. 그러나 준비가 불충분해 1899년에야 의학교 관제가 발표되었다. 한국 최초의 서양의학 교육기관이 탄생한 것이다.

지석영은 의학교가 서면서 교장으로 발령되었다. 그는 일본의 토쿄지케이의원의학교(慈愛醫學校)를 수료한 김익남(金益南)을 교관으로 임명하고 일본인 교사들을 초빙, 일본 의학책들을 번역해 가르치게 했다. 의학교에 종두과목을 따로 둔 것은 관계자들이 그 중요성을 인식한 때문이었다. 그는 군부에 기병대가 생긴 것을 감안해 수의과목도 증설했다.

1902년에는 졸업생 28명을 내는 대한의학교 제1회 졸업식이 있었다. 같은 해 지석영의 제창으로 훈동(勳洞, 지금의 관훈동)에 의학교의 부속병원이 설립되었다. 그는 황성신보에 양매창론(楊梅瘡論)을 발표해 매독의 해독을 대중에게 알렸고 온역(瘟疫), 전염병, 양매창의 예방법을 만들 것을 주장하기도 했다. 지석영에게는 두술(痘術)을 보급한 공으로 훈오등(勳五等)과 팔괘장(八卦章)이 내려졌다. 의학교 졸업생들은 모교에서 방역관으로나 다른 관청에서 활동했을 뿐 아니라 군의관으로도 진출했다. 콜레라가 유행했을 때도 그들의 공로가 적지 않았다. 교장으로서 지석영의 기쁨은 컸다.

1904년 일본 토쿄의 유지들이 모여 한·청 양국에 대한 의료협력을 목적으로 하는 동인회를 조직했다. 그들은 의사를 많이 파견해 대구, 평양, 용산에 병원을 건립하고 경부·경의선 철도 부설에 협력하게 했다. 그들은 한국인의 진료와 방역사업에도 협력하고 지방 경찰에도 의사를 많이 보냈다. 이듬해에는 동인회 회장이 내한, 지석영을 고문으로 추대하고 휘장을 수여했다.

1905년 을사보호조약이 체결되었을 때, 지석영은 자중했고 학교 운영에 온 힘을 다했다. 2년 뒤 의학교 관제가 폐지되고 대한의원 의육부가 생기자 그는 학감으로 임명되었다. 의학교 교장에서 격하된 셈이었다. 원장은 일본인 사토(佐藤進)가 부임했다.

1910년 한일합방이 발표되었다. 지석영은 망국의 통분을 견디기 어려워 물러나기로 했다. 일본은 계속 남아 줄 것을 간청했으나 그는 막무가내였다. 그의 나이 56살 때였다. 그는 전후 11년 동안 의학교육에 헌신한 것이다. 그는 총독정치에 대한 협력요청을 거듭 거절하고 초야에 묻혔다. 그러나 약국을 개업해 봉사했다. 그 밖의 사회 활동은 기호학회(畿湖學會)가 발족했을 때 부회장으로 뽑힌 것 정도이다.

지석영의 업적은 근대의학의 도입에만 그치지는 않았다. 그가 1882년에 올린 상소에서 개화의 필요성이 시급함을 역설했다는 것은 앞에서 말한 바와 같다. 그는 이를 위해 일종의 훈련원을 세우자고 주장했다. 그곳에 당시의 세계정세를 알 수 있는 책과 외국의 과학·기술에 관한 책들을 모으고 구할 수 있는 여러 가지 문물을 수집해 전국에서 뽑아 온 젊은 이들에게 보이고 가르치자는 야심적인 계획이었다.

이처럼 일찍이 개화에 눈을 뜬 그는 1890년대 후반에는 독립협회의 주요 회원으로 크게 활약했다. 그는 독립협회가 주최하는 갖가지 토론회에 참가해 의견을 발표했으며 그럼으로써 그의 시야를 넓혀 갔다. 그는 다른 회원들이 대부분 서양문물이라면 무조건 받아들이자는 태도로 쏠렸던 때, 좀 다른 생각을 가졌던 듯하다. 예컨대 그는 음력을 주로 쓰되 그 옆에 양력을 아울러 표시하자는 의견이었다.

지석영은 또한 개화가 늦어지는 이유가 어려운 한문을 쓰기 때문이라 보고 1905년 널리 교육을 펴기 위해 알기 쉬운 언문을 쓸 것을 주장했다. 더욱이 그는 주시경과 더불어 한글의 가로쓰기를 주장한 선구자였다. 그는 1908년 국문연구소 위원에 임명되었고, 이듬해 한글로 한자를 해석한 《자전석요》(字典釋要)를 지어냈다. 그는 신지도에 유배되었을 때 이미 이 책을 쓰기 시작했다. 그는 행정을 하면서 문맹을 퇴치하는 데는 한글 보급이 급하며 자전이 필요하다고 느꼈던 듯하다. 《자전석요》는 당시 베스트셀러에 올랐다. 한자에 한글로 소리와 뜻을 단 것은 이 책이 처음이었다. 더욱이 여러 가지 서체의 각인이 있었고 수록 자수가 1만을 넘어 어린이로부터 학자에 이르기까지 사용범위가 넓었다.

지석영이 1920년대 민중신문에 연재한 《언문설요》(諺文設要)는 국문 옆에 한자로 표기되어 있다. "조선 언문학자 제씨와 학무당국 제공과 전국동포는 자세히 보시읍소서"로 시작되는 이 글은, 훈민정음은 보배의 글이며 25자모의 연결로 형용 못할 것이 없고 배우기 쉬워 아무리 둔재라도 며칠이면 해독할 수 있다고 높이 찬양했다. 그런데 이를 천대하여 부녀자나 겨우 쓰게 하고 심지어는 암클이라고까지 부르니 개탄할 일이라고 호소했다. 그리고 연구가 부족해 국문이 초·중성의 합음으로 된 것을 모르고 있다는 점을 실례로 들어 설명했으며 초성의 ㄲ, ㄸ, ㅆ, ㆅ 등 8자에 대한 견해가 구체적으로 예거되어 있다. 그는 "반절(反切)독본 14행 154자가 여개방차(餘皆倣此)하니 이 합음되는 묘리를 구설하면 참 세계에서 유일무이한 조화문자로다" 하면서 국문의 우월성을 극히 강조하고 있다.

지석영은 서구과학 도입의 선구자로 기억될 만하다. 1979년 천연두는 지구상에서 사라졌다고 세계보건기구(WHO)에서 발표했다. 그러나 구한말만 해도 그것은 가장 무서운 병의 하나였다. 지석영의 헌신적인 노력으로 얼마나 많은 생명을 건졌는지 모른다. 종두에 관여한 사람이 저석영뿐만은 아니나, 그는 다른 사람들의 추종을 불허하는 뛰어난 업적을 올렸다. 그 과정에서 그는 무서운 집념을 보여 주었고 그런 만큼 평가를 받아야 한다.

지석영은 벼슬을 누리며 편히 살 수 있는 사람이었다. 그러나 그는 기꺼이 가시밭길을 걸은 풍운아였다. 이것은 결코 쉬운 일이 아니다. 또한 그는 개화파로서 일본에 다녀왔고 일본어에 능통했으며 일본과 가장 밀접히 접한 사람이다. 그런데도 불구하고 경술국치 이래 일제에의 협조를 단호히 거부하고 지조를 지켰다. 이것이 그가 특별히 존경받는 이유이다.

2005년 한국과학기술한림원은 지석영을 '과학기술인 명예의 전당'에 올렸다고 발표했다. 그러나 공고기간중 부산에서 지석영이 이토 히로부미(伊藤博文)의 장례식에 참석해 조사를 읽었다는 이의가 제기되어 선정은 취소되었다. 《황성신문》 보도는 사실이 틀림없다. 대한의원 의학교에서 지석영과 이토의 밀접한 관계를 고려하면 지석영을 친일파로 보아야 할지 의문이 들기도 한다. 의학사학자들의 연구가 기다려진다.

2

우장춘과 육종학

우장춘(禹長春, 일본 이름: 스나가 나가하루(須永長春, 1898-1959)은 구한말 기구한 운명을 타고 태어나 생애의 마지막을 조국에 크게 이바지한 세계적인 육종학자이다. 그의 생애에 대해서는 본격적인 연구가 되어야겠지만 이미 알려진 사실만 해도 우장춘은 각별한 관심을 끌기에 충분하다.

우장춘은 1898년 일본 히로시마현(広島県) 쿠레(呉市)에서 망명정객 우범선(禹範善)과 일본인 어머니 사카이 나카(酒井ナカ) 사이에 나왔다. 아버지 우범선은 개화파로서 을미사변 때 훈련대 제2대대장으로 있으면서 명성황후 시해에 참여한 뒤 일본으로 망명했다. 그는 장춘이 5살 되던 해에 자객 고영근에게 암살 당했다.

우장춘은 고아원에 들어갔고 극심한 가난과 조선 놈의 자식이라는 냉대 속에서 어렵게 중학을 다녔다. 그러나 그는 남달리 총명해 토쿄제국대학(東京帝國大學) 농학실과에 들어가 3·1운동이 일어난 해에 졸업했다. 곧 농림성 농사시험장에 고원으로 들어가 18년 동안 육종학 연구에 전념했으나 정규 대학 출신이 아니라고 만년 기수로 있다가 퇴임 직전 기사가 되었다.

우장춘은 초기에 주로 나팔꽃과 페추니아의 유전에 관한 논문을 발표했는데 쓰고 있던 학위논문이 불에 타버리자 재빨리 유채의 새 종을 만드는 데 성공해 1936년 동대에서 농학박사 학위를 받았다. 시험장을 떠나서는 교토의 다키이(瀧井) 연구농장장으로 있다가 해방을 맞았다.

그동안 그는 옆집 언니네 놀러 온 소학교 교원을 만나 사랑에 빠졌고 신부 집의 집요한 반대를 무릅쓰고 집에서 혼례를 치렀다. 우장춘은 고국에 돌아가고 싶었으나 전후의 복잡한 상황 때문에 쉽지 않았다. 그는 일본 호적에 스나가라는 이름으로 올라 있으면서도 한국사람의 긍지를 지니고 계속 한국 이름을 고집했고 전후 한국적을 얻었다. 한편 고국에서는 많은 유지들이 모여 우장춘 박사 환국추진위원회를 결성해 그의 귀국을 재촉했다. 그는 출국을 서두르다 법적으로는 일본인이라는 벽에 부딪쳤다. 서울의 호적등본을 떼어 온 그는 밀항자들을 가두는 오무라수용소(大村収容所)에 들어가 2중국적임을 주장하며 한국 송환을 요구했다.

드디어 우장춘은 1950년 봄 제38차 귀환선을 타고 부산항에 발을 디뎠다. 가족은 일본에 남긴 채였다. 환영식에서 읽힌 축전에는 '돌아와 주셔서 고맙소. 대통령 이승만'도 끼어 있었다. 그는 이승만의 외척이다. 그는 한국농업과학연구소장에 취임했으나 얼마 안 가 전쟁이 터졌다. 전시의 혼란과 어려움에도 불구하고 그는 이제야 찾은 조국을 위해 헌신적으로 일했다. 후원자들이 가족 생활비로 보낸 돈으로 실험기구를 사 온 정도였다.

우장춘은 원예학, 육종학 연구의 기초를 닦으면서 후진 양성에 열을 쏟았다. 그는 우선 그때까지 일본에 의존했던 채소 종자를 개발해 자급하게 했을 뿐 아니라 일본에 역수출까지 가능하게 했다. 전후 식량난 해결을 위해 단위면적당 수량이 많은 감자를 증산하려 애썼는데 대관령에 심은 무균종 씨감자는 농부들을 갑부로 만들었다. 말년에는 벼를 두 번 수확하는 연구도 했다. 우장춘 하면 씨 없는 수박을 만든 사람으로 유명하다. 그것은 물론 그의 독창적인 업적은 아니다. 그는 직원교육을 목적으로 씨 없는 수박을 만들었는데 도 당국에서 주최한 시식회까지 열려 국산 종자의 보급을 촉진하는 계기가 되었다.

우장춘은 총 19편의 논문을 남겼다. 모두 귀국하기 전 일본에서 한 연구다. 처음에는 화훼 유전에서 시작해 겹꽃 페추니아, 염색체 19개를 가진 유채 등을 만들어 내 종 합성 연구의 길을 열었다. 그의 논문 가운데는 서구에서도 높이 평가되는 것들이 있으며 일본 학계도 그를 한국에 뺏긴 것을 아까워했다.

귀국 후에 한 여러 가지 실용적인 연구는 물론이고 후진을 길러내 원예학, 육종학의 오늘이 있게 한 것은 그의 빛나는 공로다. 그는 중앙원예기술원장, 원예시험장장을 지내고 환갑을 갓 지낸 1959년에 아깝게도 세상을 떠났다. 그는 마지막에 달려온 일본 부인을 만났고 대한민국 문화포장을 받았다. 그가 과학자로서 사회장의 예우를 받은 것은 우아한 인품을 지녀 뭇사람의 존경을 받았기 때문이기도 하리라.

3

'나비박사' 석주명

과학기술부가 2003년 시작한 명예의 전당에 헌정하는 과학기술인 선정사업은 2016년까지 28명의 한국 역사상 탁월한 과학기술자들을 골라냈다. 스물다섯 번째로 석주명이 뽑혔고 이듬해 세종대왕이 뒤늦게 올랐다. 이병철의 성공적인 전기(1985), 과학사학자 문만용의 심층연구(1997)에 이어 명예의 전당 헌정은 오랫동안 잊혀졌던 석주명이 주목을 끌게 된 계기였다. 무엇보다도 반은 제주인이라고 자처했던 석주명이 2000년대에 들어와 제주도에서 재평가 받는 것은 반갑기 짝이 없다.

석주명(石宙明, 1908-50)은 평양에서 태어나 숭실고보를 다니다가 동맹휴학에 가담하고 송도고보로 옮겼다. 평양에서는 신극 활동에 빠졌고 안익태와 함께 막간에 만돌린을 켜기도 했다. 개성에서는 박연폭포 아래서 발성 연습을 했다. 그러나 스스로 한계를 느낀 그는 음악을 단념하고 과학의 길을 걷기로 결심했다. 석주명은 일본에 건너가 카고시마(鹿兒島) 고등농림학교 농학과에 입학했고 이듬해 졸업했다. 만일 그가 대학에 진학했다면 그의 인생은 달라졌을지도 모르지만 귀국해 함흥 영생고보와 모교 송도고보에서 박물을 가르쳤다.

석주명은 카고시마 때 은사 오카지마 긴지(岡嶋銀次) 권고에 따라 조선나비를 연구하게 되었다. 그는 귀국 후 교사로 일한 13년 동안 나비 연구에 전력투구했다. 그 전에 한국 나비의 연구는 외국 학자들이 주로 했는데 많지 않은 표본을 근거로 신종으로 단정한 경우가 많았다. 석주명은 온 나라를 누비며 75만 표본을 조사해 통계 처리함으로써 그들의 잘못된 연구결과를 바로잡았다. 그의 연구로 한국 나비의 학명 가운데 같은 종이면서 이름이 다른 844개가 퇴출되었다. 초급대학밖에 못 다닌 식민지 교사가 제국대학 교수들의 연구를 격파하자 석주명은 세계의 주목을 받게 되었다. 석주명은 20대에 호카이도제국대학(北海道帝國大學), 토쿄제국대학(東京帝國大學)에서 초청발표를 했다. 일본 동물학자 시바타니 아츠히로(紫谷篤弘)가 1985년 석주명의 업적을 평가한 글을 발표했고 이병철의 석주명 전기를 읽은 다음 자기의 글을 수정한 글을 다시 써 발표한 것은 한 보기에 지나지 않는다.

석주명의 연구 결과 한국 나비는 248종으로 정리되었다. 영국 왕립 아시아학회 조선지부(Korea Branch of the Royal Asiatic Society)는 1940년 그의 영문 단행본 《한국 나비의 동종이명 목록》(*A Synonymic List of Butterflies of Korea*)을 펴냈다. 이것은 당시 조선인으로서는 파격이었다. 석주명은 갑자기 '나비 박사'로 불리는 명사가 되었고 자비, 후원금 말고도 미국, 일본의 연구비를 받아 120여 편의 논문을 발표했다. 이 가운데 97편이 송도고보에 재직했던 11년 동안에 나왔다. 문만용(전북대 한국과학문명사연구소)은 석주명의 나비분류학을 분석한 석사논문(1997)에서 석주명의 나비 연구를 세 단계로 나눈다. 석주명은 단순한 목록 작성에서 출발해 개체변이 연구로 넘어갔으며 분포 연구로 확대했다는 것이다. 그것은 문제 인식, 방법론 정립, 종합으로 요약된다. 이 과정에서 석주명이 분류학을 생물지리학으로 발전시켰을 뿐 아니라 인문학에 접목시킨 것은 주목할 만하다.

석주명은 연구대상을 철저히 '조선'의 나비로 한정했다. 외국 나비에 관한 논문도 썼지만 어디까지나 한국 나비를 알기 위한 것이었다.

그는 '조선적 생물학'도 성립할 수 있다고 주장했다. 조선적 생물학은 자연과학을 넘어 인문학적 탐구까지 포괄하는 것이었다. 그는 조선왕조실록과 문집들에서 나비와 관련된 기사를 찾아내 분석한 역사학자이기도 했다. 그는 19세기에 평생 나비를 그린 남계우를 연구해 '조선 사람의 곤충학'으로 소개했다. 해방 후 석주명은 국립과학박물관 동물학연구부장으로 발탁되어 생물학자 조복성(관장), 정태현(식물학교실)과 함께 일했다. 대학에 있던 이민재, 강영선, 김창환에게도 인정을 받아 1947년에는 강영선의 주선으로 서울대학교 문리과대학 생물학과 동물분류학 교수로 임용되기로 결정되었으나 웬일인지 이력서를 내지 않아 무산되었다고 한다.

석주명은 일본서 공부할 때 교내 에스페란토연구회에 들어가 시게마츠 타츠이치로(重松達一郎) 교수에게 에스페란토를 배웠다. 그는 일본동물학회에서 발행하는 《動物學雜誌》에 논문 요지를 에스페란토로 쓸 수 있게 하자고 제안해 관철시킨 뒤 자기 논문의 요지를 반드시 에스페란토로 썼다. 해방 후에도 에스페란토운동에 적극 참여해 대학에서 강연과 강의를 했고 《國際語 에스페란토 教科書 附小辭典》(1947)을 냈다. 석주명은 창씨개명을 끝내 하지 않은 민족주의자였으나 에스페란토운동을 통해 세계인(cosmopolitan)의 모습도 보여 준 것이다.

석주명은 경성제대 부설 생약연구소에 근무하다가 1943년 제주시험장으로 전근하면서 자연과학을 넘어 인문·사회과학의 영역에 발을 들여

놓게 되었다. 나비의 우리말 이름 짓기에 열중하면서 빠져들어 간 석주명의 제주 방언 연구는 방종현, 이숭녕 등 국어학자들의 평가를 받을 정도였다. 그의 방언 연구는 송도고보 시절부터였다고 하거니와 그가 보기에 나비와 방언은 일맥상통하는 데가 있었다. 접류 분포 연구가 방언지리학으로 발전한 것은 자연스런 일이었다. 석주명은 제주도의 독특한 방언을 들었을 때 곧 곤충과 연결시킬 수 있었고 나비류의 분포상태를 지도에 표시하는 방법을 방언에도 응용해 연구했다. 그는 방언 수집 때문에 예정보다 1년 더 제주에 머물렀다. 한국의 방언은 이미 일본 학자들이 연구한 일이 있지만 한 지역의 방언을 집중적으로 수집해 체계적으로 분석한 것은 석주명이 처음이다.

해방 직전까지 제주에서 2년 근무하면서 석주명의 관심은 학문의 모든 분야로 확대되었다. 제주에 관한 생물·언어·인구·지리·역사학적인 연구는 석주명을 '제주(도)학'의 선구자로 만들었다. 석주명은 제주도의 구석구석을 찾아다니며 제주도에 관한 모든 것을 모았다. 그는 1945년 개성 생약연구소로 복귀한 다음 제주도에서 수집한 방대한 자료를 분석하는 작업을 시작했다. 그 결과물 제주도총서는 6권으로 되어 있는데 《제주도방언》(1947). 《제주도의 생명조사서》(1949), 《제주도관계문헌집》(1949)은 생전에 출판되었고 《제주도수필》(1968), 《제주도곤충상》(1971), 《제주도자료집》(1971)은 누이 석주선이 펴냈다. 제주도총서는 한국에서 외국의 영향으로 지역연구가 시작되기 20년 앞서 거의 한 사람의 손으로 10년도 안 되는 짧은 기간에 이룩한 자생적 지역학의 성과다. 《제주도의 생명조사서》는 그 자신의 말대로 "출판과 동시에 고전"으로 되었다. 1948년 4.3

사건 때 중산간 마을의 95퍼센트가 초토화되었기 때문이다. 석주명이 개척한 제주학은 진성기(1962), 전경수(1998, 2001, 2018), 홍순만(2000), 강영봉(2002, 2018), 최낙진(2007) 등이 평가했고, 특히 학회장 윤용택(2011, 2018)은 그 의의를 음미하고 방향을 제시했다.

3.1운동 이후 식민지 조선의 지식인들은 심각한 좌절감에서 민족의 갈 길을 고민하게 되었다. 과학기술자들은 1924년 발명학회를 결성했고 1933년에는 과학 대중화를 위해 잡지 《科學朝鮮》을 창간했다. 1930년대 중반에 김용관, 안동혁 등이 주도한 과학운동은 이인 등 사회 저명인사들이 동참했고 국민의 반응이 뜨거웠다. 1934년에는 과학데이가 선포되어 온 나라가 들끓었다. 이 운동의 중심이 경성고등공업학교 출신들이었고 석주명이 아직 나이가 어렸지만 이미 나비 연구로 명성이 자자했던 그의 이름은 보이지 않는다. 같은 시기에 조선학 또는 국학운동도 활발했다. 석주명은 일찍부터 정인보, 최남선, 홍기문, 김태준, 조윤제 등과 교류가 있었다. 그의 '조선적 생물학'도 이와 무관하지 않은 것으로 보인다. 석주명의 인문학자들과의 관계는 국학에서 큰 몫을 하게 된 해방 후 더욱 강화된다. 석주명은 라디오의 천문만답(千問萬答) 같은 프로그램에서 그들과 어울렸다. 최현배의 저서 《글자의 혁명》 서평도 썼다. 과학박물관에서 일했기 때문이기도 했겠지만 과학의 대중화에 적극적이어서 어린이들에게 인기가 대단했다.

석주명은 뛰어난 과학자였다. 일제시대 해외에서 박사학위를 받은 조선 사람은 50명쯤 된다(일본 의학박사 제외). 그 가운데는 이태규, 리승기 같은 세계적인 과학자도 나왔지만 많은 박사들이 계속 연구를 이어가지 못했다. 석주명은 4년제 대학을 다니지 않았는데도 세계가 인정한 업적을 냈다. 더구나 그는 자연과학의 연장선상에서 인문·사회과학에서도 주목할 만한 연구를 했다. 석주명이 한국전쟁의 와중에 42살 한창 때 삶을 마감한 것은 애통한 일이다. 또 하나의 유망한 물리학자 이휘소(Benjamin Lee)도 같은 나이에 비명에 갔다.

나는 석주명의 일생을 보면서 18세기의 화학자 라봐지에(Antoine Laurent Lavoisier, 1743-94)를 떠올린다. 라봐지에는 파리대학에서 법학을 공부하고 한때 희곡작가가 되려 했다. 그는 천문학 강의를 들은 것이 계기가 되어 기상학, 지질학, 광물학을 거쳐 화학에 발을 들여놓았다. 그는 22살 때 과학아카데미의 현상논문에 응모해 왕의 특별상을 받았고 25살에 회원이 되었다. 그는 과학에서는 혁명가였으나 정치적으로는 보수주의자였다. 프랑스대혁명이 일어나고 자코뱅이 집권하자 라봐지에는 혁명재판에 회부되었고 터무니없는 죄목을 쓰고 콩코르드광장에서 기요틴형에 처해졌다. 51살이었다. 짧은 생애에 불꽃을 튀긴 두 사람은 닮은 데가 많았다. 라봐지에처럼 불운했던 석주명도 제대로 평가받기를 바란다.

4

이태규-한국 화학계의 큰 별

백년 남짓한 한국의 현대과학이 세계에 버젓이 내놓을 수 있는 인물은 몇 사람 안 된다. 이태규(李泰圭, 1902-92)는 그 가운데서도 우뚝한 존재로서 화학계의 큰 별이었다. 20세기를 거의 채운 이태규의 생애는 세 나라로 나누어진다. 그는 한국에서 40년(1902-20, 1945-48, 1973-92), 일본에서 23년(1920-39, 1941-45), 미국에서 27년(1939-41, 1948-73)을 살았다.

이태규는 1902년 10월 26일 충남 예산군 예산면 예산리 55에서 한학자 중농 이용균의 6남 3녀 가운데 둘째 아들로 태어났다. 이태규의 친가는 전주 이 씨로서 고려 말에서 조선 중기까지 벼슬을 했으며 9대조 이후는 향리에서 한학에 힘썼다. 외가는 밀양 박 씨이고 외할아버지는 중추원 의관을 지냈다. 그의 맏형 재규는 경성공업전습소 응용화학과를 나왔고 바로 아래 아우 홍규는 대검찰청 검사를 지낸 변호사였으며 막내 아우 완규는 삽교고등학교와 서울 경문고등학교 교장을 지냈다.

이태규는 어려서 형과 함께 아버지에게 천자문을 배웠고 동몽선습, 소학, 통감을 읽었다. 나중에는 전등신화도 즐겼다. 아버지는 늘 "精神一到 何事不成"을 강조해 가훈처럼 되었는데 그는 뒷날 이것을 everlasting effort로 옮겼고 앞에 keen observation을 붙여 학생들에게 되뇌곤 했다.

이태규의 아버지는 개화한 양반이어서 신 학문을 배워야 한다고 주장했다. 예산에 사립학교가 문을 열었을 때 이태규는 어렵사리 청강생으로 들어가 형과 함께 다녔다. 3년 만에 보통학교를 수석으로 마친 그는 도지사의 추천을 받아 1915년 경성고등보통학교(지금의 경기고등학교)에 무시험으로 입학했다. 고보 시절 그는 화학 교사 호리(堀 正南)와 박물학 교사 모리(森 島三)의 영향을 많이 받아 과학자의 길을 굳혔다.

1919년 기미독립운동이 일어났을 때 이태규는 만세를 부르고 고향에 내려가 있었으나 학교의 부름을 받고 돌아와 만세를 부르지 않았다고 거짓말해 무사히 졸업할 수 있었다. 그리고는 1년 과정의 사범과에 급비생으로 진학했다. 그는 호리의 조수가 되어 화학실험과 수업을 도왔다. 사범과를 졸업하고 전북 남원소학교에 발령이 나 부임을 기다리고 있을 때 호리에게 히로시마고등사범학교(廣島高等師範學校)에 총독부 관비 유학생으로 뽑혔다는 통지를 받았다.

1920년 3월 이태규는 현해탄을 건너 히로시마고사에 입학했다. 그는 영어와 수학의 기초가 없어 벽에 부딪쳤으나 밤샘을 일삼는 노력 끝에 2등으로 졸업하게 되었다. 그러나 조선인이기 때문에 발령이 나지 않았다. 이 차별대우가 전화위복이 되어 대학으로 진학할 수 있었다.

이태규는 1924년 교토제국대학(京都帝國大學) 화학과에 관비로 무시험 입학했다. 첫해는 독일어와 열역학, 통계역학을 공부하고 여유 있게 보냈다. 2학년 때 조선인으로서 공부해 보았자 장래가 없다는 친구의 말을 듣고 회의에 빠졌다. 자포자기하게 되자 술만 마시고 학교에 잘 안 나가게 되었고 성적이 크게 떨어졌다. 그는 토목과의 선배 이희준이 찾아와 따끔한 충고를 하자 정신을 차려 다시 학업에 매진하게 되었다.

당시 교토제국대학은 자유주의적인 학풍을 자랑했고 학문에서는 먼저 출발한 토교제국대학을 앞서가고 있었다. 화학 분야에는 공학부 공업화학과의 기타(喜多源逸, 1883-1952)와 이학부 화학과의 호리바(堀場信吉, 1886-1968)가 같은 물리화학 전공으로 쌍벽이었다. 이태규는 3학년이 되면서 호리바를 지도교수로 배정받았다. 8년 늦게 교토제대 공업화학과에 들어온 리승기(1905-96)는 기타가 지도교수였다.

호리바는 다정다감한 인격자로 존경을 받았는데 이태규를 각별히 아꼈다. 이태규는 촉매 연구를 희망했고 "환원 니켈 존재 하의 일산화탄소의 분해"라는 연구테마를 받았다. 이 테마를 줄기차게 연구한 결과 대학을 졸업한 지 4년 만인 1931년에 이학박사 학위를 받았다. 조선 사람으로 짧은 시간에 학위를 마친 것은 일본 사회에서도 큰 화제가 되었고 아사히(朝日) 신문 등 언론에 보도되었다. 이태규의 이학박사 학위는 조선인으로 일본에서는 첫 번째이며 화학에서는 세계에서 처음이었다. 그것은 실의에 빠져 있던 재일 유학생들에게 큰 격려가 되었고 고국에서도 엄청난 기쁜 소식이었다. 동아일보는 사설로 이태규의 장거를 축하했다.

이태규가 대학을 다닌 1920년대는 세계적인 공황이 일본을 휩쓸었고 마륵스주의 사상이 젊은이들을 사로잡은 때였다. 이태규도 친구들의 영향을 받아 헤겔, 마륵스의 책을 읽었으나 그는 모든 것을 물질로 따지는 유물론을 받아들일 수 없었다. 그 대신 그는 종교에 눈을 돌렸다. 그는 과학을 연구하면서 우주의 신비를 느꼈고 신의 존재를 믿었다. 이태규는 재학중 유학생 모임에서 만난 도시샤(同志社)대학 영문과 학생 정지용의 권유를 받아 가톨릭교 영세를 받았다. 정지용이 대부였고 세례명은 알렉시스(Alexis)였다.

정지용은 귀국해 휘문고보 교사가 되었는데 이태규의 중매를 들었다. 정지용이 소개한 박인근은 논산 출신으로 대대로 가톨릭을 믿은 집안이었다. 진명여학교를 거쳐 제일여자고등보통학교(지금의 경기여고)를 졸업하고 원산의 수도원에서 가르치다가 교토에 유학, 헤이안(平安) 여학원을 마쳤다. 귀국해 명동성당에 있는 계성여학교에서 가르쳤고 평안도에 가 메리놀 수녀에게 조선말을 가르친 다음 익산 나바우성당에서 가르치고 있었다. 두 사람은 나바우성당에서 결혼식을 올리고 교토로 갔다.

이태규는 호리바의 부수(副手)가 되어 월급 48원을 받아 어려운 신혼살림을 꾸렸다. 무급강사가 된 다음에는 사립 중학교에서 가르쳐 생활비를 벌어야 했다. 그는 꾸준히 연구업적을 쌓아 1926년 호리바가 창간한 《物理化學의 進步》 지에 연속 논문을 발표했다. 치열한 경쟁 끝에 1937년 교토제대 조교수 발령을 받았다. 첫 번째 조선인 제국대학 조교수는 박사학위보다 더 큰 뉴스였다. 조교수 발령은 교수회의의 엄격한 심사를 거쳐야 했고 문부성의 승인을 받아야 했다. 그의 발령은 강력한 반대에 부딪쳤으나 호리바의 고집으로 이루어졌다.

이태규는 쿄토에서 연구하면서 일본 화학계의 한계를 느꼈고 선진 외국으로 갈 생각을 하게 되었다. 호리바도 유학을 권했다. 더욱이 일본 대학에서는 조교수가 된 다음 교수로 승진하기 전 외국유학을 하는 것이 관례로 되어 있었다. 그는 20세기 초까지 화학에서 가장 선진국이었던 독일로 가고 싶었다. 그러나 때마침 나치 집권 이후 독일은 많은 과학자들이 나라를 떠나고 내리막길을 가고 있었다. 그래서 미국으로 가기로 작정했다. 그러나 일본 당국은 조선학자의 미국행을 의심스런 눈으로 보았다. 이번에도 호리바의 도움이 필요했다. 또한 정부 장학금을 줄 수 없다고 했다. 이태규는 일본에서 금강제약을 경영하고 있던 전용순과 가톨릭교회의 도움으로 여비를 마련했다. 생활비는 경성방직을 운영하고 있던 교토제대 선배 김연수가 1,000원을 주어 해결해 주었다.

드디어 1938년 말 이태규는 배를 타고 미국으로 가 프린스튼대학의 객원 과학자가 되었다. 그때 프린스튼에는 촉매의 권위 테일러(Hugh S. Taylor)가 있었다. 그는 처음에는 테일러와 함께 일했으나 실험화학자라 맞지 않아 같은 또래의 아이링(Henry Eyring, 1901-81)과 공동연구를 했다. 아이링은 원자가와 반응속도론 연구로 날린 양자화학의 권위였는데 이태규와 함께 쌍극자능률을 계산하는 공동연구를 했다. 프린스튼의 학문하는 분위기는 더할 수 없이 좋았다. 물리학에는 아인슈타인과 위그너(Eugene Wigner, 1902-95)가 있었다.

첨단연구에 한참 재미를 붙인 이태규는 미일관계가 악화되자 돌아가지 않을 수 없었다. 1941년 7월, 진주만 공격을 다섯 달 앞둔 때였다. 일본의 형편은 말이 아니었고 미국과 너무 대조적이었다. 그는 양자화학의 최신 이론을 강의해 인기를 끌었다. 호리바는 유럽에서 돌아와 통계역학을 강의하고 화학반응의 양자역학적 연구를 했지만 이태규는 반응성에 대한 유기치환기의 영향에 관한 연구와 화학결합의 양자역학적 계산을 했다. 김동원은 이태규가 양자화학을 일본에 처음 도입한 사람으로 알려져 있는데 사실은 양자화학이 1930년대 중반에 일본에 들어왔다고 주장한다. 그것은 사실이다. 그러나 그의 일본 친구가 말한 대로 이태규가 사쿠라이(櫻井錠二)-오사카(大幸勇吉)-호리바로 이어지는 일본 물리화학의 주류에 속한다는 것도 틀림없다. 이 무렵 서울에는 경성제국대학 이공학부가 창설되었고 화학교수를 구하고 있었다. 이태규는 경성제대에 가겠다고 자청했으나 받아들여지지 않았다. 조선인 교수가 서울에 부임하는 것이 탐탁치 않았을 것이다.

이태규는 바로 승진이 되지 않았고 조교수는 연구비도 받을 수 없어 김연수에게 1만 원 지원을 부탁했다. 김연수는 기꺼이 이를 받아들여 1년에 3500원이라는 거금을 주었다. 이태규는 이 돈으로 연구를 계속할 수 있었다. 2년이 지나 1943년에 이태규는 마침내 쿄토제대 교수에 임명되었다. 정교수가 된다는 것은 당시 유럽 제도를 본 딴 일본에서 정상에 이르렀음을 뜻했다. 전쟁이 끝날 때까지 이태규는 37편의 논문을 발표했다. 당시 일본에서 활동하고 있던 조선인 화학자들의 논문 수는 리승기 48편, 안동혁 27편, 전풍진 19편, 김양하 13편이었다.

8월 15일 히로히토 천황이 일본의 항복을 알리는 방송을 했을 때 이태규는 만세를 불렀다. 같은 시간 그의 스승 호리바는 나가노(長野)로 소개 가려던 예정을 취소하고 교실원 전원과 함께 방송을 듣고 눈물을 흘렸다. 이태규는 당장 귀국하고 싶었다. 그러나 부인이 만삭의 몸이었다. 결국 12월에야 배를 탈 수 있었는데 리승기, 박철재와 동행이었다.

부산에 내려 고향에 들렀다가 서울에 올라가 군정청 문교부장 유억겸을 찾으니 계속 연락이 안 됐다고 하면서 경성대학 이공학부장을 맡아 달라고 했다. 한국의 과학을 대표하는 이태규에게 이 자리를 맡기는 것은 너무나 당연한 일이었다. 이공학부장에 취임하면서 이태규의 고행은 시작이었다. 난생 처음 맡은 행정직인데 눈코 뜰 새 없는 나날의 연속이었다. 제자와 후배들을 불러 화학과 교수진을 짰다. 김정수(교토·공업화학, 32졸), 김용호(토호쿠, 42), 김태봉(교토·농예화학, 43), 김순경(오사카, 44) 이종진(교토·농예화학, 45), 최규원(토호쿠, 45), 최상업(교토, 45), 김내수(나고야, 45)가 모여들었다. 다른 분야에서는 볼 수 없는 강팀이었다. 물리학과가 주로 대학 중퇴인 데 견주어 모두 졸업생들이었다. 최상업은 직계 제자였고 김용호, 김순경은 그의 조수를 지냈다.

이태규가 한 또 하나의 일은 학회 조직이었다. 경성대학 이공학부 교수 중심의 화학회 설립 운동과 중앙시험소에서 일어난 화학기술협회 결속운동이 있었는데 이 둘을 하나로 묶기로 합의되었다. 1946년 6월 발기인회를 갖고 7월 7일 경성공업전문학교에서 조선화학회가 발족했다. 이태규는 회장에 추대되었다. 1948년 총회에서는 이태규가 연임되고 간사 안동혁, 리승기가 부회장으로 뽑혔다.

1946년 7월 국대안 추진계획이 발표되었고 8월에 국립서울대학교 설립법령이 공포되었다. 나라는 온통 소용돌이에 빠져들었다. 연일 반대집회와 시위가 이어졌고 이태규는 온갖 수모를 당해야 했다. 좌익학생들은 이태규에게 자본주의의 주구, 친일파, 왜년 등 온갖 폭언을 퍼부었다. 그는 줄담배를 피우며 그들을 상대해야 했다. 특히 화학과 교수 둘이 사표를 던졌을 때 충격은 컸다. 서울대학교가 출범하고 이태규는 문리과대학장이 되었지만 상처투성이였다. 뿐만 아니라 이태규는 과학기술부, 과학심의회, 종합연구소를 설치하는 과학기술 진흥의 원대한 설계도 내놓았다. 그는 지방 강연을 다니며 과학의 대중화에도 힘썼다.

이태규는 환멸을 느껴 모든 것을 버리고 1948년 9월 미국 유타대학으로 갔다. 옛 친구 아이링이 대학원장이어서 초청을 받았던 것이다. 처음에는 2년 정도 있다 돌아올 예정이었는데 한국전쟁이 일어나 좌절되었다. 남은 가족은 생계가 어려워 김태봉, 최상업, 우장춘과 국무총리 백두진 등의 도움을 받았다. 6년 만인 1954년에야 외무장관 변영태, 주미대사 장면의 도움으로 가족이 합류할 수 있었다.

유타대학에서 이태규는 연구교수로 아이링과 함께 연구에 전념했다. 이태규는 반응속도론, 액체이론, 분자점성학 등에 관심을 갖고 일했는데 리-아이링이론(Ree-Eyring Theory)으로 알려진 비뉴튼 유동이론이 유명하다. 1958년에는 미국화학회 공업화학분과의 우수논문 상패를 받기도 했다. 1965년에는 노벨상 후보 추천위원이 되었다.

유타에서 이태규는 많은 한국학생들을 데려다 지도했다. 양강, 한상준, 장세헌, 김완규, 김각중, 전무식, 백운기, 이강표, 김성완, 채동기, 장기준 등이 그들이며 물리학자 이용태, 권숙일도 지도를 받았다. 그의 귀국 계획은 마냥 연기되었지만 한국의 형편이 나아짐에 따라 고국과의 연락도 회복되기 시작했다. 4·19 후 성립된 제2공화국의 문교부장관 입각을 사양했으나 그해 빈에서 열린 국제원자력기구회의에는 김태봉과 함께 한국대표로 참석했다.

1964년 9월 이태규는 대한화학회와 동아일보사의 공동주최로 한 달 동안 전국을 돌며 귀국강연회(11회)와 시찰을 했고 대통령을 두 번 만났다. 그의 일생에서 가장 화려한 기간이었다. 그는 회갑, 고희, 팔순 때 논문집을 받았고 서울대(64), 서강대(77), 고려대(79)에서 명예이학박사 학위를 받았다. 대한민국 학술원상(60)을 비롯해 국민훈장 무궁화장(71), 수당과학상(73), 서울시 문화상(76), 5·16 민족상(80), 세종문화상 (82) 등 주요 상을 거의 휩쓸었다. 학술원 회원(64)이 되었고 한국과학기술연구소 고문(66), 과총 명예회장(67) 등을 지냈다.

박정희는 최형섭, 전무식 등을 보내 이태규의 귀국을 종용했고 한국과학원도 해외두뇌 유치 계획의 대상자로 넣었다. 이태규는 정년이 넘어 국내 대학에서 안 받아준다고 머뭇거리다가 1973년 4월 한국과학원 석학교수로 영구 귀국했다. 그는 고희를 넘겼지만 계속 학생들을 지도하며 연구를 계속했다. 그는 끝까지 은퇴를 하지 않고 일한 셈이다. 1992년 10월 26일 그가 충남대 부속병원에서 영원히 눈을 감았을 때 한국과학기술원장으로 장례를 치렀고 정부는 과학자로는 처음으로 국립묘지에 묻히게 했다.

1990년 이태규의 미수를 맞아 그의 제자들이 만들어 바친 《어느 과학자의 이야기·이태규 박사의 생애와 학문》의 1부 외길 한 평생은 한양대 국제문화대 국문학 전공 교수 김용덕이 쓴 것으로 문학적 향기가 높고 풍부한 자료를 담고 있으나 본격적인 전기는 아니다. 한국에서 이태규 만큼 언론의 주목을 끈 과학자는 없다. 그러나 이태규에 관한 과학사 논문은 두 편밖에 나오지 않았다.

철저한 연구를 하지 못했지만 잠정적으로 몇 가지 조심스런 평가를 시도해 보자. 우선 김동원이 주장하듯이 과학자로서의 이태규는 한국에서 최고봉이라는 데 의심의 여지가 없다. 그는 일본과 미국에서 1급 과학자들과 함께 일했고 경쟁했다. 200편 가까운 그의 논문은 대부분 국제수준에 손색이 없다고 보아도 좋을 것 같다.

언론들은 그를 줄곧 노벨상을 받을 뻔한 과학자라고 했다. 이 점에서 이태규 자신은 겸손했고 단 한번 김승원과의 인터뷰에서 "프린스튼에서 돌아오지 않았으면 노벨상을 받았을지도 모르지" 했을 뿐이다. 다만 이런 가정은 가능할 것 같다. 이태규의 쿄토대학 1년 후배 도모나가(朝永振一朗)와 2년 후배 유카와(湯川秀樹)는 노벨 물리학상을, 제자뻘 되는 후쿠이(福井謙一)는 노벨 화학상을 받았다. 그가 전후 귀국하지 않고 교토에 남았다면 가능성이 있었다고 보아야 할 것이다. 그가 프린스튼에 남고 아이링이 유타로 옮겨가지 않았다면 아이링과 함께 공동수상할 수도 있었을 것이다.

이태규는 전형적인 그리고 모범적인 과학자였다. 내가 학생 때 본 그의 방대한 노트는 그가 얼마나 열심히 공부했는가를 말해주었다. 유타대와 한국과학기술원에서 그의 생활은 아침부터 밤까지 완전히 연구에만 바친 기계적인 것이었다. 강의준비, 논문 다듬기도 완벽에 가까웠다. 그는 거의 수석을 놓치지 않은 수재였지만 그가 늘 말했듯이 무서운 노력으로 일관한 일생이었다.

이태규는 깊은 철학을 가진 과학자는 아니었다. 이 점에서 그는 그가 존경한 아인슈타인이나 가까이 지낸 유카와, 안동혁과는 달랐다. 그는 극히 평범한 과학자였다. 그와 인터뷰할 때 반과학, 비판과학을 들추며 집요하게 물어 보았지만 그의 답은 절대다수의 과학자들처럼 판에 박은 듯한 낙관론, 긍정적 견해로 나왔다.

이태규의 사상을 말한다면 틀림없는 보수주의자였다. 그는 박헌영과 동향에 경성고보 동기였다는데 반골 기질은 전혀 볼 수 없고 언제나 체제에 안주했다. 그는 해방 후 좌익에게 시달린 탓인지 철저한 반공주의자가 되었다. 부산 미국문화원 방화범을 숨겨준 신부를 격렬히 비난한 것만 보아도 알 수 있다. 그는 결코 친일이라 말할 수는 없어도 일본에 대한 강한 적개심을 가진 일이 없는 것 같다. 부인은 일본을 퍽 좋아했다고 한다. 그는 일본에서 설움을 많이 받았으나 대학에서는 좋은 대접을 받았다. 그의 사고는 역시 미국보다는 일본에 가까웠다.

박성래는 이태규와 리승기가 사이가 좋지 않았던 것 같다고 한다. 국대안 파동을 겪으면서 둘 사이는 서먹해졌을지도 모른다. 그러나 둘 사이는 괜찮았다고 나는 본다. 나이는 3살 차이밖에 안 되지만 교토에서 이태규가 교수일 때 리승기는 학생이었다. 리승기는 이태규를 깍듯이 모셨다고 한다. 둘이 근본적으로 미워할 이유는 없다. 김근배는 미발표 논문에서 이태규와 리승기를 세계과학과 주체과학의 대조로 보고 있다. 재미있는 접근이다. 어쨌든 결과를 놓고 보면 이태규가 리승기보다 과학자로서 훨씬 더 행복하고 보람된 삶을 살았다고 할 수 있다.

5

리승기와 비날론

일제 시대 많지 않은 한국 출신 과학자 가운데 조국을 크게 빛낸 두 사람이 있었다. 이태규와 리승기는 같은 쿄토제국대학(京都帝國大學)에서 활약했다. 둘은 각각 이론화학과 응용화학을 전공한 쌍벽이었고 분단된 조국에서는 남북으로 갈려 양쪽을 대표하는 과학자가 되었다.

미국에서 합성섬유 나일론이 나온 지 1년 만에 비날론을 합성해 세계를 놀라게 한 리승기(李升基, 1905-1996)는 전남 담양에서 태어났다. 아버지 이병성은 참봉으로서 을사보호조약에 반대해 낙향했고 개화사상에 심취해 있었는데 집은 꽤 부유한 편이었다. 리승기는 외아들이었고 위 아래로 셋씩 누이가 있었다. 그는 아버지를 따라 한시를 읊으며 한때 문인이 될 꿈을 꾸기도 했다.

리승기는 고창고등보통학교에 다니다가 숙모가 사는 서울로 올라가 중앙고보에 편입했다. 거기서 교장 현상윤의 권유를 받아 과학자가 되기로 결심했다. 그는 졸업하자 일본으로 건너가 시코쿠(四國)에 있는 마츠야마고등학교(松山高等學校)를 고학으로 마쳤다. 그는 1926년 쿄토대학 공업화학과에 입학해 1931년 졸업했다. 리승기가 단연 두각을 나타냈는데도 불구하고 조선인인 그의 앞은 열리지 않았다. 그래도 기타(喜多源逸) 교수의 추천으로 오사카의 코에이샤(工英社)에 들어가 아스팔트를 연구했다.

리승기에게 좋은 계기가 온 것은 1932년이었다. 오사카의 공업화학회에서 논문을 발표해 좋은 반응을 얻었던 것이다. 이렇게 해서 그는 섬유소 유도체 용액의 투전적 연구에 착수했다. 그 뒤 시험소 연구원으로 갔다가 교토대 기타 교수와 함께 연구하면서 일본화학섬유연구소의 연구강사가 되었다.

얼마 안 가 리승기는 타카스키화학연구소(高槻化學研究所)로 옮겼다. 그곳은 오사카와 교토의 중간에 있는 조용한 마을이었는데 그는 처음으로 자신의 연구실을 받고 조수를 거느리게 되었다. 그때 미국에서는 듀판트(DuPont) 회사의 커라더스(Wallace Hume Carothers)가 아디프산과 헥사메틸렌디아민으로부터 폴리아미드를 만들었다. 이것에는 나일론 66이라는 이름이 붙여졌고 1938년 공포되었다. 나일론은 거미줄보다 가늘고 강철보다 강하다고 했다.

일본에서는 비상이 걸렸다. 세계 총생산량의 80 %를 차지하고 있던 일본 견사공업이 심각한 위협을 받게 되었기 때문이다. 1939년 리승기는 합성섬유 1호로 명명된 비닐론을 만들어 내는 데 성공했다. 그에게는 공학박사 학위가 수여되었다. 토쿄방송은 일본의 섬유화학이 세계의 선두를 달리게 되었다고 떠들어댔다. 성공의 기쁨도 잠시뿐 영광이 일본에 돌아가니 리승기는 뼈저린 좌절을 맛보았다. 중간공장에서 비닐론이 생산되기 시작했고 제품이 쏟아져 나왔으나 그는 좋아할 수가 없었다.

전쟁이 끝나기 한 달 전 리승기는 친지와 만나 이야기를 나누다가 일본은 반드시 망한다고 열을 올렸다. 밀고가 들어갔고 그는 감옥에 갇히는 몸이 되었다. 그 안에서 동지들과 감격의 해방을 맞았다. 리승기는 선배 이태규, 물리학과 조수 박철재와 함께 서둘러 귀국했다. 그는 경성대학

이공학부의 화학공학과를 맡아 강의했으나 국대안 반대의 소용돌이 속에서 환멸을 느끼고 고향으로 내려갔다.

학생들에게 끌려 대학으로 돌아온 리승기는 김동일에 이어 서울대 공대의 2대 학장에 선출되었다. 그러나 모든 것이 너무 실망스러워 사표를 내고 고향에 석 달 가 있기도 했다. 그는 진보적 민족주의자였으나 공산주의자는 아니어서 도상록, 여경구 등을 따라 월북하지는 않았다. 6·25 전쟁이 터지자 대학에 나오다가 7월 말 흥남 화학공장에서 일해 달라는 부탁을 받고 가족과 함께 북으로 갔다. 김일성은 이종욱을 보내 리승기를 데려오라는 지시를 했다 하거니와 그가 병들었을 때 산삼을 보내는 등 각별한 배려를 했다.

리승기는 전쟁 때 장진 부근 지하 연구소에서 일했고 중간공장에서 비날론을 만드는 데 성공했다. 그는 청수의 연구소에서 일했고 1961년 본궁에 비날론(북한에서 만든 새 말) 연 2만 톤을 생산할 공장을 지어 돌 섬유를 뽑아냈다. 자립기술의 개가였다. 리승기는 그 공로로 레닌상을 받았고 모스크바대학에서 강의했다. 리승기는 1980년대 초 과학원의 화학연구소장과 함흥분원장을 지내며 '노력영웅', '인민과학자' 칭호를 받았다. 그의 맏아들 리종과는 김일성종합대학 촉매연구소 실장이었다. 그의 맏아들 승일은 김책공업대학 연구사, 둘째 아들 명일은 평양음악대학 교수, 손녀 옥은 김책공업대학 교수였다.

리승기의 누이동생 이계남은 1991년 미국에서 평양으로 여행해 오빠를 만났다. 1996년 리승기가 세상을 떠난 뒤 2000년 8·15 이산가족 상봉 때 리승기의 부인 황의분(경북 김천 출신, 당시 84살)은 서울에 와서 시가와 친가의 가족들과 리승기의 제자들을 만났다. 나도 그 자리에 있었다. 그 뒤 제자 마경석(전 충주비료 사장), 후배 채영복(과학기술부장관) 등 많은 화학자들이 애국열사릉을 찾아 리승기를 참배했다.

9장

한국의 과학기술학자들

1

김두종-한국의학사 연구의 개척자

일산(一山) 김두종(金斗鍾)은 구한말에 태어나 20세기가 저물 때까지 산 한국현대사의 증인이다. 그는 일본에서 의학 교육을 받은 다음 중국에서 의사로 일했고 의학사 연구에 뛰어들어 광복 직전 학위를 받았다. 그는 서울대에 의사학 교실을 만들었고 20년 각고 끝에 통사 《한국의학사》를 써 냈다. 그는 대한의사학회, 한국과학사학회를 만들어 이끌었고 병원과 대학 행정을 맡았으며 사회활동도 왕성하게 했다. 그의 연구와 집필은 9순을 넘기기까지 이어졌다.

김두종은 1896년 3월 2일 경남 함안군 칠원면 남구리에서 김해 김 씨 성직(性稷)의 둘째 아들로 세상에 나왔다. 마산이 가까워 서양문물이 일찍 들어왔고 할아버지가 개화한 분이었다. 13살 때 칠원보통학교에 들어가 공부하면서 밤에는 아버지에게 시전과 서전을 배웠다. 한일합방이 된 다음 1912년 그는 서울로 올라가 숙부 성균(性均)이 다닌 휘문의숙에 입학했다. 휘문은 배일정신이 강한 학교여서 그는 일본 선생을 골탕 먹이는 데 앞장섰고 국사에 관심을 갖게 되었다.

김두종은 아버지의 뜻을 따라 1918년 경성의학전문학교에 진학했다. 이듬해 3·1운동이 터졌을 때 그는 선배 한위건(韓偉健)의 지휘를 받아 안호삼(安鎬三)과 함께 독립선언서를 돌리는 일을 맡았고 시위에 참가했다.

경의전에서 퇴학당한 그는 일본으로 건너가 다음 해 교토부립의학전문학교에 들어갔다. 한국 사람은 혼자였으나 김두종은 교토제국대학 학생들 이태규(李泰圭), 윤일선(尹日善), 김연수(金季洙), 이관구(李寬求), 이정래(李晶來), 최현배(崔鉉倍) 등과 어울려 저녁마다 나라 잃은 설움을 술로 달랬다.

재학 중 대학으로 승격되어 1924년 교토부립의과대학을 졸업한 김두종은 부속병원 내과에서 부수로 1년 근무했다. 귀국하려고 개성 생약연구소에도 가 보았지만 자리가 없었다. 교수의 알선으로 1925년 베이징의 일본인이 운영하는 병원에 취직해 1년 반 일했다. 그곳에는 전에 김두종과 친했던 김원봉(金元鳳)이 단장으로 있는 의열단이 한인사회를 지배하고 있었다. 교포들의 주도권 다툼이 폭력으로 변하고 독립군이 일본 경찰에게 납치되는 일이 일어나자 일본 주택가에 살던 그는 불안해 만주 봉천(지금의 선양)에 있는 만주의과대학 부속병원으로 옮겨 2년 근무했다. 그동안 김두종은 휘문의숙 미술교사 이도영(李道榮)의 누이 유숙(有淑)과 결혼했다. 이유숙은 하얼빈미술학교를 나온 화가로 나이는 8살 아래였다. 2년 뒤 그는 남만철도회사가 하얼빈에 설립한 철도병원으로 가서 3년 동안 일했다.

하얼빈에서도 봉천에서처럼 독립운동가들이 자주 찾아왔다. 어느 때는 쫓기는 독립군이 부인도 모르게 집에서 자고 떠나기도 했다. 김두종은 이렇게 위험을 무릅쓰고 독립운동을 음양으로 크게 도왔다. 김두종의 형 김서종(金書鍾, 1893-1943)은 보성전문 법과를 나와 교편을 잡다가 만주로 가 북만농구공사를 만들어 운영하면서 김원봉, 김두봉(金枓奉)과 함께 독립운동에 앞장섰다. 그는 민족종교 대종교의 지도자로 1942년 잡혀 이듬해 목단강(무덴장)에서 옥사한 뒤 정교(正教)로 추승되었다.

1931년 김두종은 병원을 사직하고 제세의원(濟世醫院)을 개업했다. 그는 공부를 하기로 결심했고 그를 위해 돈이 필요했던 것이다. 의원은 중국인 거리에 있어 환자가 많았다. 그러나 왕진을 갈 때 직접 돈을 받는 것이 고통이었다. 그래서 돈 받는 사람을 데리고 다녔다. 큰 돈이 모여 고향과 만주에 땅도 샀다. 개업 7년 만에 과감히 병원을 정리하고 봉천에 있는 만주의대 동아의학연구소에 연구원으로 들어갔다. 문학박사인 소장은 크게 반가워했다. 김두종의 나이 43살 때였으니 실험실에 들어갈 수는 없었다. 기초를 하기에는 너무 늦었다. 그래서 의학사를 하기로 했다.

김두종은 동아의학연구소에서 6년 동안 한방의학에 푹 빠졌다. 연구소는 3만 여 종의 중국 고의서를 갖고 있었다. 그는 의서를 구입하는 책임도 맡고 있었는데 집값보다 비싼 희귀본을 마음대로 사들일 수 있을 정도로 예산이 넉넉했다. 그는 중국을 중심으로 한국, 일본, 베트남의 전통의학을 폭넓게 섭렵하고 서양의학의 관점에서 분석하는 작업을 했다. 해부학에서 시작해 생리학, 병리학의 순서로 한의학을 정리할 계획이었다. 김두종은 논문 "한방의학의 해부학적 연구"를 만주의과대학에 제출해 1945년 6월 의학박사 학위를 받았다. 이어 학위논문을 바탕으로 한의방골학(漢醫方骨學)의 연구를 탈고해 인쇄소로 보냈다. 태평양전쟁이 끝나자 만주에 진주한 러시아군이 인쇄소의 기계를 분해해 가져가는 과정에서 이 원고는 없어졌다. 이 책의 요지는 뒤에 일본 의학지에 논문으로 실렸다.

만주의대가 러시아군에게 접수되면서 모든 교직원은 2년 동안 자리를 지키라는 명령을 받았다. 놀랍게도 책임자는 하얼빈 시절 술친구였던 백계 러시아인 의사 도카젱코였다. 그의 배려로 여행증을 얻어 일시귀국을 할 수 있었다. 평양 가는 경성방직 추럭에 귀중본을 두 궤짝 실려 보내고 평양에 가 보니 책이 소련군에게 압수당했지 않은가. 눈물을 머금고 몸만 서울로 왔다. 김두종은 김연수, 최두선이 말리는 것을 뿌리치고 봉천으로 돌아갔다. 귀국한 사이에 연구실에 쌓아둔 노트도 다 없어졌다. 약속대로 남은 일을 정리해 주고 보름 걸려 38선을 넘어 서울에 온 것은 1946년 봄이었다.

귀국 후 김두종은 종합의학잡지 《朝鮮醫報》를 창간해 발행인 겸 주간으로 활약했다. "조선의학의 비조" 등 의학사에 관한 글들을 실었다. 1947년 그는 김규식(金奎植)이 총재로 있는 조선적십자사의 보건부장으로 일하면서 세브란스의대와 이화여대에서 의학사 강의를 시작했다. 경성대학에서는 윤일선이 의학사 강의를 맡고 있었다. 김두종은 그해 4월 30일 출범한 조선의사학회(朝鮮醫史學會) 창립을 주도했다. 초대 회장은 윤일선이었고 김두종은 이름이 대한의사학회(大韓醫史學會)로 바뀐 뒤인 1953년 2대 회장이 되었다.

1947년 10월 김두종은 서울대 의대 학장 이갑수(李甲洙)에게 부속병원장을 맡아 달라는 제의를 받았다. 성대파와 경의전파의 싸움을 수습하는 데는 해외파가 적임이라고 본 게 분명했다. 그는 사양하다가 의사학 교실을 만들어 준다는 조건을 붙여 수락했다. 이렇게 해서 일본보다도 먼저 한국에 의사학과가 생긴 것이다. 병원은 좌익의 소굴이었다. 의사 60명이 동대문경찰서에 잡혀가고 원장 집 대문에 인공기가 꽂히는 등 파란이 많았지만 김두종은 6·25 동란 석 달 전까지 병원을 무난하게 끌어갔다.

동란의 와중에서 의사학 교실은 조교수 최한인(崔漢因)과 강사 민남식(閔南植)을 잃는 불행을 겪었다. 1962년 김두종이 정년퇴임한 뒤 치대 출신 조교 최진환(崔鎭煥)은 교실에 남을 전망이 안 보이자 미국으로 이민 갔다. 그 밑에서 학위를 받은 세 사람 가운데 세브란스 출신 병리학자 이영택(李英澤)이 교실과 학회를 이어받았으나 지친 탓인지 아무 일도 하지 않았다. 상심이 컸던 그는 1960년 창립되어 초대 회장을 맡았고 끝까지 명예회장으로 있었던 한국과학사학회가 1970년대부터 활발하게 움직이는 것을 보고 큰 위안을 얻었다. 서울대 의사학 교실과 대한의사학회는 각각 1990년 이후 지제근(池堤根), 이태준(李泰俊), 기창덕(奇昌德), 이호영(李鎬榮), 이부영(李符永), 황상익(黃尙翼)이 맡으면서 정상화되었다. 그러나 안타깝게도 그때 김두종은 이 세상에 없었다.

김두종은 중국에서 애써 모은 모든 자료를 잃어버리고 해방 후 서울에서 한국의학사를 새로 시작했다. 첫 성과가 1955년에 나온 한국의학사(상·중세편)이다. 이 책은 고려 시대까지를 정리한 것이다. 1957년 그는 환갑이 지난 노구를 끌고 의학사의 메카 잔즈 합킨즈대학 의학사연구소에 가서 1년 연구생활을 했다. 그때 써서 미국 의학사잡지에 낸 논문은 3국시대 한국의학의 일본 전파를 다루고 있다. 그는 미국 연구생활과 유럽 여행에서 만난 석학들에게서 많은 자극을 받고 돌아왔다.

1960년에 나온 단행본《한국의학 발전에 대한 구미 및 서남방 의학의 영향》은 한국의학이 중국뿐만 아니라 인도, 아랍, 유럽으로부터 다양한 영향을 받았음을 밝힌 매우 뜻깊은 연구이다. 김두종이 고희를 갓 넘긴 1966년 세 권의 묵직한 책이 탐구당에서 나왔다.《한국의학사 전》은 그의 연구의 결산이고 《한국의학문화대연표》는 연구의 부산물인 자매편으로서 후학들을 위한 유익한 자료집이었다. 《고희 기념논문집》은 후학 전종휘(全鍾暉), 홍이섭(洪以燮), 강석영(康晰榮), 이근배(李根培), 전상운(全相運), 조카 김태봉(金泰鳳), 제자 이영택, 한승련(韓昇璉), 조교 임채원(林采源), 최진환 등이 논문을 모아 봉정한 것이다. 그의 생애 최고의 해였다.

김두종의 《한국의학사 전》은 상·중세편을 낸 지 11년 만에 나왔다. 일본에서 미키 사카에(三木 榮)의 《조선의학사 및 질병사》(朝鮮醫學史及疾病史, 1955)가 먼저 나왔지만 한국에서 처음 나온 한국의학 통사이며 아직도 그에 필적할 만한 업적은 나오지 않고 있다. 이 책은 상세에서 현대까지 5편으로 이루어져 있다. 이 책은 미키의 책에 많이 의존하기는 했으나 그 식민사관을 거부했다는 점에서 두드러진 차이를 보인다.

김두종은 상·중세편을 집필할 때부터 의학은 일반문화와 깊은 관련이 있고 시대사상의 영향을 받는다고 믿어 한국의학의 기술적 발전뿐 아니라 문화적 의의와 사상적 배경까지 다루려 했었다. 그러나 부담이 너무 커 초고를 바꾸게 되었는데 기술적 사실을 주로 서술하되 문화사적으로 고립되지 않은 의학사를 만들려고 노력했다. 그래도 개별적인 연구 성과가 거의 없는 상태에서 풍부한 일차사료를 제시하고 서술해 나갔다는 점에서 그의 시도는 높이 평가되어야 한다.

김두종은 그 자신과 가족이 독립운동의 배경을 가졌고 민족주의 사학이 압도적인 때였는데도 불구하고 민족보다는 학문이 앞서야 한다고 주장하면서 한국의학을 동아시아는 물론 세계적인 맥락에서 보는 혜안을 갖고 있었다. 그가 한국의 전통의학에 대한 세계의학의 광범한 영향을 다룬 것은 다른 분야의 과학사보다 앞선 선견을 보여 주는 것이다. 김두종이 일반적으로 의학사에서 제외되는 수의학을 포함한 것도 놀라운 역사 인식이라 할 수 있다.

김두종은 한의학이 이론을 결여하고 있으며 경험적인 수준에 있다고 본 전형적인 양의였다. 그는 2원제에 반대했고 병원장으로 있으면서 한의과 대학 설립도 거부했다. 그러나 일찍이 한방의학연구소의 필요를 역설했다는 것은 그가 한걸음 앞섰음을 보여 준다. 김두종이 한국 전통의학을 철저히 서양의학의 관점에서 본 것은 오늘날에는 한계라고 할 만하다. 하지만 미키나 니덤도 똑같은 한계를 극복하지 못했음을 알아야 한다.

김두종은 의학사 이외에 서지학, 기술사에도 일가를 이루었다. 봉천에서 동양의학을 연구하면서 의학책 사 모으는 일을 맡은 것이 인연이 되었다. 그는 오랜 경험을 통해 송판, 원판에 관한 전문가가 되었다. 귀국한 뒤에도 하버드 옌징연구소의 연구비를 받아 석 달 동안 일본의 도서관, 서점들을 조사하러 다녔고 전문지식을 인정받아 문회재위원도 지냈다. 서지학 논문을 계속 발표한 끝에 1974년에는 600쪽이 넘는 거작《한국고인쇄기술사》를 냈고 한국출판문화상을 받았다. 일반인들을 위해 풀어 쓴,《한국고인쇄기술문화사》는 삼성문화문고로 출간되었다. 김두종은 대학 의학사 교재《동서의학사대강》(東西醫學史大綱, 나는 이 책의 교정을 보았다.)을 썼고 84살에 KBS TV에서 한 강의는《동양의학의 세계》로 나왔다.

김두종의 후반생은 여러 분야에서의 봉사활동으로 빛났다. 의학자로서는 대한의학협회장, 대한민국 학술원 제4분과위원장을 역임했다. 교육자로서는 서울 환도 후 서울대학교 서울분교장, 숙명여대 총장, 학교법인 성균관대 이사장, 동방자연과학연구회 이사장 등을 지냈다. 해방 직후 인연을 맺은 대한적십자사의 부총재가 된 것이 1960년이었는데 1972년 남북대화가 열리자 남북적십자회담을 지휘하기도 했다. 그러나 김두종은 무엇보다도 한국의학사를 개척한 선구자로 영구히 기억될 것이다.

2

홍이섭의 《朝鮮科學史》

과학사라는 분야가 나타나 주목을 끌기 시작한 것은 19세기도 저물어 갈 무렵이었다. 그리고 과학사가 독립학문으로서 자리 잡게 된 것은 20세기 중반을 넘어서였다. 이렇게 보면 한국에서 1946년에 통사 《朝鮮科學史》가 나왔다는 것은 놀라운 일이 아닐 수 없다. 이것은 한국과학사학회가 태어나기 14년 전이다.

더욱이 이 책을 쓴 사람은 늙은 대가가 아니라 32살 난 이름 없는 사학도였다. 이 책은 본디 2년 전인 1944년에 이와나미 쇼텐(岩波書店)에서 일본말로 나왔으니까 20대에 쓴 것이었다. 어떻게 해서 홍이섭(洪以燮, 1914-74)은 그 젊은 나이에 그런 야심작을 쓸 생각을 했을까? 참으로 상상하기조차 어려운 일이다.

주위 사람들의 증언에 기대면 홍이섭은 연희전문 문과 동창 최영해

(1914-81)의 권유로 1942년 잡지 《조광》(朝光)에 조선과학사를 연재했다. 이 대담한 집필을 하는 데는 연전시절 그를 가르쳤던 정인보(1893-1950)의 도움이 컸다고 한다. 그 밖에 그의 은사 언더우드(Horace Horton Underwood, 1890-1951), 손진태(1900-?), 백낙준(1895-1985) 등의 영향도 있었을 것이다. 1946년판은 일문판을 증보한 것이고 친구 최영해가 경영했던 정음사에서 나왔다.

홍이섭은 《조선과학사》의 머리말을 퍽이나 감상적으로 쓰고 있다. "이렇게 날이 맑은 봄철의 하루는 깨끗한 백사의 여로를 이야기할 수 있는 이와 끝없이 걸어가고 싶다.… 조용한 물가나 산기슭 초당으로 돌아가 조선을 사랑하는 참된 가장 작은 일에 몰두하고 싶다." 그러나 다음 순간 그는 전원에 돌아갈 수 없는 현실을 깨닫는다. 식민지에서 벗어나자마자 분단을 강요당한 민족의 비극을 뼈저리게 맛보며 홍이섭은 《조선과학사》를 세상에 내놓는다.

《조선과학사》는 원시조선에서 조선 말까지의 과학기술을 연대순으로 서술한 개설서이다. 홍이섭은 조선사학의 과학적 수립을 강조하며 그것을 위한 방법은 특수사인 과학사에도 적용된다고 본다. 그는 단순한 사실의 병렬적 진열보다 과학의 발전과 변천의 기축이 되는 민중의 생활과 사회 구성의 발전과정을 주시해야 한다고 주장한다.

이 책은 지은이의 말대로 과학문화사로서의 색채가 농후했고 그때까지 통념으로 되어 있던 시대구분을 따랐다. 그러나 주목해야 할 점은 홍이섭이 과학기술을 그 내용뿐 아니라 그것의 기초가 되는 사회경제와의 연관 아래서 종합적·체계적으로 보고 정치형태 내지 관념형태와의 관련까지 구명하려 했다는 것이다.

《조선과학사》는 물론 한계를 가지고 있다. 홍이섭이 당시로서는 국내외의 문헌을 최대한 섭렵해서 책을 썼지만 제대로 된 연구가 거의 없었으므로 결정적으로 불리했다. 지난 반세기 동안 과학사 연구는 방법이나 내용에서 큰 변모를 겪었다. 한국사도 그 사이 엄청난 연구의 축적이 있었다. 따라서 오늘날의 독자에게 《조선과학사》는 불충분하고 만족스럽지 못한 것일 수밖에 없다. 무엇보다도 과학 훈련을 받지 못했다는 이유로 겸손해 하던 홍이섭은 해방 후 한국사 일반으로 관심을 돌렸다.

20년 뒤 과학 배경을 가진 전상운의 《한국과학기술사》(1966)가 나왔을 때 홍이섭은 출판기념회에서 이 책이 나왔으니 이제 내 책은 쓰레기통에 들어가게 되었다고 기뻐했다. 80년대에는 과학, 서양과학사, 한국사 훈련을 거친 박성래가 일반대중을 대상으로 한 《한국과학사》(1984)를 썼다.

그러나 후학들의 《조선과학사》 평가는 여전히 높다. 전상운은 홍이섭이 학설사(내적 과학사)와 사회사(외적 과학사)를 잘 조화시켰다고 평한다. 다분히 애국적인 동기에서 전혀 미개척 분야의 자료를 정리해서 이루어진 《조선과학사》는 뒤에 나온 어떤 책도 완전히 앞지르지 못한 뛰어난 업적이었다고 박성래는 극찬하고 있다.

전상운의 책은 세계의 주목을 끌어 미국과 일본에서 번역되었고 1976년 수정증보판이 나왔다. 박성래의 책은 곧 절판되었는데 학계는 그의 본격적인 《한국과학사》를 고대하고 있다. 다음 세대의 한국과학사 책이 나오려면 꽤 시간이 걸릴 것 같다.

홍이섭은 그의 책을 다시 쓰고 싶다고 했으나 회갑 되던 해 연탄가스

중독으로 세상을 떠났다. 《조선과학사》는 1949년 재판을 찍은 이후 또 나왔다는 말을 못 들었다. 70년대만 해도 도서전시회 때 재고도서로 싸게 팔더니 이제는 희귀본이 되고 말았다. 일본어판 복사본만 나돌 뿐이었다.

나는 1960년 한국과학사학회 창립총회 이래 공석에서 몇 차례 홍이섭 선생을 만났지만 개인적으로 가르침을 받을 기회는 없었다. 이제 존경하던 석학을 영원히 만날 수 없음을 안타깝게 여기며 한 가지 꿈을 갖고 있었다. 내 손으로 홍 선생의 난삽한 글을 다듬고 주를 달아 《조선과학사》를 다시 내드리고 싶었다. 나 자신 몇 번이든 다시 읽고 싶기도 하거니와 후배들이 꼭 갖고 있어야 할 책이라고 믿기 때문이었다. 1994년 홍이섭 29주기를 기념해 연세대학교 출판부에서 《홍이섭 전집》(洪以燮 全集)(전 6권)을 냈다. 1권이 과학사 해양사(科學史 海洋史)다.

3

박익수-한국 STS의 선구자

소민(素民) 박익수(朴益洙)는 1924년 12월 5일 함경남도 이원군 차호읍에서 태어났다. 아버지는 3·1운동 때 독립만세를 주도한 죄로 일경을 피해 산속을 헤매다가 객사했고 편모 슬하에서 자랐다. 소민은 고향에서 소학교와 심상고등소학교를 마치고 1938년 서울로 올라와 명문 경성공립공업학교 요업과에 합격했다. 소민은 1943년 경성공립공업학교를 졸업하고 일본 유학 준비를 하다가 폐결핵에 걸려 포기하고 해방 후 1946년 서울대 사범대 화학교육과에 들어갔다. '국립서울대안'이 나오면서 좌우익의 싸움으로 대학은 큰 혼란에 빠졌다. 소민도 데모에 끼어들어 유치장에 갇히기도 했지만 정치에 휩쓸리지는 않았다.

소민은 대학에서 화학보다 과학론 책들을 즐겨 읽었다. 이시하라(石原純), 타케우치(竹內時男), 타나베(田邊 元), 시타무라(下村寅太郎) 등의 과학론 책들과 소겐샤(創元社)의 과학총서에서 설리번(Sullivan)의 《과학의 한계》, 인펠트(Infeld)의 《물질의 신비》, 에딩튼(Eddington)의 《물리학의 철학》, 보어(Bohr)의 《원자이론과 자연기술》 등을 읽었다.

소민은 대학, 정부, 기업에서 교육, 행정, 경영을 성심껏 했고 과학기술학 분야에서 선구적인 업적을 남겼다. 2006년 11월 27일 소민은 이발하고 후배 임용규의 사무실에 들러 환담하다가 집으로 갔다. 목욕하다가 쓰러져 회복하지 못했다. 82살의 삶을 마감한 것이다.

소민 박익수는 일제 치하에서 21세기 디지틀시대까지 격동기를 살았다. 이 나라의 과학계에 남긴 그의 발자취는 결코 작지 않다. 그는 지나치게 과학을 사랑한 구세대였지만 인문학적인 여유도 가진 선각자였다. 그가 단순한 과학자에 머물지 않고 일찍이 과학기술학에 눈떴기 때문에 비판적인 시각을 잃지 않은 것을 세상은 알아주기에 인색했다. 소민의 바른 소리가 후학들의 평가를 받지 못한 것은 아쉽다.

소민은 한양공대와 모교에서 무기화학과 자연과학개론, 과학사를 강의했다. 그러나 그는 학생 때부터 과학 자체보다는 과학의 철학적·사회적 측면에 관심이 많았다. 한 눈을 팔지 말라는 교수들의 경고에도 불구하고 그의 외도는 계속되었고 신문, 잡지에 글을 자주 썼다. 그는 50년대 한국에서는 드문 과학 논객이었다. 한미 원자력협정을 둘러싸고 동아일보에 장내원, 윤세원과 13번 벌인 논쟁은 그를 유명인사로 만들었다.

4·19 뒤 태어난 민주당 정부는 내분에 휩싸인 원자력연구소 때문에 골치를 앓고 있었다. 5·16 군사정변이 일어나자 군사정부의 오원선 원자력원장은 원자력에 관한 글을 많이 쓴 소민을 중앙정보부 과학판단관으로 발탁해 수습을 맡겼다. 이를 계기로 소민은 상임 원자력위원(차관급)이 되어 10년 동안 관직을 누렸다. 그동안 그는 원자력발전추진위원장, 원자력산업회의 부위원장 등을 지내면서 원자력발전소 건설을 준비하는 일을 했다.

원자력위원을 물러난 소민은 한동안 재계에 몸을 담았다. 오래 친분이 있던 동양그룹 이양구 회장의 부름을 받았던 것이다. 그는 동양시멘트의 이사, 상무, 전무로 있다가 동양시멘트판매(주) 사장을 지냈다. 동양그룹을 물러난 뒤에는 유양원자공업(주) 회장으로 잠시 있었다. 학자 체질인 그에게 기업은 새로운 세계를 체험하는 기회였다.

1997년 대통령 선거 때 소민은 김대중 후보의 과학 특보가 되어 세상을 놀라게 했다. 김대중은 부산 피난시절 면학동지회에서 소민을 만났고 아우를 맡길 정도로 가까운 사이였다. 이희호는 대학 동창이었다. 국민의 정부가 출발하면서 소민은 칠순의 노구를 이끌고 국가과학기술자문회의 위원장(장관급)을 맡았다. 그는 연구개발사업의 평가에 특별한 관심을 가지고 열을 올렸으나 그의 뜻을 펴기에는 한계가 있음을 절감했다.

과학기술학(STS)의 선구자로서 소민의 왕성한 활동은 30대 초반 두 권의 저서로 열매를 맺었다. 철학자 박종홍의 추천으로 1955년에 출간된 《科學의 哲學-問題의 두 方向-》은 한국에서 처음 나온 과학사·과학철학 책이었다. 박종홍은 환도 후 서울에서 만난 소민에게 잡지 《思想》에 쓴 글을 보았다고 하면서 책으로 발전시킬 것을 권했다. 소민은 암자에 들어가 반 년 걸려 책을 탈고했다. 박종홍은 백영사를 소개했고 서문을 써 주었다. 이 책은 그리스, 중세, 근대의 자연 개념과 상대론, 양자론을 역사적으로 개관한 다음 현대과학의 철학적 문제들을 다루었다. 이 책은 뒷날 《과학의 반사상》(1977, 1986, 1999, 2001)으로 제목을 바꾸어 개정판이 나왔다. 《新科學史槪論》(1959)은 동력(원시동력, 자연동력, 증기동력, 전기동력, 원자동력)을 중심으로 한 시대구분이 이채로왔는데 《과학기술의 사회사》(1995, 2001)로 개정증보판이 나왔다. 그만큼 소민의 애착이 컸던 책들이다.

1960년 한국과학사학회가 출범했을 때 소민은 김두종, 홍이섭 등과 함께 발기인으로 참여했다. 80년대에는 김두종, 권녕대에 이어 제3대 회장으로 학회를 이끌었다. 그는 서초동의 개인 사무실을 오랫동안 학회에 내주며 학회 발전에 공이 컸다. 1999년 결성된 한국과학철학회에서는 소민을 명예회원으로 모셨다.

1977년 과학의 대중화에 관심 있는 학자, 언론인, 출판인들이 모여 한국과학저술인협회를 만들었다. 소민은 홍문화, 김정흠, 이장규, 현원복, 손영수 등과 함께 참여해 초대 부회장, 3대 회장, 명예회장을 역임했다. 협회는 기대에 못 미쳐 친목단체에 머물렀으나 소민은 늘 그 중심에 있어 기금을 마련했고 산업시찰을 많이 마련해 회원들을 즐겁게 했다.

소민은 사무실에 과학사회연구소 간판을 달고 은퇴생활을 즐겼다. 그러나 원자력에 대한 그의 열정은 식을 줄 몰랐다. 안전관리 문제로 뛰어다녔고 한전에 쓴소리를 퍼부어 마찰을 일으키기도 했다. 최형섭은 소민을 가리켜 "원자력을 제일 잘 아는 사람"이라 했거니와 그는 오랜 천착 끝에 1999년 《한국원자력창업사》, 《한국원자력창업비사》, 《한국원자력측면사》(2002, 2004 개정판) 3부작을 완성했다. 이것은 현장을 지켜본 과학사학자의 빛나는 업적이다.

4

과학저널리스트 현원복

춘당(春堂) 현원복(玄源福)은 1929년 9월 4일 함경남도 신흥군 신흥면 홍경리에서 현승진, 주귀복의 둘째 아들로 태어났다. 아버지는 지방의 손꼽는 실업가여서 유복한 환경에서 자랐다. 고향에서 유치원을 마치고 신흥공립보통학교에 다니다가 3학년 때인 1938년 서울로 이사해 아현공립심상소학교에 편입했다. 1942년 보성중학교에 입학했고 해방을 맞아 고향에 가 있다가 1946년 월남해 1949년 졸업했다. 1949년 연희대학교 이학원 생물학과에 입학했으나 한국전쟁으로 학업이 중단되었다. 환도 후 서울에서 전시연합대학을 다녀 24학점을 땄지만 연대에서 학점을 인정해 주지 않아 복학하지 못했다. 취직한 다음 1959년 성균관대학교 영어영문학과에 편입해 야간 강의를 듣고 1963년 졸업했다. 1984년에는 성균관대학교 대학원 신문방송학과에서 정치학석사 학위를 받았다.

현원복은 1950년 제2국민병으로 징집되어 남하했다. 1952년 대구에서 통역중위로 임관되어 거제도 포로수용소 등에서 근무했고 1956년 보병대위로 전역했다. 아버지의 사업 실패로 가족을 부양해야 했는데 당시 구직난은 심각했다. 고등공민학교 영어강사, 해병대사령부 번역사, 희망사 기자를 전전하다가 1958년 세계통신사 외신부 기자로 입사했다. 1960년 동화통신사 외신부 차장으로 옮겨 5년 일했다. 1965년 서울신문사 학술부 차장(과학 담당)이 되면서 본격적인 과학기자로 뛰기 시작했다. 우선 원자력연구소, 방사선의학연구소, 방사선농학연구소, 중앙공업연구소, 지질조사소, 보건연구원, 농촌진흥청 산하 연구소들, 그리고 대학 연구실들을 찾아 연구개발 실태를 알아보고 기사화했다. 1966년 한국자연보존위원회와 서울신문사가 공동으로 수행한 비무장지대 생태계 조사사업은 현원복의 작품이었고 큰 성과를 거둔 성공작이었다.

1966년 현원복은 노총각을 면하게 되었다. 전 해에 친구의 누이의 소개로 만난 박정자와 결혼식을 올린 것이다. 신랑은 37살이었고 주례는 윤일선이었다. 그들은 가난했지만 행복했다. 맞벌이로 세 아이들을 잘 키웠다. 딸은 첼리스트(템플대 강사, 사위는 경영학 교수), 큰 아들은 의원장, 작은 아들은 단국대 의대 교수다.

1967년 가을 현원복은 미국행 비행기에 올랐다. 컬럼비어대학의 펠로우십을 얻어 저널리즘대학원 고급과학보도과정에 등록했다. 동급생들은 미국과 캐나다의 쟁쟁한 현역 기자들이었다. 첫 학기에 다섯 강좌를 신청했다. 정부와 과학, 군사기술과 국제관계, 러시아, 소련의 과학사상을 수강했고 벨(Daniel Bell)의 사회학, 우젠슝(吳健雄 Wu Chien-Shiung, 1912-97) 의 일반물리학 등을 도강했다. 1년 과정을 끝내고 디플로마를 받았는데 새로운 지식을 얻었을 뿐 아니라 많은 중요한 사람들을 만났다. 서울신문 주미 특파원에 임명되어 제22차 유엔총회를 취재했고 레드야드(Gari Ledyard, 1932-), 고광림, 전혜성을 인터뷰해 미국의 한국학 현황을 송고했다. 김완희가 이끈 한국 전자공업 타당성 조사단과 함께 파리와 런던을 방문하기도 했다. 미국에 머문 한 해는 현원복 생애 최고의 기간이었다.

1968년 귀국해 과학부장이 된 현원복은 의욕적으로 일했다. 1950년대 원자력 기술 도입과 미소의 우주경쟁에서 비롯한 한국의 과학저널리즘은 전성기에 올라 있었다. 서울신문은 미국의 달 착륙을 전후해 11회의 독창적인 특집을 내보냈다. 그러나 호황은 오래가지 않았다. 아폴로 11호를 절정으로 70년대에 들어와 과학저널리즘은 급속히 쇠퇴했다. 여러 신문들이 과학부를 없애고 있었다. 잠시 논설위원, 기획위원을 겸임하다가 1975년 퇴사했다. 한창 일할 46살 때였다.

1970년대에 현원복은 몇 가지 중요한 일을 했다. 전파과학사가 과학의 대중화를 위해 문고판 현대과학신서를 기획했을 때 동참해 《과학자의 길》(1973)과 《과학과 매스 미디어》(1978)를 냈다. 시의적절하고도 공을 많이 들인 역저였다. 1969년부터 1985년까지 한양대, 성균관대 신문방송학과에서 과학보도론을 강의했다. 1977년에는 과학의 대중화에 관심 있는 과학자, 언론인, 출판인들을 규합한 한국과학저술인협회 창립에 참여해

부회장에 뽑혔고 17년 동안 재임했다. 1978년부터 2002년까지는 과총에서 내는 월간 《과학과 기술》 편집위원으로 봉사했다.

현원복은 신문사를 떠나며 미국 유학을 시도했으나 쉽지 않았다. 최형섭 과기처장관의 배려로 한국연구개발단지 공동대변인 자리를 얻었다. 월간 《한국연구개발단지 소식》을 내는 것이 중요한 일이었다. 《단지 소식》을 보면 주요 과학기술 출연 연구기관의 연구활동과 동정을 알 수 있어 과학기술계의 유일한 커뮤니케이션의 광장 구실을 했다. 그것은 또한 해외의 한국인 과학기술자들이 국내 과학기술계를 들여다볼 수 있는 매체였으므로 국내 연구기관이 해외 과학기술자들을 유치하는 데 도움을 주었다. 고정 사무실도 없이 이곳저곳을 옮겨 다니는 불안정한 자리였지만 15년을 꼬박 근무했다. 남는 시간에는 신문, 잡지, 사보의 청탁을 받아 엄청난 양의 글을 썼다. 이때부터 직함을 '과학저널리스트'라 써서 유명했다. 그것은 언젠가는 프리랜서로 독립할 것에 대비하려는 생각에서였고 일본 친구 이이누마 카즈마사(飯沼和正)가 쓰던 말이었다.

1990년 공동대변인을 그만두고 1년은 사단법인 한국과학사회연구소 소장과 월간 《하이테크저널》 주간으로 일했다. 1991년부터는 오피스텔을 얻어 과학 칼럼니스트(자유기고가)로 집필에 전력투구했다. 2000년대에 들어와서도 연구서 《대통령과 과학기술 – 한국 역대 과학기술 리더십》(과학사랑, 2005)과 자료집 《우리 과학, 그 백년을 빛낸 사람들》 4권(과학사랑, 2009)을 내는 노익장을 과시했다.

현원복이 45년 동안 쓴 과학칼럼은 2500편이 넘고 방송과 강연도 500여 회 했다. 학술지에 실린 논문이 7편, 저서는 32권이다. 이런 업적을 인정받아 1994년 대한민국 과학기술상 진흥상(대통령)과 2001년 대한민국 과학문화상(과학기술부장관)을 받았다. 1994년 한국과학기술한림원이 출범했을 때 회원에 뽑혔으며 2000년 원로회원이 되었다. 700명 회원 가운데 과학자가 아닌 사람은 열이 안 된다.

현원복은 75살까지 집필하고 유유자적하겠다고 했으나 8순에 거작을 내놓았고 자서전과 노벨상에 관한 책을 준비하다가 2010년 11월 19일 급환으로 삶을 마감했다. 2011년 4월 16일 KAIST에서 한국과학기술한림원, 한국과학사학회, 한국과학창의재단 STS 네트워크 포럼 공동 주최, 한국과학저술인협회, 한국과학언론인회, 한국과학기자협회 후원으로 추모 모임 "과학 저널리스트 현원복"이 열렸다.

현원복은 통신사에 근무한 7년 동안 적지 않은 과학기사를 번역했지만 과학에 관한 글을 쓴 것은 서울신문으로 옮긴 1965년부터다. 1966년 처음으로 이름을 드러낸 글은 10회 연재한 '인물로 본 한국 과학사화 시리즈'다. 홍대용, 최무선, 허준 등 10사람의 전통 과학기술자를 소개했다. 잡지에 쓴 글은 "과학과 국가", "연구 활동의 표리", "우주의 미래"였다. 미국유학을 다녀온 다음 70년대에 쓴 서울신문 기명 칼럼과 잡지에 연재한 글들은 생활과학과 시평으로 다양하다.

80년대에는 의료기술, 컴퓨터, 반도체 등 첨단기술, 미래 과학기술, 역사 속의 과학자, 현대 세계의 과학기술자가 추가된다. 90년대에는 기술사, 환경, 노벨상도 있지만 미래기술, 미래의학, 21세기 생명공학, 나노기술 등 첨단과학기술, 미래과학기술이 압도적으로 많다. 세계의 기업문화, 첨단산업, 미래산업까지 보인다.

과학저널리스트 현원복은 다른 대부분의 1세대 과학기자들보다 세 가지 유리한 점을 갖고 있었다. 능통한 일본말 말고도 통역장교, 영어 교사·강사, 영문과 졸업, 미국유학을 거친 영어 실력이다. 국내에서 사회과학(신문방송학)을 전공했고 미국에서는 과학사, 과학사회학, 과학정책학 강의를 들었다. 더욱이 그가 미국에 머문 때는 68 혁명 직전이었다. 과학기술을 인문·사회적인 맥락에서 접근할 뿐 아니라 비판적으로 볼 수 있는 분위기에서 공부한 행운아였다.

현원복은 1968년 미국과학진흥협회(AAAS) 회원이 되어 기관지 *Science*를 계속 받아 보았다. 그 밖에도 *Nature*, *New Scientist*, *Scientific American*, *Technology Review*, *Popular Science*, *Discover* 등 주요 잡지들을 자비로 사서 읽었다. 그는 자료를 구하는 데 돈을 아끼지 않았다. 그는 일찍 자고 새벽 3시에 일어나 자료를 5시간 정독하고 낮에 글을 쓰는 것이 일과였다. 이런 바탕이 그가 생활과학, 첨단기술을 넘어서 과학기술의 참된 모습을 밝히는 글을 쓰게 한 원동력이었다.

현원복의 논문과 저서들은 과학기술학자들의 주목을 끌고 있다. 1971년 전파과학사가 과학의 대중화를 위해 현대과학신서를 기획했을 때 2권의 책을 썼다. 《과학자의 길》(1973)은 한국의 대표적인 과학자들이 어떻게 과학의 길을 걷게 되었으며 그들의 연구방법, 인생관은 무엇인가를 글과 인터뷰를 통해 보여 주어 베스트셀러가 되었다. 《과학과 매스 미디어》(1976)는 과학저널리스트 17년의 경험과 컬럼비아대학에서의 미국 과학저널리즘 연구를 바탕으로 해 가장 공을 많이 들인 역저였다. 이 책은 시판은 부진했으나 신문방송학과의 필수 교재로 활용되었다.

일제 치하 1930년대에는 김용관, 안동혁 등의 주도로 과학을 발전시켜 민족의 갈 길을 찾자는 거국적인 과학운동이 일어났다. 이 운동을 처음으로 분석 소개한 논문이 "1930년대의 과학기술진흥운동"(1977)으로 한국현대과학사 학계에 자극을 주었다. 의료윤리는 히포크라테스로 올라가는 긴 역사를 갖고 있지만 생명공학의 놀라운 진전으로 1980년대에 생명윤리가 세계적인 관심을 끌게 되었다. 1997년 복제양 돌리의 탄생에 이어 황우석의 소 복제가 알려지자 한국에서도 폭발적인 논란이 일어났다. 김훈수, 문국진, 이정주와 함께 학술원 생명윤리 프로젝트를 맡은 현원복은 "생명윤리의 사회적 인식과 대책"(2000)을 발표했다. 여기서는 인간게놈 연구, 동물복제기술, 유전자검사, 연구용 동물과 관련된 생명 윤리의 쟁점과 여러 나라들의 입장을 소개하고 한국의 대책을 제안하고 있다. 우리나라에서는 초창기에 나온 주요 논문이었다.

한 나라의 과학기술을 논할 때 연구개발 투자, 인력, 논문과 특허의 질과 양 등이 문제되지만 이에 못지않게 중요한 것이 최고통치자의 과학기술 리더십이다. 현원복의 《대통령과 과학기술》(2005)은 대통령의 리더십과 과학기술의 관계를 제시한 다음 이승만에서 김대중까지 여섯 대통령의 과학기술정책과 리더십을 비교 분석하고 있다. 특히 역대 대통령들의 과학정책이 나온 배경과 비전을 탐구하면서 알려지지 않았던 비화들을 발굴하고 미국, 프랑스, 영국 국가수뇌들의 경우를 소개하는 것으로 끝맺고 있다. 현원복의 마지막 저술 《우리 과학, 그 백년을 빛낸 사람들》 3권(2009)은 여명기의 우리 과학기술의 씨들이 어떻게 터전을 닦으면서 과학기술 인력을 늘려 나갔으며 요람기를 맞아 체제를 정비하고 마침내 오늘의 도약기의 발판을 구축한 지난 백 년 동안의 우리나라 과학기술자들의 숨결을 기록하고 있다. 마지막 별책은 1만 명의 한국과학기술인명록이다. 이 책은 현원복이 평생 모은 자료의 집대성이다. 일제 시대의 귀한 자료를 발굴했으나 한국현대과학기술사학자들과 공동작업을 하지 못한 것이 아쉽다. 그것은 앞으로 끊임없이 보완될 것이므로 완성되지 않은 책이라고 해야 할 것이다.

과학저널리스트 현원복은 처음부터 STS(과학기술학)적 통찰력이 들어간 글들을 대중을 상대로 썼다. 그 자신은 STS 학자라고 자처한 일이 없지만 전문가에게도 인정받을 만한 논문과 저서들을 남겼다. 현원복은 한국 STS의 선구자였다.

5

전상운의 《韓國科學技術史》

전상운 형은 내가 1955년 화학과에 들어가면서 만났다. 3년 선배였다. 나이는 다섯 살 위. 동급생 아니면 한 해에 몇 번 있는 과 모임에서나 만날 기회가 있었다. 교수와 학생 전원이 모이는 잡지회도 있었다. 내가 독어 잡지 《응용화학》(*Angewandte Chemie*)에서 읽은 전기이동(Elektrophorese) 논문을 소개했을 때 전 형이 왔던가? 전 형이 역사에 조예가 깊은 김태봉,

최규원 교수의 영향을 받은 데다 사튼(George Sarton)의 《과학사와 새 휴머니즘》을 읽고 과학사를 하기로 했다는 소문은 있었다. 나도 사튼과 유기화학자 코넌트(James B. Conant) 하버드대 총장의 책들을 읽고 방향을 틀고 있을 때였다. 화학과에서 친할 기회는 없었다. 졸업 후 제천에 내려가 고등학교에서 가르치던 전 형이 1960년 성신여고로 올라왔다. 전 형과 나는 이미 4·19 직후 한국과학사학회 창립총회에서 만났다. 나는 철학과에 학사 편입했고 전 형은 자전거를 타고 과학사 답사 다니기에 바빴다.

1960년 예일대 과학사 교수 프라이스(Derek John de Solla Price)가 일본 제자 야기(八木江里)를 시켜 선기옥형(璇璣玉衡)에 관한 문의를 해왔을 때만 해도 전 형은 과학사를 전공할 준비가 되어 있지 않았다. 고려대 박물관에 있는 천문시계를 찾아 연구해 답을 보냈고 이를 계기로 니덤(Joseph Needham)과 서신을 나누고 야부우치 키요시(藪內清), 나카야마 시게루(中山茂) 등 일본 학자들과 사귀게 되었다. 대학원 사학과에 연구생으로 등록했지만 제대로 공부할 시간이 없었다. 학부 때 도강한 사학과 고병익(동양사), 유홍렬(한국사) 교수의 격려를 받았을 뿐이다. 20대에 《朝鮮科學史》를 일본말로 쓴 홍이섭 교수를 댁으로 자주 찾아가 지도를 받았다. 첫 번째 멘터였다. 《增補文獻備考》부터 읽기 시작한 한문 자료가 큰 부담이었다. 마침 나와 있는 니덤의 《중국의 과학과 문명》(*Science and Civilisation in China*, 1954-) 네 책(서론, 과학사상사, 수학·천문학·지구과학, 물리학)을 거금을 주고 사서 정독했다. 이북에서 중학교 4년까지 배웠고 부산 미군부대서 익힌 영어 실력이 크게 늘었다. 1962년부터 일본과학사회지 《科學史硏究》에 금속활자, 강우량 측정에 관한 논문 두 편이 실렸고 《古文化》 등 한국의 학술지들에도 진출했다.

1966년 전 형의 역저 《韓國科學技術史》(科學世界社)의 출간은 학계의 큰 뉴스였다. 호수그릴에서 열린 출판기념회에는 과학기자 김재관(동아), 박성래(중앙)와 과학사에 뜻을 둔 이병훈, 송상용 등이 나왔다. 이 책의 머리말을 쓴 홍이섭 교수는 축사에서 "이 책이 나와 이제 내 책은 쓰레기통에 들어가게 됐다."고 말했다. 홍 교수는 《新東亞》에 서평도 썼다. 6년의 각고 끝에 외국에서도 인정 받을 과학사학자가 등장한 것이다. 2년 뒤 홍콩 중지대(崇基大)에서 열린 첫 번째 국제동아시아과학사 전문가회의는 전 형이 국제무대에 진출한 첫 기회였다. 니덤은 못 왔지만 미국의 시빈(Nathan Sivin), 싱가포어의 호펑욕(何丙郁), 람라이용(藍麗蓉), 일본의 야부우치, 나카야마 등을 만나 교류했다. 중국 학자들은 문화혁명 때라 못 왔고 대만 학자들을 만나기에는 너무 일렀다.

1969년 전 형은 《韓國科學技術史》의 영역판을 내기 위해 미국에 가게 되었다. 니덤의 강한 추천으로 연구비도 받았다. 나는 그때 인디애너대학에 있었는데 그는 동부로 가기 전 시카고에서 그레이하운드 버스를 타고 인디애너 주 블루밍튼으로 나를 찾아왔다. 전 형은 뉴욕주립대학 올버니 캠퍼스의 과학사·과학시스템학과 연구원으로 있으면서 시빈과 함께 영역판 집필을 시작했다. 하버드 옌징(燕京) 연구소의 연구원으로 풍부한 자료를 읽으며 행복하게 일했다. 특히 한국에서는 구하기 어려운 북한 자료를 마음대로 볼 수 있어 좋았다. 최상준, 리용태 등의 연구를 읽고 자극을 받았다.

나는 창립 2년 만인 1962년에 한국과학사학회 간사가 되었는데 1970년부터는 혼자 맡게 되어 바빴다. 전 형이 아이디어를 내어 한국과학사의 쟁점 토론회를 시작했다. 금속활자, 첨성대, 구선, 지전설 등을 주제로 열 띤 토론회를 열어 큰 관심을 끌었다. 김두종 초대 회장이 물러나고 1975년부터는 전 형이 부회장을 맡아 학회를 둘이 함께 이끌어 갔으니까 자주 만났다. 1982년 전 형은 학회장으로 뽑혔고 나는 20년 만에 간사직을 물러났다. 전 형의 임기가 끝났을 때 우리는 세 번 연달아 과학자 출신들을 회장으로 모시고 두 번 부회장으로 있다가 1990년 내가 회장이 되었다.

1974년 제14회국제과학사 회의가 토쿄와 쿄토에서 있었다. 나는 혼자 일본으로 날아가 교토대 객원연구원 전 형, 와세다대 김용준 교환교수와 함께 참석했다. 세계의 정상급 과학사학자들을 다 만났다. 특히 니덤, 야부우치와의 만남은 감격이었다. 나는 서양 전공인데도 동양과학사 그룹에 끼어 주어 나카야마 집에서 茶道, 시빈 집에서 竹葉淸酒를 즐겼고 박물관, 절 구경을 함께 다녔다. 토쿄에 있는 동안 《韓國科學技術史》 영역판이 나온 것을 프라이스(Derek J. de Solla Price, 1922-83)가 발표했고 건배를 제의했다. 전 형 일생 최고의 날이었다. 니덤, 쿤(Thomas S. Kuhn), 히버트(Erwin Hiebert), 크랜즈버그(Melvin Kranzberg)를 서울로 데려가려고 미국대사관에서 여비까지 받기로 되어 있었는데 회의 직전 육영수 피격 사건이 터졌고 서울이 계엄 분위기로 바뀌어 좌절됐으니 속상했다.

《韓國科學技術史》의 영역판은 제목이 *Science and Technology in Korea. Traditional Instruments and Techniques*로 바뀌었다. 시빈이 서문을 썼고 독

일의 원로 동양과학사학자 하르트너(Willy Hartner)가 미국 과학사학회지 아이시스(Isis)에 서평을 썼다. 전 형은 1977년《韓國科學技術史》영역판을 京都大에 제출해 文學博士 학위를 받았다. 日語版은 京都大 人文科學研究所에 1년 머무는 동안 써서 1978년 高麗書林(코마쇼린)에서 펴냈다. 전 형은 일본말이 뛰어났지만 티비를 열심히 보면서 업데이트했다. 과학사학자 사카데(坂出祥伸), 한국어학자 후지모토(藤本幸夫)가 전 형이 쓴 원고를 읽고 고쳐 주었다. 야부우치가 서문을 썼고 요시다 미츠쿠니(吉田光邦) 가《東洋史研究》에, 나카야마가《科學朝日》에 서평을 썼다.

전 형은 70년대에 스타 학자로 떴고 매스컴을 탔다. 연구비가 귀한 때였는데 그는 거의 모든 연구비를 땄고 온갖 상을 휩쓸었다. 한국일보 출판문화상, 외솔상, 위암 장지연상, 과학기술처 장관상, 대한민국 과학기술상 진흥상(대통령상), 국민훈장 동백장…… 국사편찬위원, 문화재위원을 오래 했고 연세대학교 다산객원교수, 한국과학기술한림원 종신회원으로 추대되었다. 내가 추천위원으로 있던 후쿠오카상(Fukuoka Prize)에도 추천했으나 운이 나빠 안 됐고 일본 친구들을 통해 다시 추진하려던 것이 이루어지지 않아 섭섭하다,

《韓國科學技術史》의 개정증보판은 1976년 정음사에서 나왔다. 10년마다 개정판을 내겠다는 약속을 1983년 세번 째 판 이후에는 못 지켰는데 보직과 건강 때문이었다. 전 형은 국립과학관장직을 사양할 정도로 행정에 관심이 없었다. 그러나 성신여고에서 시작해 개교 공신이 된 성신여대에서는 거절할 도리가 없었다. 대학원장, 부총장, 총장, 이사장을 하면서 건강에 문제가 생겼다. 그래도 과학사를 대중화하는 에세이는 계속 썼

다. 그 결과가 《한국과학사》(사이언스북스, 2000)이었다. 그 무렵 프랑크푸르트 도서전의 주빈국이 한국이었다. 한국의 명저 100권을 번역해 내는 정부 프로젝트가 나왔고 과학 담당 위원이 나였다. 나는 전상운과 박성래를 추천해 그대로 결정되었다. 그런데 무슨 까닭인지 시간을 오래 끈 끝에 나온 것이 《韓國科學史》(許東粲 譯, 日本評論社, 2005)와 *A History of Korean Science and Technology*(Robert Carrubba, 李成奎 譯, NUS Press, Singapore, 2011)이다. 일역판은 야부우치 스쿨의 미야지마(宮島一彦)와 타케다(武田時昌)가 교정을 보았으며 야마다(山田慶兒)의 해설, 서양사학자 요코야마(横山俊夫)의 추천이 붙어 있다. 이 책들은 《韓國科學技術史》의 개정판이 아닌 에세이 모음의 번역인 게 아쉬웠다.

전 형은 1989년 성신여대 총장을 물러난 다음 쿄토대 객원교수로 1년 연구했고 이어 1990년에는 케임브리지의 니덤연구소(Needham Research Institute)에서 1년 객원 연구원으로 있었다. 니덤과 함께 연구한 처음이고 마지막 기회였다. 그는 야부우치 교수가 돌아간 다음에도 해마다 기일에 인문학연구소에서 하는 추모 연구 모임에 빠지는 일이 거의 없었다, 그가 이름을 지은 '야부우치 스쿨'의 가장 열성 회원이라 할 만했다. 그동안 《한국과학사의 새로운 이해》(연세대학교 출판부, 1988)과 《우리 과학 문화재의 한 길에 서서》(2016)이 책으로 되어 나왔다.

1996년 한국과학사학회는 《韓國科學技術史》 30주년 심포지엄을 열었다. 전상운의 작업은 박성래, 김영식의 따끔한 비판과 함께 높은 평가를 받았다. 2008년 볼티모어에서 열린 제22회 동아시아과학기술의학사학회에서 전상운 세션이 있었다. 다음 세대 문중양, 이면우, 임종태가 발표했다. 문제의 초점은 전상운의 민족주의였다. 나는 듣기만 하려고 했는데 세션을 조직한 김영식이 전 선생이 못 왔으니까 내가 논평을 해야 한다고 해서 "A Junior Outsider Looks at Jeon Sang-woon"이란 제목으로 짤막한 토론을 했다.

전상운에게는 홍이섭, 니덤, 야부우치 세 사람의 멘터가 있었다. 전상운과 멘터들은 서로를 아주 좋아했다. 니덤은 사회경제사의 원조다. 야부우치는 실증주의자로 보아야 할 것 같다. 홍이섭은 일제 시대 마르스주의의 영향을 받아 《朝鮮科學史》는 사회경제사였다. 홍이섭은 전상운에게 민족주의를 경계하라고 말했다고 한다. 1970년대에 전상운의 제안으로 한국과학사의 쟁점 토론회를 하면서 나는 우리 학회가 "한국과학사의 신화 벗기기"를 한다고 선전했고 그런 제목의 글도 잡지에 썼다. 나는 "전상운을 민족주의보다는 실증주의로 보고 싶다."고 했다. 전상운은 한국사학자들 가운데 강만길, 이기백과 친했는데 하나를 택하라면 이기백이었을 것 같다. 그런데 전상운은 신동원과의 대담(2016)에서 "나는 민족주의자"라고 말했다. 한국 학자들 가운데 민족주의자 아닌 사람은 거의 없다고 말할 수 있다. 문제는 어느 만큼이냐다.

2016년은 한국과학사 연구에 뜻깊은 해였다. 洪以燮, 《朝鮮科學史》, 正音社, 1946 70주년, 리용태 편저, 《우리 선조들의 자랑. 과학과 기술에 관한 이야기》, 평양 : 국립출판사, 1956 60주년, 全相運, 《韓國科學技術史》, 科學世界社, 1966 50주년이었기 때문이다. 일본 朝鮮大學校의 임정혁 교수가 이 세 책의 발간을 기념하는 학회를 조선대학교에서 하겠다고 알려왔다. 나는 서울에서 시작해 토쿄로 이어지는 학회를 추진하자고 역

제안했다. 그러나 남북 공동행사를 못하게 하는 박근혜 정부의 방침 때문에 어려웠다. 문중양은 조선대학교를 방문하겠다는 신청을 통일부가 거부해 여행을 포기했다. 할 수 없이 초청자를 쿄토대 타케다(武田時昌) 교수로 바꾸고 임정혁 교수는 간사로 내려앉았다. 장소도 조선대에서 와세다대 구내 교회로 옮겨 워크숍을 가졌다. 한국에서 신동원, 김태호, 송상용, 일본에서 武田時昌, 塚原東吾, 宮川卓也, 愼蒼健, 任正爀이 참석했다. 주인공 전상운은 건강 때문에 못 갔다. 남북 화해를 지향하는 문재인 정부가 출발해 이제는 평양에서 모일 수 있을 것이 확실하다.

2018년 4월 21일 추모 모임에는 전 형의 길을 뒤따른 화학과 후배들이 참석했다. 잇달아 5월 27일 東京理科大學에서 열리는 日本科學史學會年會에서도 일본학자와 한국학자들이 함께 전상운 추모 모임을 가졌다. 이 모임은 서울대에서 한국과학사로 박사학위를 받은 미야가와 타쿠야(宮川卓也, 廣島修道大學)가 장례식 참석에 이어 조직에 수고하고 있다. 발표는 미야지마, 타케다, 츠카하라(神戸大), 미야가와, 전용훈(한국학 중앙연구원), 신창건(東京理科大), 김범성(廣島工業大), 任正爀이 했다. 나는 종합토론에 참여했다. 연말에는 성신여대에서 전상운 추모 모임이 있을 예정이다.